高等职业院校数字媒体·艺术设计精品课程系列教材

# Animate
## 动画制作精选案例教程

微课版

宋玲玲/主编　单 杰　于 倩　朱玉业/副主编

电子工业出版社
Publishing House of Electronics Industry
北京·BEIJING

## 内 容 简 介

本教材是 Animate 动画制作的基础实用教程，由 11 个部分组成，内容涵盖 Animate CC 2019 基础、绘制与编辑基本图形、动画角色和场景绘制、元件创建与重用、基本动画制作、引导层动画制作、遮罩动画制作、文字特效动画、角色基本动作制作、镜头特效在动画中的应用，以及交互式动画制作，对动画制作所需的知识进行了比较全面的介绍。本教材由从事动画制作课程教学十多年的教师编写完成，结构清晰、案例丰富、实用性强、深入浅出，可以使读者全面、系统地学习 Animate 软件的操作与技能，巩固和加强动画制作所需的知识，能够起到事半功倍的作用。

本教材可作为动漫设计与制作专业及计算机相关专业的师生用书和相关社会培训教材，也可作为动画制作人员的自学或参考用书。本教材配套资源请登录华信教育资源网（www.hxedu.com.cn）注册后免费下载。

未经许可，不得以任何方式复制或抄袭本书之部分或全部内容。
版权所有，侵权必究。

图书在版编目（CIP）数据

Animate 动画制作精选案例教程：微课版 / 宋玲玲主编 . —北京：电子工业出版社，2021.7
ISBN 978-7-121-41445-9

Ⅰ.①A… Ⅱ.①宋… Ⅲ.①动画制作软件－高等学校－教材 Ⅳ.① TP391.414

中国版本图书馆 CIP 数据核字（2021）第 124750 号

责任编辑：左　雅
印　　刷：涿州市般润文化传播有限公司
装　　订：涿州市般润文化传播有限公司
出版发行：电子工业出版社
　　　　　北京市海淀区万寿路 173 信箱　　邮编 100036
开　　本：787×1092　1/16　　印张：14.5　　字数：390 千字
版　　次：2021 年 7 月第 1 版
印　　次：2025 年 1 月第 6 次印刷
定　　价：69.00 元

凡所购买电子工业出版社图书有缺损问题，请向购买书店调换。若书店售缺，请与本社发行部联系，联系及邮购电话：（010）88254888，88258888。
质量投诉请发邮件至 zlts@phei.com.cn，盗版侵权举报请发邮件至 dbqq@phei.com.cn。
本书咨询联系方式：（010）88254580，zuoya@phei.com.cn。

# 前 言

随着社会的发展进步，人们对精神生活的追求迅速提高，传统的艺术创作手段已经不能满足快速创作的需要，同时，信息技术的发展进步推动了数字化创作工具不断出现，动画设计软件已成为动画制作领域非常重要的数字化工具。数字动画采用虚拟手段，创作空间大、灵活，不受地域、维度等限制，让视觉效果更加生动、完美，能够最大化地呈现设计灵感、表达设计思想，在许多领域，如艺术、媒体和娱乐等，得到了广泛的应用。因此，社会对数字动画制作人员的需求也越来越大，促使高校开设了动画设计等专业专门培养动画制作人才。

为了适应动画设计与制作的岗位需求，动画设计软件不断进行版本升级和功能扩展，使得动画设计软件越来越庞大和复杂，从而提高了学生的学习难度，延长了学习时间。很多现有教材不能从动画设计的基本流程和设计思路入手进行讲解，不能使学生迅速入手和掌握设计技能。为此，作者在积累、沉淀十多年教学经验和分析研究了大量现有教材和教程的基础上，从传媒领域的动画设计与制作岗位需求出发，系统设计教学内容，融入企业一线新技术、新工艺、新规范、典型生产案例，融入职业技能等级证书所体现的先进标准，吸纳行业、企业和院校相关专家深度参与教材的规划、设计，编写了本教材，为学生提供一种新的学习方案。

为了更好地服务于教学，考虑到学生的认知规律，本教材采用"基础模式""拓展模式""应用模式"的编写结构。基础模式通过典型案例介绍基础性和原理性内容，简单直观便于理解，是后面两种模式的基础。拓展模式是在掌握基础模式内容的基础上增加新的知识元素，进一步掌握相关知识和技能，保证知识的深度和广度。应用模式是通过制作一个较为完整且典型的案例，让学生综合运用所学知识和技能，达到学以致用的目的。同时在教材中融入传播和弘扬社会主义核心价值观，树立正确世界观、人生观和价值观的思政内容，让学生在学习过程中，潜移默化地提升自己的职业素养和个人修养。另外，本教材还提供包括课程标准、电子课件、案例素材、微课视频、动画演示、随堂测试等教学资源，特别提供了用于实训互动的 PDCA 实训引导页面，有利于学生自主完成实训任务，巩固实训效果，提高实训质量。请登录华信教育资源网（www.hxedu.com.cn）注册后免费下载提供的课程标准、电子课件、案例素材等教学资源。本教材提供的微课视频，可通过扫描书中二维码进行观看学习。

本教材由校企合作开发。吉林艺术学院王麒钧老师负责案例表现手法和艺术效果的设计与选择，确保案例设计意图表达的有效性和艺术性；滨州传媒集团资深动画师、视频编辑师李萌负责案例的精选与提炼，确保案例的前沿性、技术代表性和岗位契合性；滨州职业学院一线教师负责案例裁剪与重组，确保案例的知识承载性、可教学性。高水平院校、高职院校与企业的深入合作，保证了教材的实用性、适应性、先进性和可持续发展性，提高了教材编写质量。

本教材由宋玲玲任主编，单杰、于倩、朱玉业任副主编，王麒钧、李萌等参与本书策划与编写工作。本教材在编写和出版的过程中得到了许多朋友的大力支持，在此一并表示感谢，特别感谢电子工业出版社左雅编辑多年来的信任和支持。希望本教材能为更多喜爱或从事动画制作的人学习 Animate 提供帮助。由于编者水平有限，加之编写时间仓促，书中难免有不妥和疏漏之处，如有发现请通过邮箱 357994702@qq.com 与编者联系。欢迎大家批评指正，以便及时修正。

编　者

# 目录

## 第 1 部分　Animate CC 2019 基础 ............................................................ 1

### 1.1　Animate CC 2019 概述 ........................................................................ 2
#### 1.1.1　Animate 动画应用新领域 ........................................................... 2
#### 1.1.2　Animate 动画制作流程 .............................................................. 3
#### 1.1.3　Animate CC 2019 新功能 ........................................................... 3
#### 1.1.4　Animate 的启动和退出 .............................................................. 3

### 1.2　Animate CC 2019 工作界面 .................................................................. 4
#### 1.2.1　工作区 ....................................................................................... 4
#### 1.2.2　标题栏 ....................................................................................... 5
#### 1.2.3　舞台 ........................................................................................... 7
#### 1.2.4　"工具"面板 ............................................................................ 7
#### 1.2.5　"时间轴"面板 ........................................................................ 8
#### 1.2.6　面板集 ....................................................................................... 9

### 1.3　设置 Animate CC 2019 工作环境 .......................................................... 11
#### 1.3.1　设置工作区布局模式及自定义工作界面 ................................. 11
#### 1.3.2　设置快捷键 .............................................................................. 12
#### 1.3.3　设置首选参数 .......................................................................... 13

### 1.4　文档基本操作 ......................................................................................... 16
#### 1.4.1　打开、导入和关闭文件 ........................................................... 17
#### 1.4.2　测试影片 .................................................................................. 17
#### 1.4.3　保存动画文件 .......................................................................... 18

### 1.5　设置文档属性 ......................................................................................... 18
#### 1.5.1　设置舞台尺寸 .......................................................................... 18
#### 1.5.2　设置舞台背景 .......................................................................... 19

   1.5.3 设置帧频 .................................................................................................. 19
 1.6 设置舞台 ................................................................................................................... 20
   1.6.1 缩放舞台 .................................................................................................. 20
   1.6.2 旋转舞台 .................................................................................................. 21
   1.6.3 舞台辅助工具 .......................................................................................... 22

## 第 2 部分  绘制与编辑基本图形 ............................................................................. 26

 2.1 Animate 绘图工具概述 ............................................................................................. 28
 2.2 线条类工具 ................................................................................................................ 29
   2.2.1 基础模式——绘制 T 恤衫 ..................................................................... 29
   2.2.2 拓展模式——绘制七色伞 ..................................................................... 33
   2.2.3 拓展模式——绘制立体桌子 ................................................................. 35
   2.2.4 应用模式——绘制动感单车 ................................................................. 36
   2.2.5 应用模式——绘制运货小卡车 ............................................................. 36
   2.2.6 相关知识 .................................................................................................. 36
   2.2.7 常见问题 .................................................................................................. 40
 2.3 填充类工具 ................................................................................................................ 41
   2.3.1 基础模式——绘制绚丽花朵 ................................................................. 41
   2.3.2 拓展模式——绘制汽车展厅 ................................................................. 44
   2.3.3 应用模式——制作公益广告 ................................................................. 46
   2.3.4 相关知识 .................................................................................................. 49
   2.3.5 常见问题 .................................................................................................. 51
 2.4 绘图工具 .................................................................................................................... 51
   2.4.1 基础模式——绘制海边风景 ................................................................. 51
   2.4.2 拓展模式——设计欢乐闹元宵广告 ..................................................... 56
   2.4.3 拓展模式——绘制水墨太极图 ............................................................. 58
   2.4.4 应用模式——绘制城市夜景 ................................................................. 60
   2.4.5 相关知识 .................................................................................................. 60
   2.4.6 常见问题 .................................................................................................. 61

## 第 3 部分  动画角色和场景绘制 ............................................................................. 62

 3.1 动画角色绘制 ............................................................................................................ 63
   3.1.1 基础模式——角色临摹 ......................................................................... 64
   3.1.2 应用模式——临摹动漫人物 ................................................................. 65
 3.2 场景绘制 .................................................................................................................... 66
   3.2.1 基础模式——绘制古代室内场景 ......................................................... 66
   3.2.2 应用模式——绘制酒楼场景 ................................................................. 70
 3.3 相关知识 .................................................................................................................... 70

## 目 录

  3.3.1 透视原理 ... 70
  3.3.2 透视作图法 ... 71
  3.3.3 管理和使用图层 ... 72
  3.3.4 时间轴与帧 ... 75
  3.3.5 帧的操作 ... 76
 3.4 常见问题 ... 79

# 第 4 部分 元件创建与重用 ... 80
 4.1 元件重用 ... 82
  4.1.1 基础模式——沙滩跑步动画 ... 82
  4.1.2 应用模式——春光里的蒲公英 ... 85
 4.2 按钮元件的创建与应用 ... 86
  4.2.1 基础模式——地图标注 ... 86
  4.2.2 拓展模式——电商商品指引 ... 88
  4.2.3 相关知识 ... 90
  4.2.4 常见问题 ... 96

# 第 5 部分 基本动画制作 ... 97
 5.1 传统补间动画 ... 99
  5.1.1 基础模式——位置和速度补间动画：拍皮球的小女孩 ... 99
  5.1.2 基础模式——缩放和透明度补间动画：下雨动画 ... 101
  5.1.3 基础模式——角度补间动画：开关门动画 ... 102
  5.1.4 拓展模式——天边消失的云 ... 104
  5.1.5 拓展模式——随风飘散的文字 ... 105
  5.1.6 应用模式——倒车入库模拟演示 ... 107
  5.1.7 常见问题 ... 108
 5.2 补间动画 ... 108
  5.2.1 基础模式——汽车疾驶动画 ... 109
  5.2.2 应用模式——荷塘鱼景 ... 110
  5.2.3 相关知识 ... 112
 5.3 逐帧动画 ... 115
  5.3.1 基础模式——骏马奔驰在草原 ... 115
  5.3.2 基础模式——林中飞翔的小鸟 ... 117
  5.3.3 拓展模式——《弟子规》手写文字动画 ... 118
  5.3.4 拓展模式——线条逐帧动画 ... 119
  5.3.5 应用模式——企业网站引导页动画 ... 120
  5.3.6 应用模式——片头动画 ... 121
  5.3.7 相关知识 ... 122

## 第 6 部分　引导层动画制作 .................................................. 124

### 6.1 基础模式 .................................................. 126
- 6.1.1 轨迹动画——山地骑车 .................................................. 126
- 6.1.2 飘落引导线动画——樱花飘落 .................................................. 128

### 6.2 拓展模式 .................................................. 129
- 6.2.1 浓烟滚滚动画 .................................................. 129
- 6.2.2 绽放的花朵动画 .................................................. 131

### 6.3 相关知识 .................................................. 133
### 6.4 常见问题 .................................................. 135

## 第 7 部分　遮罩动画制作 .................................................. 136

### 7.1 基础模式 .................................................. 138
- 7.1.1 旋转球体动画 .................................................. 138
- 7.1.2 手机滑屏切换动画 .................................................. 140

### 7.2 拓展模式 .................................................. 142
- 7.2.1 水波荡漾动画 .................................................. 142
- 7.2.2 卷轴动画 .................................................. 143
- 7.2.3 电影序幕效果动画 .................................................. 144
- 7.2.4 科技片头动画 .................................................. 147
- 7.2.5 遮罩技术在场景和人物绘制中的应用 .................................................. 149

### 7.3 应用模式——服装节目包装片头动画 .................................................. 152
### 7.4 相关知识 .................................................. 153
### 7.5 常见问题 .................................................. 156

## 第 8 部分　文字特效动画 .................................................. 157

### 8.1 补间文字特效 .................................................. 159
- 8.1.1 应用模式——文字翻转效果动画 .................................................. 159
- 8.1.2 应用模式——折射发光文字特效动画 .................................................. 160
- 8.1.3 应用模式——跳动的镜像文字动画 .................................................. 161

### 8.2 遮罩文字特效 .................................................. 164
- 8.2.1 应用模式——蜂巢过光文字动画 .................................................. 164
- 8.2.2 应用模式——滚动字幕放大镜动画 .................................................. 165
- 8.2.3 应用模式——光影效果文字动画 .................................................. 166

### 8.3 逐帧文字特效 .................................................. 167
- 8.3.1 应用模式——毛笔写字动画 .................................................. 167
- 8.3.2 应用模式——描边字效果动画 .................................................. 168

## 第 9 部分　角色基本动作制作 ... 171

### 9.1 眨眼口型动画 ... 173
#### 9.1.1 基础模式——基本眨眼动画 ... 173
#### 9.1.2 拓展模式——眨眼口型动画 ... 175
### 9.2 摆动效果动画：基础模式——风中女孩动画 ... 179
### 9.3 人物行走动画（骨骼动画） ... 182
#### 9.3.1 基础模式——游动的章鱼动画（向形状中添加骨骼） ... 182
#### 9.3.2 基础模式——人物行走动画（向元件中添加骨骼） ... 185
### 9.4 相关知识 ... 187

## 第 10 部分　镜头特效在动画中的应用 ... 188

### 10.1 镜头推拉摇移特效应用 ... 190
#### 10.1.1 基础模式——镜头推拉在镜头语言中的应用 ... 190
#### 10.1.2 基础模式——镜头摇移在镜头语言中的应用 ... 192
#### 10.1.3 应用模式——大鱼海棠经典片段动画 ... 193
### 10.2 摄像头基础应用 ... 193
#### 10.2.1 基础模式——使用摄像头工具实现镜头特效 ... 194
#### 10.2.2 拓展模式——摄像头图层深度应用 ... 196
### 10.3 相关知识 ... 197

## 第 11 部分　交互式动画制作 ... 200

### 11.1 交互式动画 ... 202
#### 11.1.1 基础模式——交互控制动画 ... 202
#### 11.1.2 基础模式——游戏界面切换动画 ... 204
#### 11.1.3 拓展模式——单词拼写小游戏 ... 206
#### 11.1.4 拓展模式——飘落的雪花 ... 208
#### 11.1.5 相关知识 ... 209
### 11.2 运用动画组件 ... 211
#### 11.2.1 基础模式——用户注册页面制作 ... 211
#### 11.2.2 基础模式——视频点播页面 ... 218

## 参考文献 ... 222

# 第 1 部分

# Animate CC 2019 基础

## 课程概述

本部分课程将学习以下内容：

- Animate CC 2019 工作界面；
- 自定义工作界面；
- 配置 Animate CC 2019 工作环境；
- 文件的基本操作；
- 设置文档属性；
- 设置舞台。

通过学习本部分内容可以掌握以下知识与技能：

- 了解 Animate CC 2019 动画应用新领域和新功能；
- 了解动画制作流程；
- 熟悉 Animate CC 2019 工作界面；
- 能够合理配置 Animate CC 2019 工作环境；
- 能够进行文档属性设置和文档基本操作。

# 1.1 Animate CC 2019 概述

Adobe Animate CC 是由 Adobe Flash Professional CC 更名得来的，缩写为 An。Animate CC 在支持 Flash SWF 文件的基础上，加入了对 HTML5 的支持，为网页开发者提供更适应现有网页应用的音频、视频、图片、动画等创作支持。

## 1.1.1 Animate 动画应用新领域

Adobe Animate CC 是一款制作矢量动画、广告、多媒体内容、逼真体验、应用程序、游戏等的专用软件；是一种基于时间轴的创作环境，不仅提供了优秀的绘制和插图工具，而且还整合了 Adobe CreativeSync 的强大功能，使创作轻松便捷。Animate 的输出具有相当的灵活性，不但支持 HTML5 Canvas 和 WebGL 等多种输出格式，且可通过扩展以支持 Snap.SVG 等自定义格式，同时还支持创建和发布 Flash 格式以及打包 Adobe AIR 应用程序。这样，在不需要任何插件的情况下，Animate 动画也可以在广泛的应用场合中使用。

随着动画软件技术和媒体技术的发展，Animate 动画制作不再局限于影视娱乐领域，也越来越多地被应用于企业营销、产品宣传、品牌推广等方面。在网络信息时代，基于视频的社会传播趋势的推动下，Animate（二维）动画已成为一种很好的营销选择。下面介绍 Animate 动画制作有哪些新的应用领域。

### 1. 产品创意介绍

与传统的文字介绍相比，Animate 动画制作更容易被受众接受。因此，企业在使用动画视频介绍产品时，也会加深对受众的了解，提高沟通效率。由 Animate 动画制作的视频可以详细演示产品的功能、使用方法和设计思想，它可以将抽象的创意内容转化为具体的画面，提高受众对企业产品的接受程度，如图 1-1 所示。

### 2. APP 使用演示

Animate 动画制作也可以模拟手机操作场景，通过仿真动画的形式，详细介绍各个 App 的操作和功能，并简洁明了地表达应用程序的使用方法。Animate 动画在 App 使用演示中的应用，减少了企业与客户之间的沟通障碍，提高了营销推广的效率，如图 1-2 所示。

图 1-1　产品创意介绍动画

图 1-2　APP 使用演示动画

3. 商业模式展示

Animate 动画能简洁、生动地展示企业的经营模式，帮助客户快速了解公司的信息，增强客户对企业的认可和信任，如图 1-3 所示。动画在商业模式展示中的应用，不仅可以增强员工对企业的理解，增强企业内部凝聚力，而且对展示企业文化，提升自身形象具有重要作用。

图 1-3　商业模式展示动画

### 1.1.2　Animate 动画制作流程

Animate 动画制作步骤通常分为前期准备、中期制作和后期合成等。前期准备又包括作品设定、角色和场景设计、脚本设计等；中期制作主要包括分镜、原画、中间画、动画、上色、背景作画、摄影、配音、录音等；后期制作包括剪接、特效、字幕、合成等。对于不同的人，动画的创作过程和方法可能有所不同，但其基本规律是一致的。

### 1.1.3　Animate CC 2019 新功能

Adobe Animate CC 是矢量图编辑和动画创作的专业软件。Animate CC 2019 为游戏设计人员、开发人员、动画制作人员及教育内容编创人员推出了很多激动人心的新功能。

- 图像矢量化：即通过图像描摹，将栅格图像（如 JPEG、PNG、PSD 等）转换为矢量图稿。利用此功能，可以通过描摹现有图稿，在原图稿基础上轻松绘制新图稿，并得到更高画质的结果。
- 音频分割：将流式传输的音频分割为多个部分并保留其效果。
- 图像处理改进：通过取消选中"发布设置"对话框中的"导出为纹理"和"将图像合并到 Sprite 表中"复选框，可以将从 Canvas 文档中导入的所有图像导出。已经压缩的图像也会按照原样导出，不会对其大小进行任何更改。
- 帧选择器增强功能：使用帧选择器增强功能，可使用多个元件并将它们固定在不同的帧选择器中。被固定后的元件将被记忆下来，即使转入另一帧也是如此，只有该元件从库中消失或被明确取消固定且移动到其他文档之后，才会从记忆中被删除。
- 纹理贴图集增强功能：纹理贴图集是单个大图像的纹理的集合。Animate 为纹理贴图集增添了两个新的导出选项：分辨率和优化尺寸。
- 文件保存优化：现在可更轻松地逐步保存 Animate 文档（FLA 和 XFL 格式），且保存效果更好。反过来，这样有助于减少自动恢复模式的保存时间并能更快速地保存复杂数据。
- 资源变形：利用增强后的资源变形功能，可帮助用户更好地控制手柄和变形结果。

### 1.1.4　Animate 的启动和退出

Animate CC 2019 具备直观、可自定义的现代化用户界面，启动和退出方法与其他常用软件类似。

### 1. 启动 Animate CC 2019

启动 Animate CC 2019，可以执行以下操作步骤之一。

- 从"开始"菜单启动：打开"开始"菜单，选择"所有程序"→"Adobe Animate 2019"命令，启动 Animate CC 2019，如图 1-4 所示。
- 通过桌面快捷图标启动：当 Animate CC 2019 安装完后，桌面上将自动创建快捷图标。双击该图标，就可以启动 Animate CC 2019，如图 1-5 所示。
- 双击已建立好的 Animate CC 文档。

图 1-4 从"开始"菜单启动　　图 1-5 双击桌面快捷图标

### 2. 退出 Animate CC 2019

退出 Animate CC 2019，可以执行以下操作步骤之一。

- 选择"文件"→"退出"命令，如图 1-6 所示。
- 单击 Animate CC 2019 窗口右上角的"关闭"按钮 。
- 单击标题栏左侧 An 按钮，从弹出的菜单中选择"关闭"命令，如图 1-7 所示。

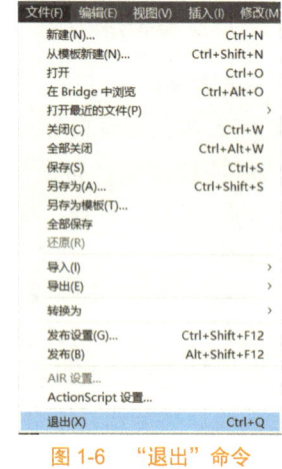

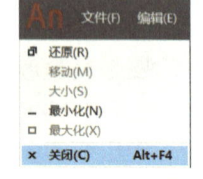

图 1-6 "退出"命令　　图 1-7 "关闭"命令

## 1.2　Animate CC 2019 工作界面

Animate CC 2019 工作界面是编辑制作 Animate 动画的主要界面，主要由标题栏、"工具"面板、舞台、"时间轴"面板、面板组集合等界面要素构成。

### 1.2.1　工作区

"传统"模式下的工作区及其主要组成如图 1-8 所示。

视频：工作区

第 1 部分　Animate CC 2019 基础

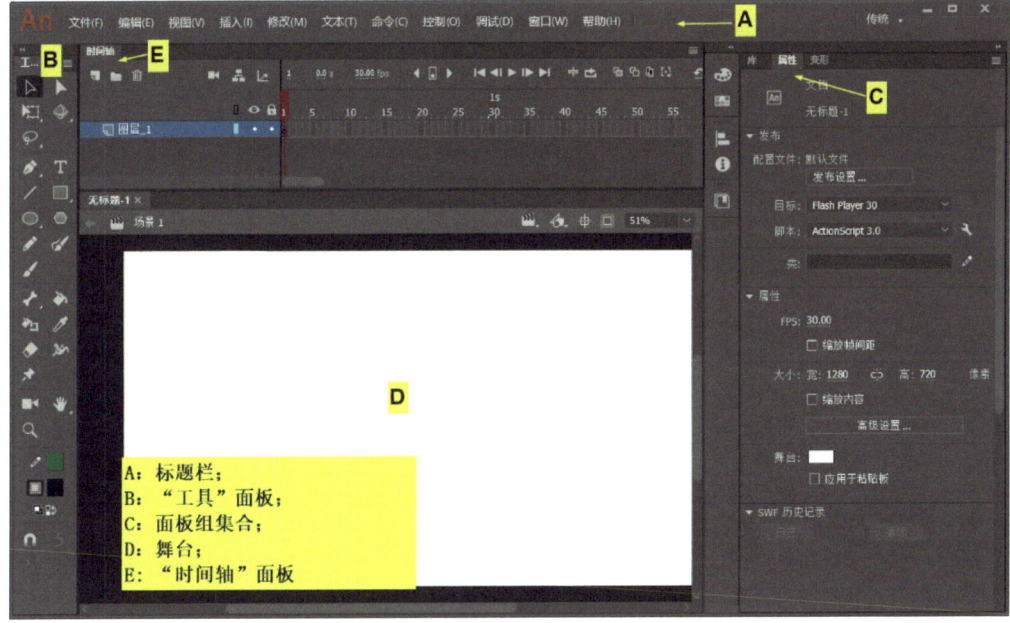

图 1-8　"传统"模式下的工作区

## 1.2.2　标题栏

Animate CC 2019 标题栏从右至左依次包括：窗口管理按钮、工作区切换按钮、菜单栏，如图 1-9 所示。

图 1-9　标题栏

- 窗口管理按钮：包括"最大化""最小化""关闭"按钮。
- "工作区切换"按钮（图中是"传统"模式）：提供了多种工作区模式以供选择，包括"动画""传统""设计人员""开发人员""基本功能"等模式选项，单击该按钮，在其下拉菜单中选择相应选项即可切换需要的工作模式。
- 菜单栏：包括 11 种主菜单命令，即文件、编辑、视图、插入、修改、文本、命令、控制、调试、窗口、帮助。下面简要介绍菜单的主要功能。

### 1."文件"菜单

"文件"菜单如图 1-10 所示，包含文件处理、参数设置、输入和输出文件、发布、打印等功能，还包括用于同步设置的命令。

### 2."编辑"菜单

"编辑"菜单如图 1-11 所示，包含用于基本编辑操作的标准菜单项，以及访问"首选项"的命令。

### 3."视图"菜单

"视图"菜单如图 1-12 所示，包含用于控制屏幕的各种显示效果，以及控制文件外观的命令。

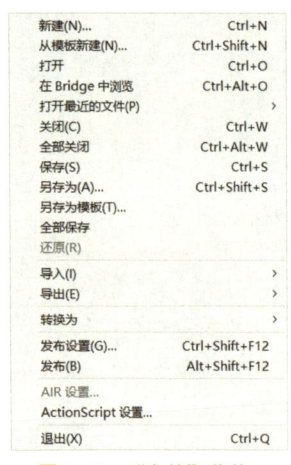  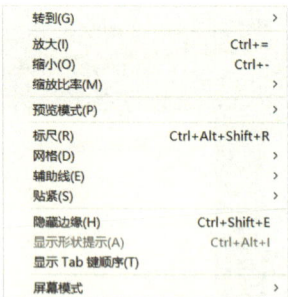

图 1-10 "文件"菜单　　　图 1-11 "编辑"菜单　　　图 1-12 "视图"菜单

### 4."插入"菜单

"插入"菜单如图 1-13 所示，包含新建元件、图层、关键帧和舞台场景等内容的命令。

### 5."修改"菜单

"修改"菜单如图 1-14 所示，包含用于更改选定的舞台对象的属性的命令。

### 6."文本"菜单

"文本"菜单如图 1-15 所示，包含用于设置文本格式和嵌入字体的命令。

图 1-13 "插入"菜单　　　图 1-14 "修改"菜单　　　图 1-15 "文本"菜单

### 7."命令"菜单

"命令"菜单如图 1-16 所示，包含用于管理、保存和获取命令，以及导入导出动画 XML 的命令。

### 8."控制"菜单

"控制"菜单如图 1-17 所示，包含用于控制对影片的操作的命令。

### 9."调试"菜单

"调试"菜单如图 1-18 所示，包含用于对影片代码进行测试和调试的命令。

图1-16 "命令"菜单 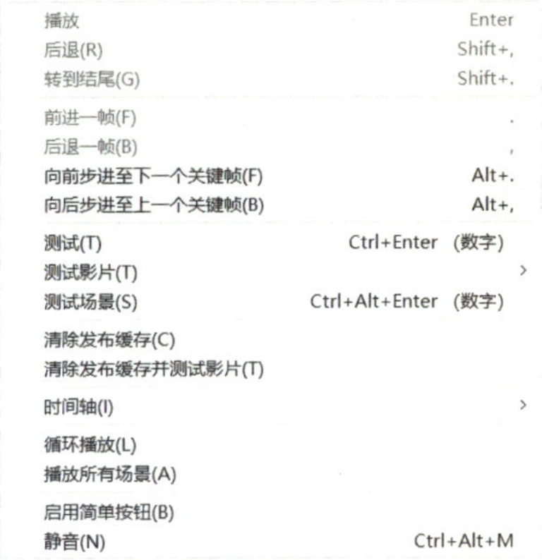　　图1-17 "控制"菜单 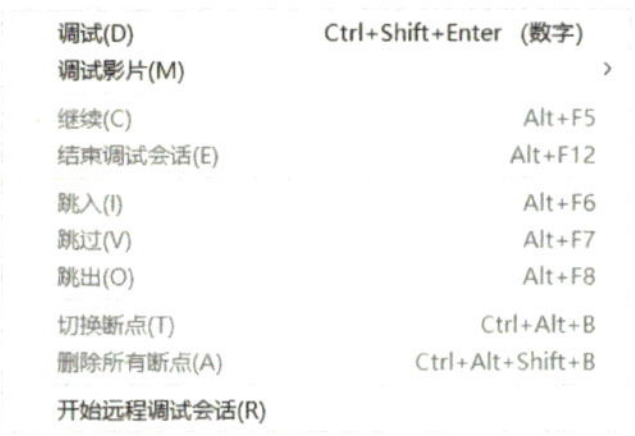　　图1-18 "调试"菜单

### 10. "窗口"菜单

"窗口"菜单如图1-19所示,提供对Animate CC 2019中的所有浮动面板和窗口的访问。

### 11. "帮助"菜单

"帮助"菜单如图1-20所示,提供对Animate CC 2019帮助系统的访问,可以用作学习指南。

## 1.2.3 舞台

舞台是进行动画创作和动画播放的场地,可以在其中绘制图形,也可以从外部导入需要的图片、音视频等。其默认状态是一幅白色的画布。

舞台上端为编辑栏,包含正在编辑的对象名称、"编辑场景"按钮、"编辑元件"按钮、"舞台居中"按钮、"剪切掉舞台范围以外的内容"按钮、缩放数字框等元素。编辑栏的上方是标签栏,标示着文档的名称,如图1-21所示。

技巧:按住【Ctrl】键向上或向下滑动鼠标中轮,可以放大或缩小舞台显示比例。

## 1.2.4 "工具"面板

"工具"面板包含了用于创建和

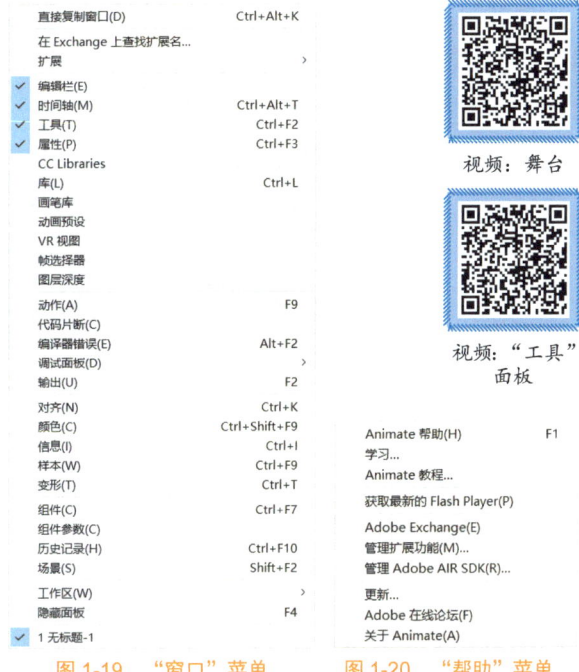

视频:舞台

视频:"工具"面板

图1-19 "窗口"菜单　　图1-20 "帮助"菜单

图1-21 舞台

编辑图形、图像等页面元素的所有工具。使用这些工具可以进行绘图、对象选取、图形图像处理、喷涂填充、文字编排等操作。其中部分工具按钮右下角有▲图标，表示该工具包含一组同类型工具，在图标上按住鼠标左键不动就会打开其同类型工具菜单进行选择使用。"工具"面板如图1-22所示。

### 1.2.5 "时间轴"面板

时间轴是由一个个的帧排列组成的，每个关键帧中可以放置动画对象，然后这些动画对象按照时间轴中帧的顺序和帧频进行播放就形成了动画。所以时间轴相当于动画的剧本，用于组织和控制动画内容在一定时间内播放的图层数和帧数。

图1-22 "工具"面板

"时间轴"面板是用于进行动画创作和编辑的主要工具，可分为两部分：图层控制区和时间轴控制区，如图1-23所示。Animate"基本功能"布局模式下，"时间轴"面板默认位于工作区下方，用户也可以使用鼠标拖动它，把它停靠在窗口中的其他位置。

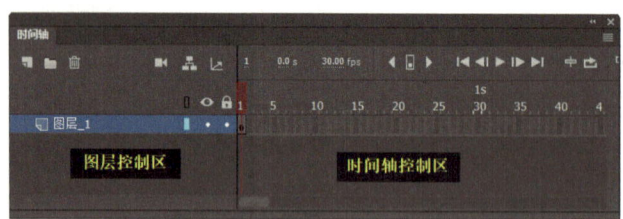

图1-23 "时间轴"面板

#### 1. 图层控制区

图层控制区位于"时间轴"面板左侧，用于进行图层相关操作，其中按顺序显示了当前正在编辑的场景的所有图层的名称、类型、状态，还包含新建、删除图层等图层的管理。

为什么要使用图层？图层可以被看作一些互相重合的透明幕布，如果当前层没有任何东西，就可以透过它看到下一层。使用图层可以使对象分离，防止它们之间的相互干扰。对一个图层上的对象进行改变和编辑不影响其他图层的对象。

#### 2. 时间轴控制区

时间轴控制区位于"时间轴"面板右侧，用于控制当前帧、执行帧操作、创建动画、控制动画播放的速度，以及设置帧的显示方式等，如图1-24所示。时间轴控制区中各个工具按钮的功能如下。

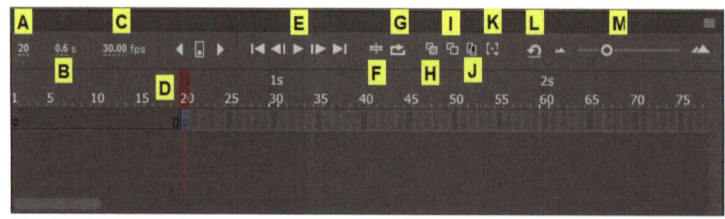

图1-24 时间轴控制区

·8·

A—当前帧号；B—运行时间；C—帧频；D—播放头。

E—播放控件：用于调试或预览动画效果的播放控件。

F—帧居中：改变时间轴控制区的显示范围，将当前帧显示到控制区的中间。

G—循环：循环播放当前选中的帧范围。如果没有选中帧，则循环播放当前整个动画。

H—绘图纸外观：在舞台上显示时间轴上选择的连续帧范围中包含的所有帧。

I—绘图纸外观轮廓：在时间轴上选择一个连续帧范围，在舞台上显示除当前帧之外的其他帧的外框，当前帧以实体显示。

J—编辑多个帧：在时间轴上选择一个连续帧区域，可以同时显示和编辑区域内的所有帧。

K—修改标记：选择显示 2 帧、5 帧和全部帧。

L—将时间轴缩放重设为默认级别：单击该按钮，即可将缩放后的时间轴调整为默认级别。

M—调整时间轴视图大小：单击左侧的■按钮，可以在视图中显示更多帧；单击右侧的■按钮，可以在视图中显示较少帧；拖动滑块，可以动态地调整视图中可显示的帧数。

### 1.2.6 面板集

面板集用于管理 Animate CC 面板，在屏幕大小有限的情况下，将所有面板都嵌入同一个面板中，使工作区最大化。通过面板集，可以对工作界面的面板布局进行重新组合，以适应不同的工作需求。

**1. 面板集基本操作**

Animate CC 提供了 7 种工作区面板集的布局方式，单击标题栏的"工作区切换"按钮 传统 ，在弹出的下拉菜单中选择相应命令，即可切换 7 种布局方式，如图 1-25 所示。

除使用预设的布局方式之外，还可以对面板集进行手动调整。用鼠标左键按住面板的标题栏拖动可以进行任意移动，当被拖动的面板停靠在其他面板旁边时，会在其边界出现一个蓝边的半透明条，如果此时释放鼠标，则被拖动的面板将停放在半透明条位置。如图 1-26 所示为将"属性"面板拖放到"工具"面板右侧。

图 1-25 工作区切换菜单

图 1-26 拖动面板至其他面板旁边

将一个面板拖动到另一个面板中时，目标面板会呈现蓝色边框，如果此时释放鼠标，被拖动的面板将会以选项卡的形式出现在目标面板中，如图1-27所示。

当面板处于面板集中时，单击面板集顶端的"折叠为图标"按钮，可以将整个面板集中的面板以图标的方式显示，再次单击该按钮则恢复面板显示，如图1-28所示。

图1-27　拖动面板至其他面板中

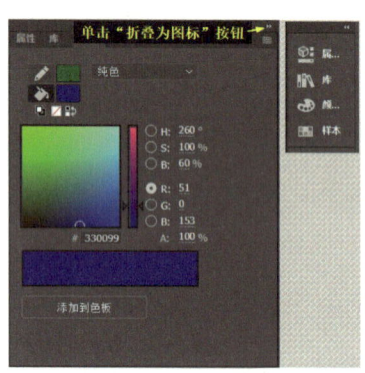
图1-28　将面板折叠为图标

**2. 其他常用面板**

Animate CC中常用面板有"属性""库""颜色""变形"等。在"窗口"菜单中勾选相应面板选项或使用快捷键可以打开所需面板。

"属性"面板：不同的舞台对象有不同的属性，修改对象的属性可以通过"属性"面板实现。如图1-29为选中舞台上的影片剪辑元件时对应的"属性"面板。

"库"面板：用于存储和管理用户创建或外部导入的素材等动画资源，如元件、位图、声音、字体等，如图1-30所示。

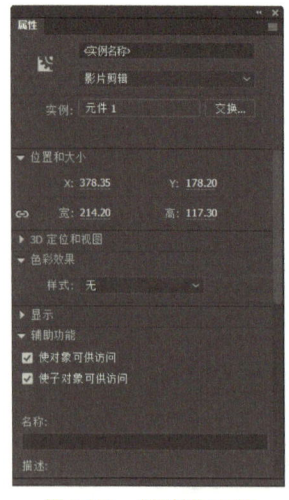
图1-29　"属性"面板

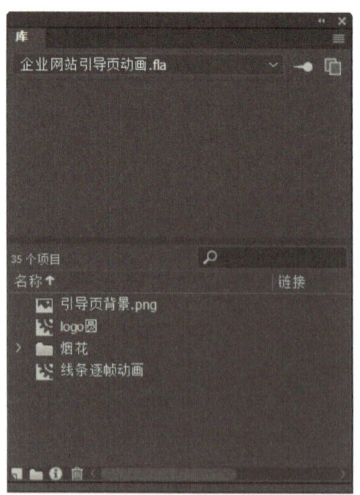
图1-30　"库"面板

"颜色"面板：用于为对象设置边框颜色和填充颜色，如图 1-31 所示。

"变形"面板：集中了缩放、旋转、倾斜、翻转等变形命令，可以精确地对选中对象进行变形处理，如图 1-32 所示。

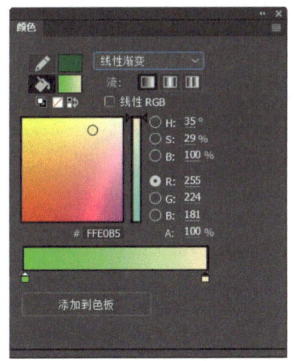

图 1-31　"颜色"面板

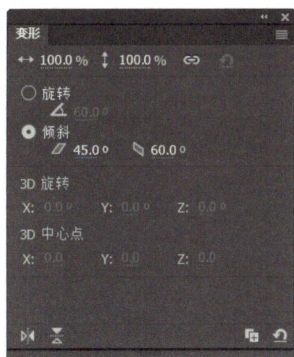

图 1-32　"变形"面板

## 1.3　设置 Animate CC 2019 工作环境

为提高工作效率，使 An 最大限度地符合个人的操作习惯，用户可以根据自己的需要与习惯对操作界面进行设置。

视频：设置工作区布局模式及自定义工作界面

### 1.3.1　设置工作区布局模式及自定义工作界面

单击 Animate CC 标题栏上的"工作区布局模式"按钮，在弹出的下拉列表中选择喜欢的布局模式，如图 1-33 所示。Animate CC 2019 提供了七种工作区布局预设外观模式，满足不同层次和需要的动画制作人员，默认为"基本功能"布局模式。

Animate CC 允许用户自定义个性化的工作界面，将自定义的工具界面保存，今后就可以选择使用专属的工作界面。

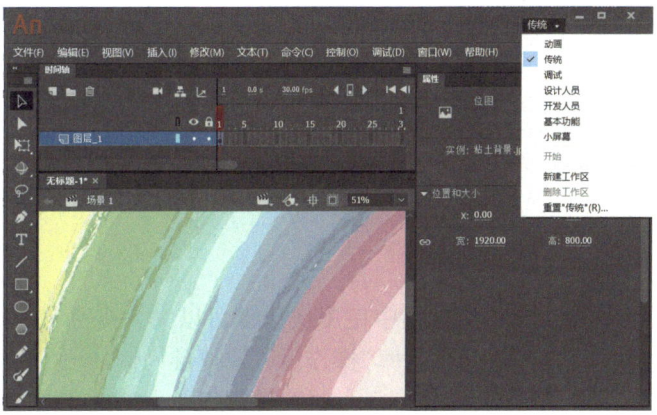

图 1-33　工作区布局模式

**Step 01** 新建工作区。新建一个文档，选择"窗口"→"工作区"→"新建工作区"命令，打开"新建工作区"对话框，在"名称"框中输入工作区名称，如"个性化工作区"，如图 1-34 所示，单击"确定"按钮。

**Step02** 将各窗口和面板停靠在合适位置。将日常需要的各个面板拖放并停靠在合适的位置，如图 1-35 所示。

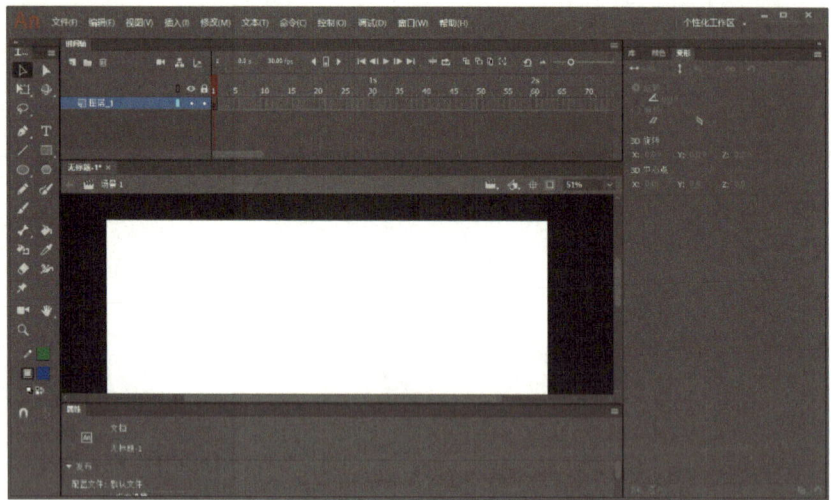

图 1-34 "新建工作区"对话框

图 1-35 设置好的工作区布局

**Step03** 锁定面板组。单击面板组右上方的 ≡ 按钮，在下拉菜单中选择"锁定"命令，如图 1-36 所示。此时面板为锁定状态，将无法移动和控制大小。再次单击 ≡ 按钮，在下拉菜单中选择"解除锁定"命令将恢复原状，如图 1-37 所示。

**Step04** 删除自定义工作区。与新建工作区方法类似，如图 1-38 和图 1-39 所示。

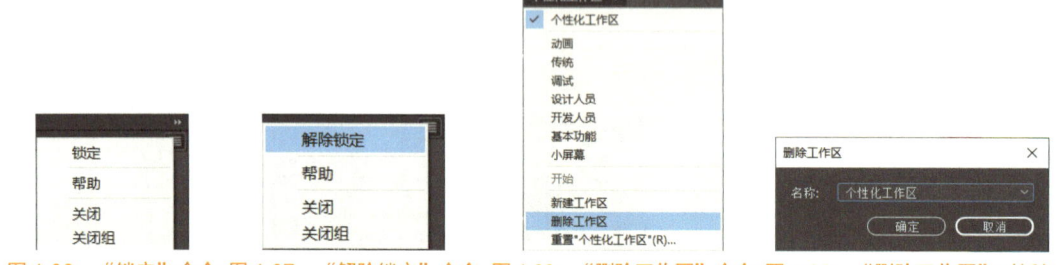

图 1-36 "锁定"命令　图 1-37 "解除锁定"命令　图 1-38 "删除工作区"命令　图 1-39 "删除工作区"对话框

## 1.3.2 设置快捷键

在动画制作过程中使用快捷键可以大大提高效率，使操作变得轻松快捷。下面以为"导入到库"操作设置快捷键为例，介绍设置键盘快捷键的方法。

**Step01** 选择"编辑"→"快捷键"命令，弹出"键盘快捷键"对话框，在此可以设置各种操作命令的键盘快捷方式，如图 1-40 所示。

视频：设置快捷键

**Step02** 在"键盘布局预设"下拉列表中，选择"默认组（只读）"。

**Step03** 在"命令"列表中，单击命令名称左侧的展开图标，如图 1-41 所示，即可展开选中命令中的所有操作。

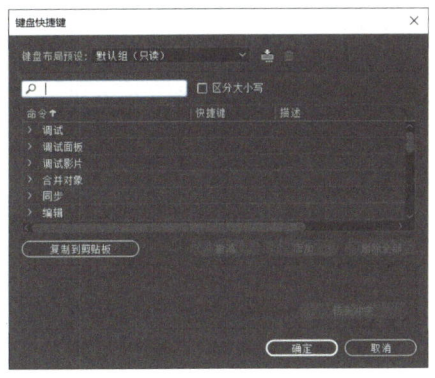
图 1-40 "键盘快捷键"对话框

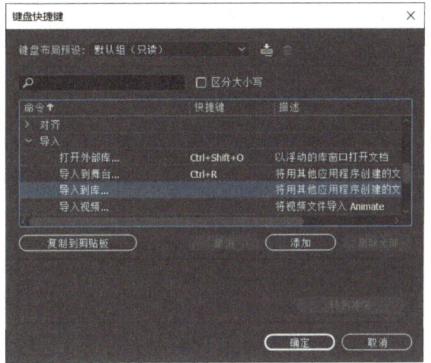
图 1-41 选择设置快捷键的操作项

**Step 04** 选择"导入"命令下的"导入到库"操作,单击"添加"按钮或直接在"快捷键"区域单击,然后在键盘上按下要设置的快捷键,如"Alt+Q",即可定义一个新的快捷键,如图 1-42 所示。

**Step 05** 单击"确定"按钮关闭对话框,以后就可以使用此快捷键操作该命令了。

注意:若当前定义的快捷键已被其他命令占用,则出现如图 1-43 中所示警告提示,这时需要另外设置其他快捷键。

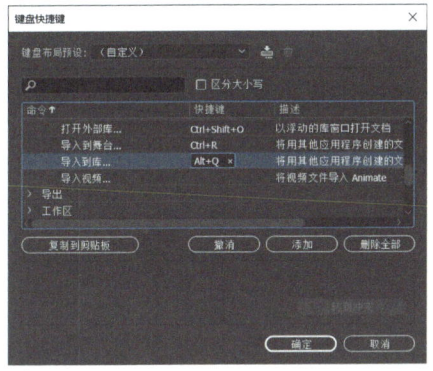
图 1-42 定义快捷键

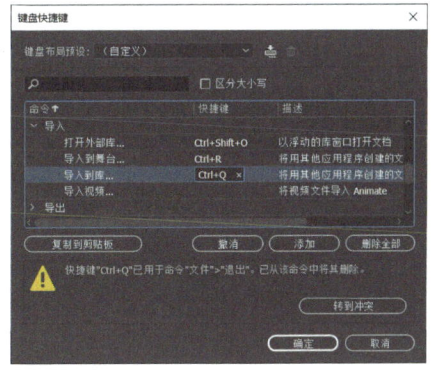
图 1-43 快捷键警告提示

## 1.3.3 设置首选参数

可以为常规的应用程序操作设置首选参数,包括编辑操作、代码和编译器操作、同步设置、绘制选项及文本选项等。

选择"编辑"→"首选参数"命令,在打开的"首选参数"对话框中选择不同类别并从各个选项中进行选择。

**1. 设置常规首选参数(见图 1-44)**

- 文档或对象层级撤销:文档级撤销维护一个列表,其中包含用户对整个 An 文档的所有动作。对象层级撤销为针对文档中每个对象的动作单独维护一个列表。使用对象层级撤销可以撤销针对某个对象的动作,而无须另外撤销针对修改时间比目标对象更近的其他对象的动作。

- 自动恢复：若启用此设置（默认设置），会以指定的时间间隔将每个打开文件的副本保存在原始文件所在的文件夹中。如果尚未保存文件，Animate 会将副本保存在其 Temp 文件夹中。将"RECOVER_"添加到该文件名前，使文件名与原始文件相同。如果 Animate 意外退出，则在重新启动后要求打开自动恢复文件时，会出现一个对话框。正常退出 Animate 时，会删除自动恢复文件。
- 用户界面：选择想要的用户界面风格，"深"或"浅"。若要对用户界面元素应用底纹，可勾选"启用底纹"复选框。
- 工作区：若要在单击处于图标模式中的面板的外部时，使这些面板自动折叠，请勾选"自动折叠图标面板"复选框。若要在选择"控制"→"测试"命令后打开一个单独的窗口，请勾选"在单独的窗口中打开 Animate 文档和脚本文档"复选框。默认情况是在自己的窗口内打开测试影片。
- 加亮颜色：若要使用当前图层的轮廓颜色，请在面板中选择一种颜色，或者勾选"使用图层颜色"单选钮。

**2. 设置代码编辑器首选参数（见图 1-45）**

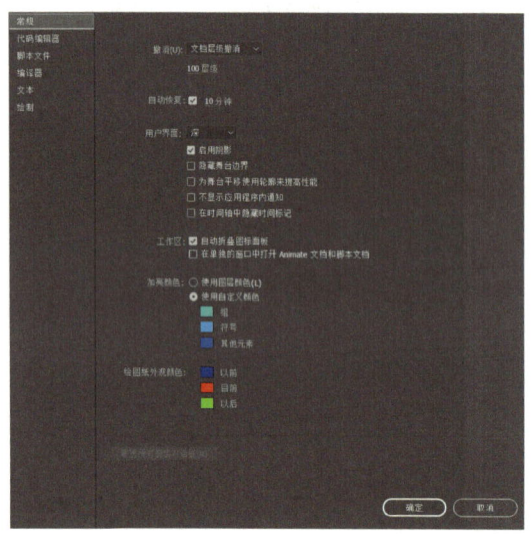

图 1-44　"常规"选项卡参数设置　　　　图 1-45　"代码编辑器"选项卡参数设置

（1）在"编辑选项"部分，可以更改以下项目的默认设置。
- 字体：设置字体和字体大小。
- 修改文本颜色：单击此按钮可设置前景、背景、关键字、注释、标识符及字符串的文本颜色。
- 自动结尾括号：默认启用。默认情况下，所有代码都是用括号括起来的。
- 自动缩进：默认启用。如果不想让代码缩进，可取消勾选此复选框。
- 代码提示：默认启用。在键入代码时如果不想让代码提示出现，可取消勾选此复选框。
- 缓存文件：设置缓存文件限制，默认为 800。

（2）在"设置代码格式"部分，可以设置以下首选参数并通过预览窗格查看将如何对代码应用更改。

- 选择语言：选择 ActionScript 或 JavaScript 的默认脚本语言。选择某个选项时会对应显示一个代码样例。
- 括号样式：选择想用的括号样式，包括"在与控制语句的同一行"、"位于单独行"或"仅是闭合括号位于单独行"。
- 中断链接方式：选中此复选框后，系统显示代码行时将合理断开。
- 保持数组缩进：选中此复选框后，系统将合理缩进数组。
- 在关键字后添加空格：默认选中。如果不想在每个关键字后面留有空格，可更改此复选框的设置。

### 3．设置编译器首选参数（见图1-46）

"首选参数"对话框中的"编译器"选项卡允许用户针对自己选定的语言设置以下编译器首选参数。可以浏览到一个路径或一个 SWC 文件，或者指定一个新的路径。

- SDK 路径：包含二进制、框架、库及其他文件夹的文件夹的路径。
- 源路径：包含 ActionScript 类文件的文件夹的路径。
- 库路径：SWC 文件或包含 SWC 文件的文件夹的路径。
- 外部库路径：用作运行时共享库的 SWC 文件的路径。

### 4．设置文本首选参数（见图1-47）

可以在"文本"选项卡中针对文本显示指定以下首选参数：默认映射字体、样式、以英文显示字体名称、显示字体预览和字体预览大小。

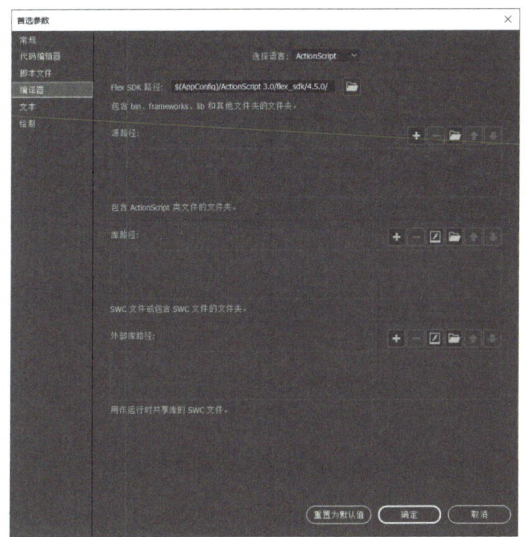
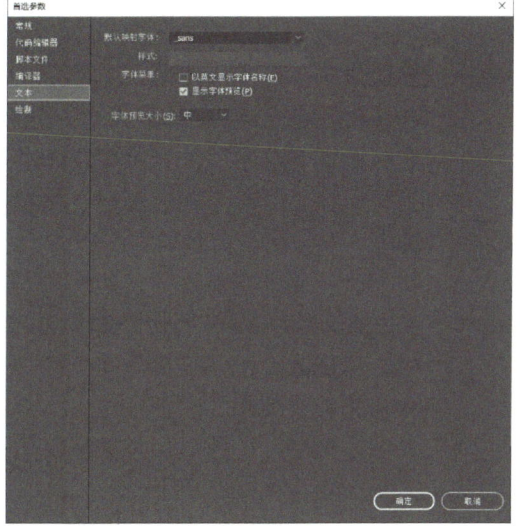

图1-46　"编译器"选项卡参数设置　　　　　图1-47　"文本"选项卡参数设置

### 5．设置绘制首选参数（见图1-48）

- 钢笔工具：用于设置钢笔工具的选项。勾选"显示钢笔预览"复选框，可显示从上一次单击的点到指针的当前位置之间的预览线条。勾选"显示实心点"复选框可将控制点显示为已填充的小正方形，而不是显示为未填充的正方形。勾选"显示精确光标"复选框可在使用钢笔工具时显示十字线光标，而不是显示钢笔工具图标，从而可以更加轻松地查看单击的精确目标。

- IK 骨骼工具：对于骨骼工具，默认选中"自动设置变形点"复选框。
- 连接线条：决定正在绘制的线段的终点必须距现有线段多近，才能贴紧到另一条线上最近的点。该设置也可以控制水平或垂直线段识别，即在 Animate 使线段达到精确的水平或垂直之前，必须要将线段绘制到怎样的水平或者垂直程度。如果打开了"贴紧至对象"选项，该设置控制对象必须要接近到何种程度才可以彼此对齐。

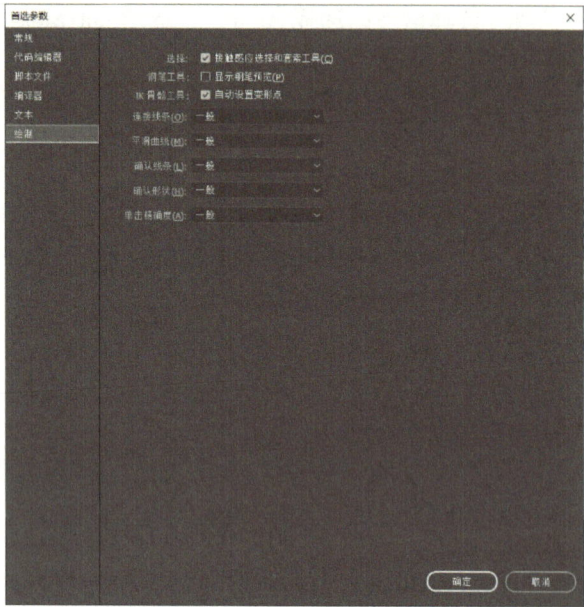

图 1-48　"绘制"选项卡参数设置

- 平滑曲线：指定当绘画模式设置为"伸直"或"平滑"时，应用到以铅笔工具绘制的曲线上的平滑量。（曲线越平滑就越容易改变形状，而越粗糙的曲线就越接近符合原始的线条笔触。）

注意：若要进一步平滑现有曲线段，请使用"修改"→"形状"→"平滑和修改"→"形状"→"优化"命令。

- 确认线条：定义用铅笔工具绘制的线段必须有多直，Animate 才会识别它为直线并使它完全变直。如果在绘画时关闭了"确认线"，可在稍后选择一条或多条线段，然后选择"修改"→"形状"→"伸直"命令来伸直线条。
- 确认形状：控制绘制的圆形、椭圆、正方形、矩形、90°和 180°弧要达到何种精度，才会被识别为几何形状并精确重绘。选项有"关"、"严谨"、"正常"和"宽松"。"严谨"要求绘制的形状要非常接近于精确；"宽松"指形状可以稍微粗略，Animate 将重绘该形状。如果在绘画时关闭了"确认形状"选项，可在稍后选中一个或多个形状（如连接的线段），然后选择"修改"→"形状"→"伸直"命令来伸直线条。
- 单击精确度：指定指针必须距离某个项目多近时 Animate 才能识别该项目。

# 1.4 文档基本操作

文档的基本操作包括打开、关闭和保存文件等，只有熟悉这些基本操作，才能更好地使用 Animate。

## 1.4.1 打开、导入和关闭文件

打开和关闭文件的操作与其他常用软件类似，此处不再赘述。如果同时打开了多个文档，单击文档标签（名称），即可在多个文档之间切换，如图 1-49 所示。

在 Animate 中可以导入多种类型的外部文件，如声音、视频、图片等媒体文件。

（1）选择"文件"→"导入"命令中的一个子命令，如图 1-50 所示。

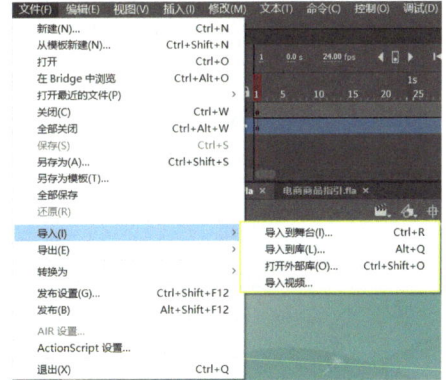

图 1-49　单击文档标签　　　　　　　　图 1-50　"导入"命令

- 导入到舞台：将文件直接导入当前库中。
- 导入到库：将文件导入当前 Animate 文档的库中。
- 打开外部库：将其他的 Animate 文档作为库打开。
- 导入视频：将视频剪辑导入当前文档中。

（2）在弹出的"导入"对话框中选中需要导入的文件，单击"打开"命令，即可将文件导入当前文档中。

## 1.4.2 测试影片

动画制作完成或部分完成后，可以对影片进行测试以查看动画效果。Animate CC 内置了测试影片和场景的选项，默认情况下完成测试后会自动生成相应的 swf 文档，并自动存放在与当前编辑文件相同的目录中，如图 1-51 所示。

要测试整个动画影片，选择"控制"→"测试场景"命令，或者按【Ctrl+Enter】组合键进入调试窗口进行动画测试。Animate 将自动导出当前动画，弹出新窗口播放动画，如图 1-52 所示。

图 1-51　自动生成的 swf 文档　　　　　图 1-52　测试影片

### 1.4.3 保存动画文件

完成文档的编辑后，需要对其进行保存操作。选择"文件"→"保存"命令，打开"另存为"对话框，在该对话框中设置文件的保存路径、文件名、文件类型，单击"保存"按钮即可。

另外还可以将文档保存为模板方便以后使用，选择"文件"→"另存为模板"命令，打开"另存为模板"对话框，在"名称"文本框中输入模板的名称，在"类别"下拉列表中选择类别或新建类别的名称，在"描述"文本框中输入模板的说明，然后单击"保存"按钮，即可以模板模式保存文档，如图1-53所示。

图 1-53　"另存为模板"对话框

## 1.5　设置文档属性

视频：设置
文档属性

在开始动画创作之前，首先必须考虑动画的放映速度和作品尺寸。如果中途修改这些属性，将会带来许多麻烦，而且可能影响动画播放效果。在Animate中通常使用"属性"面板或"文档设置"对话框设置文档属性。

选择"修改"→"文档"命令，弹出如图1-54所示的"文档设置"对话框。

### 1.5.1　设置舞台尺寸

**Step 01** 在"单位"下拉列表中选择舞台大小的度量单位，如"像素"。

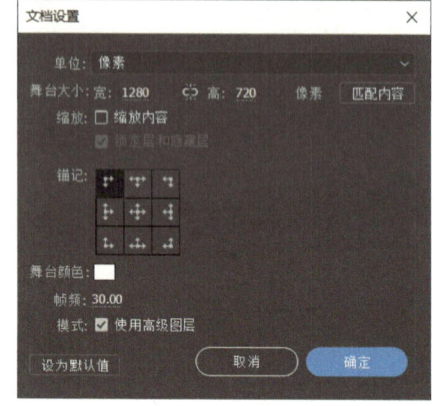

图 1-54　"文档设置"对话框

**Step 02** 在"舞台大小"→"宽"/"高"选项中输入舞台的宽度和高度属性值。使用"链接"按钮可按比例设置舞台尺寸。如果要单独修改高度或宽度属性值，可单击该按钮，解除约束比例设置。

**Step 03** 单击"匹配内容"按钮，则自动将舞台大小设置为能刚好容纳舞台上所有对象的尺寸，如图1-55所示。

**Step 04** 在"锚记"处设置舞台尺寸变化时，舞台扩展或收缩的方向。例如，舞台原始尺寸为613像素×400像素，如图1-56所示，选择锚记，修改舞台尺寸为307像素×200像素，单击"确定"按钮后，舞台会根据所选锚点沿相应方向收缩，如图1-57所示。

图 1-55 "匹配内容"设置

图 1-56 原舞台效果　　　　　　　　图 1-57 基于锚记缩放舞台后效果

## 1.5.2 设置舞台背景

舞台背景在动画中起着渲染场景、烘托气氛的作用。舞台背景可以是图片也可以是颜色，背景图片可以通过导入到舞台中实现，背景颜色可以在"文档属性"对话框或"属性"面板中设置。单击"舞台颜色"右侧的颜色框，在弹出的色板中选择舞台背景的颜色，如图 1-58 所示。每选择一种颜色，面板左上角会显示这种颜色，同时以 RGB 格式显示对应的数值。

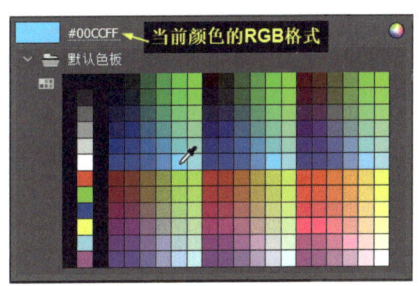

图 1-58 设置舞台背景颜色

提示：可以将位图导入 Animate，并将它放置在舞台的底层，这样它可以覆盖舞台，作为背景。

## 1.5.3 设置帧频

"帧频"表示动画播放的速度，单位为帧/秒，即每秒播放多少帧，默认为 24 帧。电影的专业帧频为 24 帧/秒，用户可以根据需要设置一个更大或更小的帧频。帧频数在一定程度上能决定播放流畅度，帧频越多相对越流畅，过低的帧频会导致播放时断时续；但并不是帧频越大越好，帧频越高，对于配置较低的计算机则越难放映。

帧频可以在"文档属性"对话框或"属性"面板中设置，如图1-59所示。

提示：设置好文档属性后，如果希望以后新建的动画文件都沿用这种设置，可以单击"文档设置"对话框底部的"设为默认值"按钮，将它作为默认的属性设置。如果不想设置为默认值，则忽略此步骤直接单击"确定"按钮即可完成当前文档属性的设置。

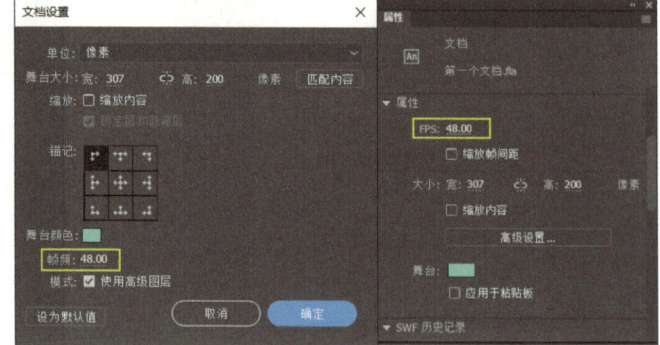

图1-59　设置帧频

# 1.6　设置舞台

视频：设置舞台

舞台是在创建 Animate 文档时放置图形内容的矩形区域，默认显示的黑色轮廓表示舞台的轮廓视图。创作环境中的舞台相当于 Flash Player 或 Web 浏览器窗口中在播放期间显示文档的矩形空间。要在工作时更改舞台的视图，可以使用放大或缩小功能。若要帮助在舞台上定位项目，可以使用网格、辅助线和标尺。

## 1.6.1　缩放舞台

要在屏幕上查看整个舞台，或要以高缩放比率查看绘图的特定区域，可以更改缩放比率级别。可以设置的最大缩放比率取决于显示器的分辨率和文档大小。

- 要放大某个元素，可选择"工具"面板中的"缩放工具"，然后单击该元素。若要在放大或缩小之间切换"缩放工具"，可使用"放大"或"缩小"按钮进行切换（当"缩放工具"处于选中状态时位于"工具"面板的选项区域中），如图1-60所示。
- 要进行放大以使绘图的特定区域填充窗口，可使用"缩放工具"在舞台上拖出一个矩形选取框。
- 要放大或缩小整个舞台，可选择"视图"→"放大"或"视图"→"缩小"命令。
- 要放大或缩小特定的百分比，可选择"视图"→"缩放比率"命令，然后从子菜单中选择一个百分比，或者在文档窗口右上角的"缩放"控件中选择一个百分比。
- 要缩放舞台以完全适合应用程序窗口，可选择"视图"→"缩放比率"→"符合窗口大小"命令。
- 要裁切掉舞台范围以外的内容，可单击"剪切掉舞台范围以外的内容"图标，如图1-61所示。

图 1-60　"缩放工具"面板　　　　图 1-61　"剪切掉舞台范围以外的内容"功能

- 要显示当前帧的内容，可选择"视图"→"缩放比率"→"显示全部"命令，或从应用程序窗口右上角的"缩放"控件中选择"显示全部"命令。如果场景为空，则会显示整个舞台。
- 要显示整个舞台，可选择"视图"→"缩放比率"→"显示帧"命令，或在文档窗口右上角的"缩放"控件中选择"显示帧"命令，如图 1-62 所示。
- 在"属性"面板中勾选"缩放内容"复选框，如图 1-63 所示，即可根据舞台大小缩放舞台上的内容。若调整了舞台大小，其中内容的大小会随舞台同比例调整。

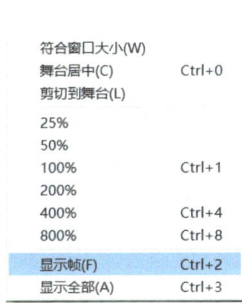
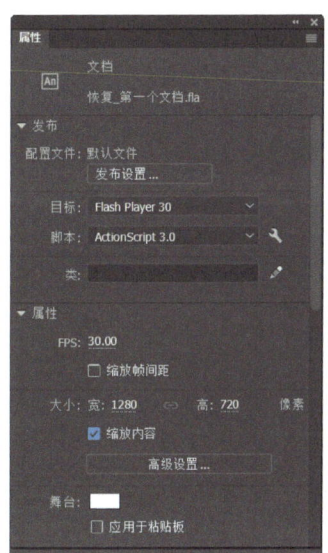

图 1-62　"显示帧"命令　　　　图 1-63　"缩放内容"复选框

## 1.6.2　旋转舞台

Animate CC 提供了"旋转工具"，允许用户临时旋转舞台视图。选择与"手形工具"

位于同一组的"旋转工具",如图1-64所示,屏幕上会出现一个十字形的旋转轴心点,在需要的位置单击即可更改轴心点的位置。设置好轴心点后,即可围绕轴心点拖动鼠标旋转视图,如图1-65所示。

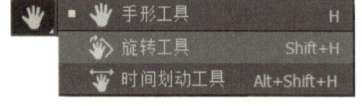

图1-64 选择"旋转工具"　　　　　图1-65 使用"旋转工具"旋转舞台

### 1.6.3 舞台辅助工具

与大部分软件一样,Animate CC 也提供了标尺和辅助线功能,使用标尺和辅助线,可以快速精确地定位舞台上的对象,为整体动画设计布局提供了便利。

#### 1. 使用标尺

标尺显示在舞台设计区内的上方和左侧,用于显示尺寸。选择"视图"→"标尺"命令(或使用【Ctrl+Shift+Alt+R】快捷键)可以显示或隐藏标尺。

用户可以更改标尺的度量单位,将其默认单位(像素)更改为其他单位。在显示标尺的情况下移动舞台上的元素时,将在标尺上显示几条线,指出该元素的尺寸,如图1-66所示。要指定文档标尺的度量单位,可选择"修改"→"文档"命令,打开"文档设置"对话框,在"单位"下拉列表中选择一个度量单位,如图1-67所示,然后单击"确定"按钮。

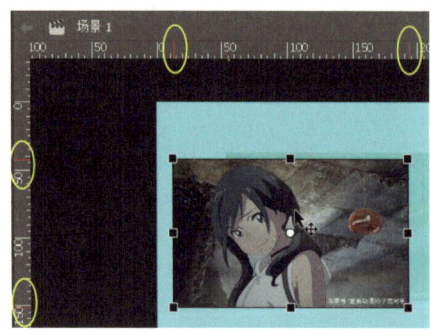　　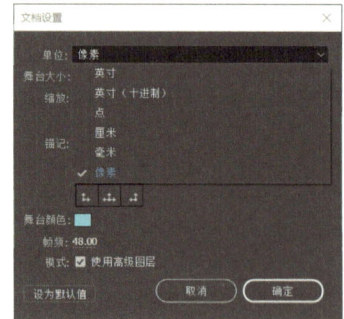

图1-66 标尺上显示的红线　　　　　图1-67 "文档设置"对话框

#### 2. 使用辅助线

在使用标尺时,还可以从标尺上将水平和垂直辅助线拖到舞台上。使用辅助线可以更精确地排列图像以及标记图像中的重要区域。常用的辅助线操作有添加、移动、锁定和删除等。

（1）添加辅助线。将光标移到水平标尺上，按下鼠标左键向下拖动，光标变为 ，如图 1-68 所示，拖动到舞台合适位置后释放鼠标，即可添加一条水平方向的辅助线。按照同样的方法可以添加垂直方向的辅助线。

提示：如果在添加辅助线时显示了网格，并且开启了"贴紧至网格"命令，则添加的辅助线将与网格对齐。

（2）移动辅助线。若需要移动辅助线的位置，可以单击绘图工具箱中的"选择工具"，然后将光标移到辅助线上，当光标变为 时，按下鼠标左键并拖动辅助线，此时辅助线的目标位置变为黑色，如图 1-69 所示。释放鼠标即可改变辅助线的位置。

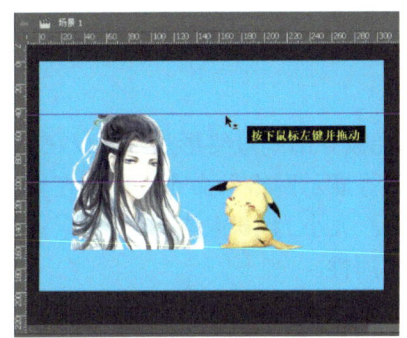
图 1-68 添加辅助线（蓝紫色线为添加的辅助线）

图 1-69 移动辅助线

（3）锁定辅助线。编辑图像时，如果不希望已定位好的辅助线被随便移动，可以将其锁定。选择"视图"→"辅助线"→"锁定辅助线"命令，即可锁定辅助线，如图 1-70 所示，将光标移到辅助线上时，不会显示可移动状态的指针 。再次选择"视图"→"辅助线""锁定辅助线"命令，即可解除对辅助线的锁定。

（4）删除辅助线。若要删除不需要的辅助线，只需将其拖回到标尺上即可。选择"视图"→"辅助线"→"清除辅助线"命令，可以一次性清除工作区中的所有辅助线。

（5）显示或隐藏辅助线。选择"视图"→"辅助线"→"显示辅助线"命令，可以显示或隐藏辅助线。在文档中添加辅助线时，Animate CC 会自动将辅助线设置为显示状态。

（6）对齐辅助线。使用辅助线的吸附功能可以很方便地对齐多个对象。选择"视图"→"贴紧"→"贴紧至辅助线"命令，再在文档中创建或移动对象时，就会自动对齐距离最近的辅助线。再次选择该命令，即可取消辅助线的吸附功能。

（7）设置辅助线参数。选择"视图"→"辅助线"→"编辑辅助线"命令，弹出如图 1-71 所示的"辅助线"对话框，在其中可以设置辅助线的各项参数。

- 颜色：设置辅助线的颜色。
- 显示辅助线：在工作区中显示辅助线。
- 贴紧至辅助线：激活辅助线的吸附功能。
- 锁定辅助线：锁定工作区中的辅助线。
- 贴紧精确度：用于选择对象对齐辅助线的精确度。
- 全部清除：清除当前场景中的所有辅助线。
- 保存默认值：将当前设置保存为默认设置。

设置完成后，单击"确定"按钮关闭对话框即可。

图 1-70　锁定辅助线

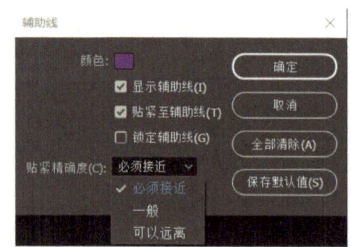

图 1-71　"辅助线"对话框

### 3. 设置网格

网格用于精确地对齐、缩放和放置对象。它不会被导出到最终影片中，仅在 Animate CC 的编辑环境中可见。选择"视图"→"网格"→"显示网格"命令，即可在舞台上显示网格，如图 1-72 所示。默认的网格颜色为浅灰色，大小为 10 像素 ×10 像素。如果网格的大小或颜色不合适，可以通过以下步骤修改网格属性。

图 1-72　显示网格

**Step 01** 选择"视图"→"网格"→"编辑网格"命令，弹出如图 1-73 所示的"网格"对话框。

**Step 02** 单击颜色图标，从"拾色器"中选择一种颜色，即可设置网格的颜色。

**Step 03** 选中"显示网格"复选框可以显示网格，反之则隐藏网格。

**Step 04** 选中"在对象上方显示"复选框，则舞台上的对象也将被网格覆盖，效果如图 1-74 所示。

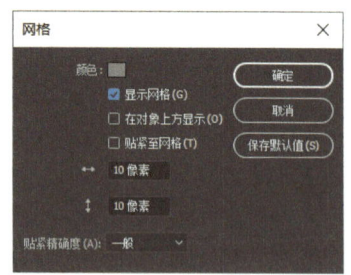

图 1-73　"网格"对话框

**Step 05** 选中"贴紧至网格"复选框后，当移动舞台上的物体时，网格对物体会有轻微的吸附作用。

**Step 06** 根据需要，可以在和文本框中输入网格单元的宽度和高度，以像素为单位。

**Step 07** 在"贴紧精确度"下拉列表中设置对象对齐网格的精确程度，如图 1-75 所示。

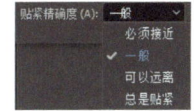

图 1-74　对象被网格覆盖　　　　　　　　　图 1-75　设置贴紧精确度

**Step 08** 单击"保存默认值"按钮,可以将当前设置保存为默认值。设置完毕后,单击"确定"按钮关闭对话框。

# 第 2 部分
# 绘制与编辑基本图形

**课程概述**

本部分课程将学习以下内容：
- 使用线条类工具绘制平面和立体图形；
- 对所绘对象进行扭曲、封套、旋转变形、缩放等编辑处理；
- 使用填充类和描边类工具，包括渐变填充、画笔填充、位图填充等；
- 使用钢笔、铅笔、刷子等工具绘制人物角色和场景；
- 使用图案和艺术画笔实现有表现力的绘制；
- 渐变变形、柔化边缘及透明度的应用；
- 文本工具的应用。

通过学习本部分内容可以掌握以下知识与技能：
- 能够使用线条类工具绘制所需图形；
- 能够根据需要对图形进行各种变形处理；
- 掌握渐变填充、画笔填充、位图填充的方法并能够灵活应用；
- 熟练使用铅笔、钢笔、刷子等绘图工具；
- 能够使用文本工具制作多效果文本。

# 第 2 部分　绘制与编辑基本图形

　　图形是制作 Animate 动画的基础，要想创作出专业的动画作品，必须首先掌握图形的绘制方法。Animate 提供了多种实用的矢量绘图工具，这些工具功能强大而且使用简单，对于初学者来说，不需要太多的绘图专业技能，就能绘制出既美观又专业的图形。

## 2.1　Animate 绘图工具概述

根据绘制功能分类，Animate 大致可分为线条类、填充类、几何形状类和选择类等四类绘图工具，常用绘图工具的快捷键和功能如表 2-1 所示。

线条类工具主要包括线条工具、铅笔工具和钢笔工具。

填充类工具主要包括颜料桶工具、墨水瓶工具、吸管工具、橡皮擦工具和刷子工具。其中刷子工具比较特殊，它绘制出的虽然是线条的外形，但实际上用刷子工具绘制出的图形属于填充。

几何形状类工具主要包括矩形工具、基本矩形工具、椭圆工具、基本椭圆工具和多角星形工具。

选择类工具主要包括选择工具、部分选取工具和套索工具等。

表 2-1　常用绘图工具快捷键和功能

| 图标 | 名称 | 快捷键 | 功能 |
| --- | --- | --- | --- |
|  | 选择工具 | V | 选取和移动场景中对象，也可以改变对象形状 |
|  | 部分选取工具 | A | 选取锚点与贝赛尔曲线，改变图形形状 |
|  | 线条工具 | N | 绘制直线对象 |
|  | 套索工具 | L | 选取不规则的对象范围 |
|  | 钢笔工具 | P | 利用锚点绘制图形，也可以对绘制好的图形进行修改 |
|  | 铅笔工具 | Y | 绘制线条和图形对象或任意曲线，有三种模式可供选择，分别为伸直、平滑与墨水 |
|  | 颜料桶工具 | K | 为封闭的形状内容填充颜色或图像 |
|  | 墨水瓶工具 | S | 编辑形状边框的线条、宽度和样式 |
|  | 吸管工具 | I | 对场景中对象的填充进行采样 |
|  | 橡皮擦工具 | E | 用来擦除线条、图形和填充 |
|  | 刷子工具 | B | 绘制矢量色块或创建一些特殊效果 |
|  | 文本工具 | T | 编辑文本对象 |
|  | 手形工具 | H | 用于场景的移动 |
|  | 缩放工具 | M，Z | 用于放大或缩小场景 |

## 2.2 线条类工具

线条是组成矢量图形最基本的单位,任何图形都是由线条和填充组成的。可以绘制线条的工具有许多,如线条类工具和几何形状类工具。通过为绘制的线条设置属性、改变形状、设置色彩效果样式等编辑操作可以得到形态万千的图形。

### 2.2.1 基础模式——绘制 T 恤衫

◎ **任务描述**

利用线条工具以及线条变形功能绘制一件 T 恤衫。

◎ **任务效果图**（图 2-1）

◎ **任务实现**

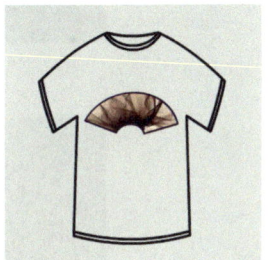

图 2-1 T恤衫效果图

☆ **基础操作**

① Animate 中绘制形状都是单击选取工具箱中的工具图标,在舞台上按住鼠标左键拖动鼠标,同时调整形状的大小,松开鼠标得到所需形状。
② 对形状进行编辑时必须先选中该形状,才能进行相关操作。
③ 在绘制图形时,要区分笔触和填充的概念。笔触是指所绘制图形的边界轮廓,填充是指轮廓线所包围区域内填充的颜色或图像。
④ 选取工具箱中的工具时建议使用其快捷键操作,例如,按【N】键即可启用工具箱中的线条工具。各工具对应的快捷键见表 2-1。
⑤ 按住【Ctrl】键并向上或向下滚动鼠标中轮,可以调节舞台的缩放比。

**Step 01** 新建 An 文件。启动 Animate CC 2019（以下简称 An）,打开如图 2-2 所示的启动界面,在此可以设置新建文件的类型、舞台大小、平台类型等参数,并创建一个新文件,也可以打开近期使用过的文件。在动画类型标签中选择"角色动画","预设"选择"标准"选项,在右侧"详细信息"中设置舞台大小为"宽 300,高 300",单位为像素,平台类型为"ActionScript 3.0",单击"创建"按钮创建一个新文件。进行 An 编辑页面,选择"文件"→"保存"命令,在打开的"另存为"对话框中设置文件存放位置和文件名,创建一个文件"T 恤衫.fla"。

Step 02 设置舞台背景色，修改图层名称。在"属性"面板中设置舞台背景颜色为灰色（#CCCCCC），在"时间轴"面板中双击图层标题位置，修改当前图层名称为"轮廓"，如图 2-3 所示。

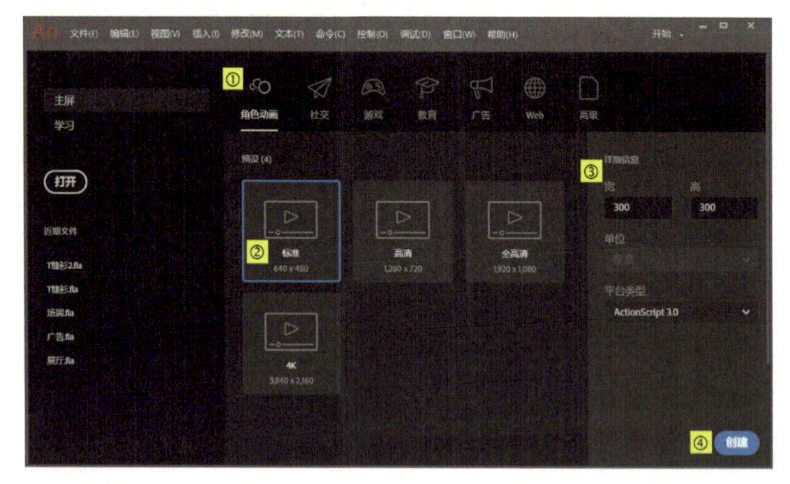

图 2-2　Animate CC 2019 启动界面

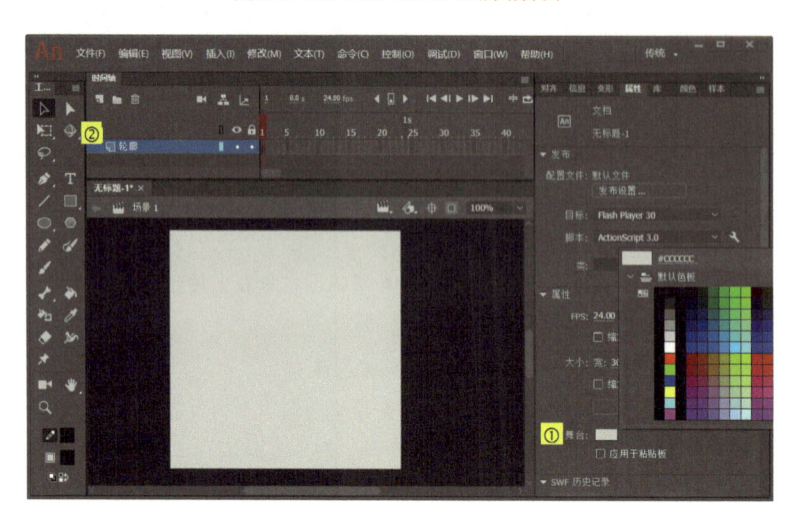

图 2-3　Animate 编辑界面

Step 03 使用标尺对 T 恤衫进行布局。选择"视图"→"标尺"命令，或按【Ctrl+Alt+Shift +R】组合键将标尺显示出来。将光标分别放置于上方和左侧的标尺处并拖动鼠标，设置如图 2-4 所示的辅助线，此处辅助线有定位的作用，有利用下一步更精准地绘制图形。

Step 04 使用线条工具绘制 T 恤衫轮廓。按【N】键或单击工具箱中的"线条工具"，并单击工具箱下方的"对象绘制"按钮，将当前模式设置为对象绘制模式。在右侧"属性"面板中设置笔触颜色为黑色，关闭填充颜色，设置笔触高度为"3"，如图 2-4 所示。拖动鼠标绘制图中所示线段。

单击工具箱中的"选择工具" ，按住【Shift】键的同时依次单击选中红线标出的 4 条线段，并按【Ctrl+D】组合键进行复制，效果如图 2-5 所示。选择"修改"→"变形"→"水平翻转"命令，将其水平翻转，并拖放到右侧对称位置，最后在下方绘制一条直线。按【Ctrl+;】组合键取消辅助线，效果如图 2-6 所示。

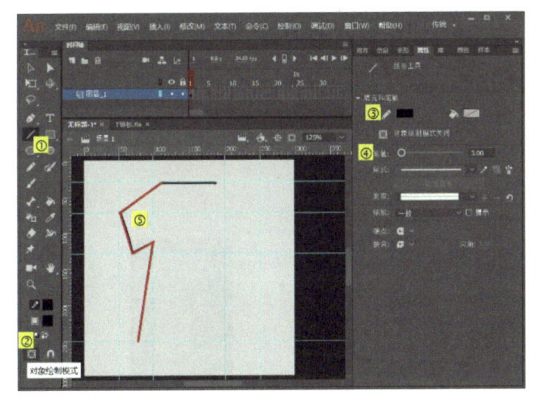

图 2-4　绘制轮廓 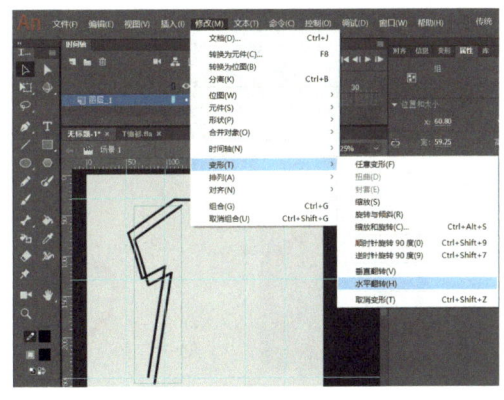　　　　　　　　　　　　图 2-5　复制并变形

**Step 05** 调节直线弧度。保证当前是选择工具状态，将光标放在想调节直线下方合适位置，光标下方出现圆弧形状，这表明可以将该直线转换为弧线，按住鼠标并向下拖拽，将直线变为弧线，依次调节各直线得到如图 2-7 所示图形。再通过复制线段以及变形，得到 T 恤衫的轮廓，如图 2-8 所示。

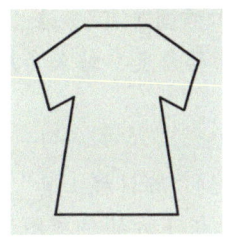

图 2-6　直线效果 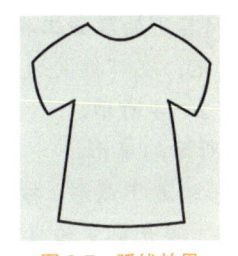　　　　　图 2-7　弧线效果 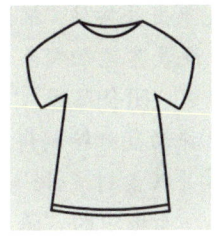　　　　　图 2-8　T 恤衫轮廓

**Step 06** 插入 T 恤图案。单击"时间轴"面板中的"新建图层"按钮，新建一个图层，修改其名称为"猫图案"，单击"轮廓"图层右侧锁定列位置锁定该图层，如图 2-9 所示。选择"文件"→"导入"→"导入到库"命令，将素材"猫 .png"文件导入库中，在"库"面板中选中猫文件并将其拖到"猫图案"图层合适位置，锁定该图层。

**Step 07** 绘制红心。新建一个图层"红心"。按【O】键切换到"椭圆工具"，设置笔触颜色为红色，笔触高度为"2"，无填充，如图 2-10 所示。按住【Shift】键的同时拖动鼠标绘制一个正圆形，将鼠标移至顶部中间位置，按下【Alt】键的同时按住鼠标左键向下拖动，则以开始的拖动点为分界，圆弧变为如图 2-11 所示的形状。同样操作调整圆的下部，按照自己的想法对其他部位进行调整，得到如图 2-12 所示的心形。按【Q】键切换到"任意变形工具"，单击工具箱下方的"缩放"按钮，如图 2-13 所示，拖动四周控点调整心形大小，最后将心形放置到合适位置。最终效果如图 2-1 的左图所示。

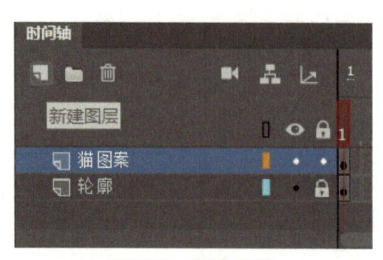

图 2-9　新建图层

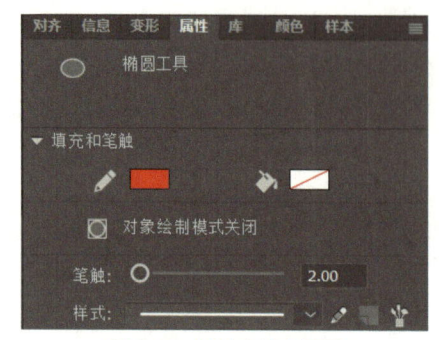

图 2-10　笔触和填充设置

图 2-11　圆弧变形效果

图 2-12　两种心形效果

图 2-13　"缩放"按钮

### 头脑风暴

T恤衫上的图案可以有太多形式，可以按照自己的想法去设计和制作。下面介绍一种扇形图案的制作方法。

制作提示：

①单击并按住"椭圆工具"，访问其下的隐藏工具，选择"基本椭圆工具"。在"属性"面板中设置其笔触颜色和大小，无填充；在"椭圆选项"中设置开始角度、结束角度和内径，勾选"闭合路径"复选框，如图2-14所示。

②拖动鼠标绘制得到如图2-15所示的扇形。

③导入素材文件"扇形图案.png"。选中扇形，按【K】键切换到"颜料桶工具"，单击"属性"面板中的"填充颜色"按钮，当光标变为吸管样，单击色板下方的位图图案，扇形被填充为该图案，如图2-16所示。

④按【Ctrl+T】组合键调出"变形"面板，选中"旋转"单选钮，设置角度为"-15"度（可根据情况调节旋转度数），如图2-17所示。使用"任意变形工具"设置扇形大小，再放置到T恤衫合适位置，效果如图2-1的右图所示。

图 2-14　椭圆选项设置

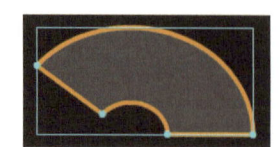

图 2-15　内径为30的扇形

第 2 部分　绘制与编辑基本图形

图 2-16　填充位图

图 2-17　旋转变形设置

## 2.2.2　拓展模式——绘制七色伞

**任务效果图**（图 2-18）

**关键步骤**

**Step 01** 创建一个新文件"七色伞.fla"，设置舞台大小为 450 像素 ×450 像素，背景颜色为黑色。

**Step 02** 在对象绘制模式下，使用"线条工具"绘制一个高为"180"像素，笔触高度为"3"的竖直直线。

**Step 03** 选择"视图"→"贴紧"命令，将所有贴紧选项都取消（去掉前面的 √），如图 2-19 所示。

图 2-18　七色伞效果图

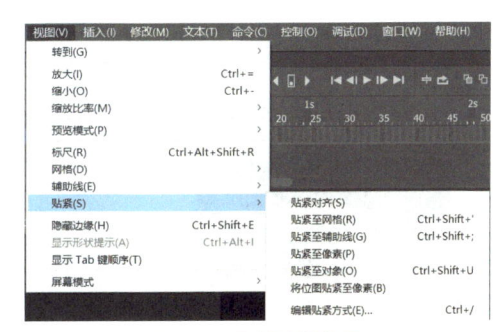

图 2-19　取消贴紧选项

**Step 04** 按【Q】键切换到"任意变形工具"，将直线中心控点拖放至直线顶部中间位置，如图 2-20 所示。

注意：此处一定要保证中心控点放在正中间位置，否则下面执行复制变形时直线比例会发生变化，因此为保证精确在拖动之前可以使用【Ctrl+ 鼠标中轮】放大舞台显示。

**Step 05** 在如图 2-21 所示的"变形"面板中，保证缩放宽度和高度为"100%"，设置旋转角度为"22"度，多次单击右下方"重制选区和变形"按钮，以顶部中心控点为轴复制生成 7 条伞状线段，如图 2-22 所示。

· 33 ·

**Step 06** 按【Ctrl+A】组合键选中所有线段，选择"修改"→"变形"→"逆时针旋转 90 度"命令，将线段旋转，如图 2-23 所示。

**Step 07** 按【V】键，将光标放在一条线段的尾部，当光标变为时拖动鼠标调整线段的位置和长度，依次调节各线段，将所有线段底部调整到一条水平线上，得到伞状图形效果如图 2-24 所示。

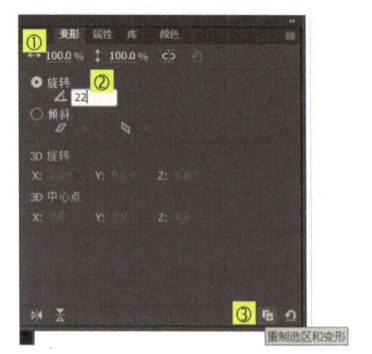

图 2-20　改变中心控点　　　　　　　　图 2-21　重制选区和变形

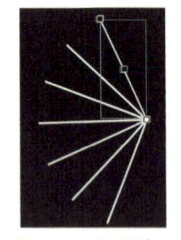

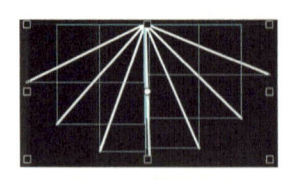

图 2-22　复制变形　　　　图 2-23　旋转线段　　　　图 2-24　伞状图形效果

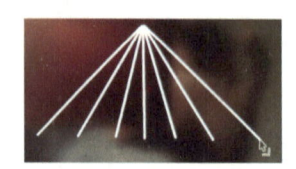

**Step 08** 使用"线条工具"绘制底部线段，如图 2-25 所示。调整各线段弧度后效果如图 2-26 所示。将该图层命名为"伞面"，锁定该图层。

图 2-25　绘制底部线段　　　　　　　　图 2-26　调整弧度后效果

**Step 09** 绘制伞柄。新建一个图层"伞把"，将光标放在该图层的第 1 帧上。绘制一个宽为 10 像素、高为 300 像素、无填充、白色边框的长矩形。将光标放在矩形顶线中间位置，按【Alt】键拖动鼠标得到如图 2-27 所示的效果。

**Step 10** 使用"基本椭圆工具"绘制一个椭圆，如图 2-28 所示。按【V】键，将光标放于 ❶ 控点处拖动调整椭圆内径，拖动 ❷ 点调整角度，得到如图 2-29 所示的形状。

**Step 11** 按【Ctrl+B】组合键将形状打散分离，单击一下舞台上任意位置不选中形状，将变形后的椭圆调整到如图 2-30 所示的形状，然后按【Ctrl+G】组合键组合该形状，将其拖至相应位置，完成的伞轮廓效果如图 2-31 所示。

第 2 部分　绘制与编辑基本图形

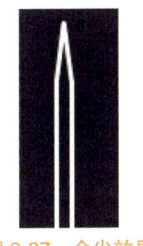

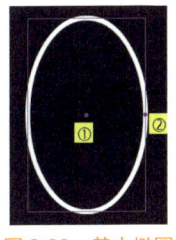

图 2-27　伞尖效果　　　图 2-28　基本椭圆　　　图 2-29　调整后效果

**Step 12** 将两个图层都设置为解锁状态，拖动鼠标选中所有线条，按【Ctrl+B】组合键将线条打散。选择"修改"→"形状"→"将线条转换为填充"命令，将所有线条转换为填充。

**Step 13** 按【K】键切换到"颜料桶工具"，在"颜色"面板中设置笔触色为七彩色，如图2-32所示。将"伞把"图层拖至最下层，即可得到如图2-28所示的七色伞效果。

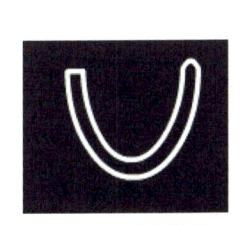

图 2-30　伞把效果　　　图 2-31　伞轮廓效果　　　图 2-32　设置笔触为七彩色

## 2.2.3　拓展模式——绘制立体桌子

**任务效果图**（图 2-33）

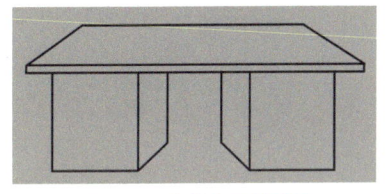

图 2-33　立体桌子效果图

**关键步骤**

**Step 01** 创建一个新文件"立体桌子.fla"，设置舞台大小为 550 像素 ×400 像素。

**Step 02** 按【Ctrl+'】组合键显示出网格线。在对象绘制模式下使用"线条工具"绘制如图 2-34 所示的图形。

**Step 03** 按【R】键使用"矩形工具"绘制一个长方形。按【Q】键切换到"任意变形工具"，将光标放在矩形右侧边上，当光标变为如图 2-35 所示的形状时，向上拖动鼠标改变矩形形状。

在任意变形工具状态下，可以使用如图 2-36 所示的工具箱下方的"旋转与倾斜"、"缩放"、"扭曲"和"封套"工具实现形状的任意变形。

**Step 04** 将设置好的形状放置在桌子合适位置，效果如图 2-37 所示。

**Step 05** 全选图形，按【Ctrl+B】组合键将图形打散，单击需要去除的线段，按【Delete】键删除。最终效果如图 2-33 所示。

· 35 ·

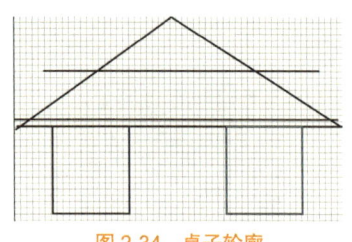

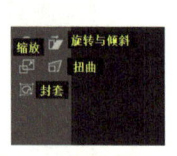

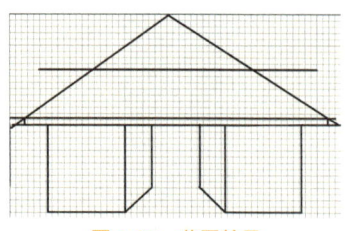

图 2-34　桌子轮廓　　图 2-35　变形　图 2-36　任意变形工具　　图 2-37　草图效果

## 2.2.4　应用模式——绘制动感单车

**任务效果图**（图 2-38）

**重点提示**

座椅、脚蹬、把手可以使用"线条工具"，通过设置笔触、宽度、端点等参数得到，如图 2-39 所示。绘制过程中注意使用网格线或辅助线进行整体布局。

图 2-38　动感单车效果图　　图 2-39　属性设置

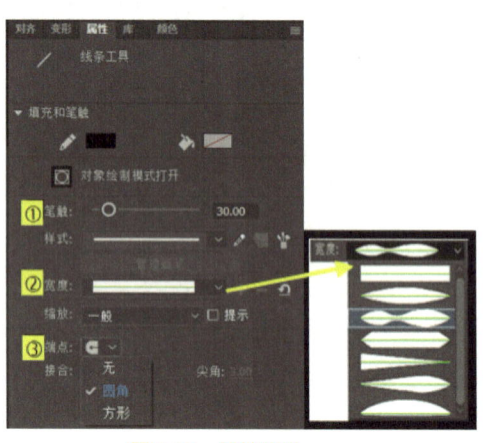

## 2.2.5　应用模式——绘制运货小卡车

**任务效果图**（图 2-40）

**重点提示**

绘制时要注意透视方向一致。

图 2-40　运货小卡车效果图

## 2.2.6　相关知识

**1. Animate 图形概述**

绘制图形是 An 动画创作的基础，在绘制和编辑图形之前，首先要对 An 中的图形有一定了解。下面介绍位图和矢量图的概念。

在 An 中绘制的图形，一般有位图图像和矢量图形两种类型。位图也称点阵图像或栅格图像，是由称作像素（图片元素）的单个点组成的。位图中的每个点具有绝对位置，像素点之间除位置关系外没有其他关系，因此，位图是绝对大小的图像，不能进行信息无损的缩放，即不管放大还是缩小都会使图像变得模糊，如图 2-41 所示。区别于位图，矢量图不保存具体图像像素信息，而是存储诸如直线、曲线或样条线等几何图形的控制信息。矢量图中的图形信息能够通过数学方法完整地刻画矢量图所要呈现的每个几何形状或物体。因为几何形状与位置无关，很容易进行平移、旋转和缩放等变换，且不丢失图形信息，所以矢量图可以进行任意缩放而不失真，如图 2-42 所示。

图 2-41　放大位图局部

图 2-42　放大矢量图局部

### 2. 绘制模式

在 An 中有两种绘制模式：合并绘制模式和对象绘制模式。

（1）合并绘制模式。该模式下绘制的图形重叠时，图形会自动进行合并，如图 2-43 左图所示。如果选中的图形已与其他图形重叠，

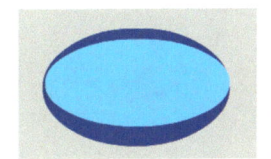

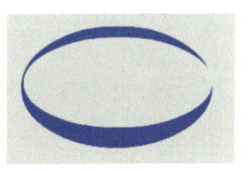

图 2-43　图形合并与重叠后拖离效果

移动它会吃掉其与下方图形的重叠部分，如图 2-43 右图所示。若想重叠形状但不使它们合并，则必须在不同图层中分别绘制形状。

（2）对象绘制模式。该模式下绘制的图形之间是独立的，叠加时也不会自动合并。支持对象绘制模式的绘图工具有线条、铅笔、钢笔、画笔、矩形、椭圆和多边形工具。

默认状态下 An 采用合并绘制模式绘制图形，若想切换到对象绘制模式，先选中支持对象绘制模型的工具后，单击工具箱底部的对象绘制图标◎，即可切换绘制模式，如图 2-44 所示。

### 3. 选取工具

在 An 中可以使用选择工具、部分选取工具和套索工具来选择对象，可以只选择对象的笔触，也可以只选择其填充，选中的部分系统会加亮显示，如图 2-45 所示。

（1）选择工具▶。该工具主要用于选定对象、移动和复制对象以及调整线条。

①选定对象时可点选也可框选。点选是指单击目标位置进行选取；框选是指按下鼠标左键并拖动鼠标绘制出一个矩形，被该矩形覆盖的图形被选中，如图2-46所示。

②调整线条。将光标移至线条位置，当光标下方出现圆弧时，拖动鼠标对选中的线条进行调整。

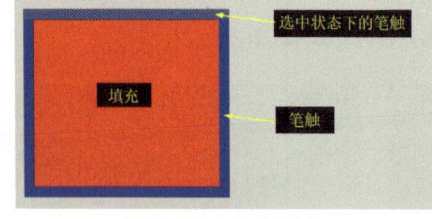

图2-44　切换绘制模式

图2-45　笔触与填充

图2-46　点选与框选

技巧：选择工具状态下，双击图形边线某一位置即可选中所有边线。

（2）部分选取工具▷。该工具主要用于选择和编辑矢量线或矢量线上的路径点，还可以通过调整锚点的位置和切线修整曲线段的形状。使用部分选取工具框选矢量图形，会显示图形曲线的锚点和切线的端点，如图2-47所示。矢量线上的各个点相当于用钢笔绘制曲线时加入的锚点。将光标移到某个锚点上，光标下方会出现一个空心方块▯，按下鼠标左键拖动，则可以调整选中曲线的形状，如图2-48所示。

（3）套索工具○。该工具是一种自由选取工具，用于在图像上选择不规则区域。图像分离后，按住鼠标左键并拖动鼠标任意选取需要的区域，形成一个封闭的选区，如图2-49所示，松开鼠标，选区中的图像被选中，如图2-50所示。

图2-47　选中矢量图形

图2-48　调整曲线

图2-49　选择不规则区域

图2-50　选区中的图像被选中

### 4. 线条工具

线条工具╱用于绘制各种类型的矢量直线段。在绘制线段之前，可以在其属性面板中设置线条的笔触高度、笔触颜色、笔触样式以及路径终点的样式，如图2-51所示。

### 5. 任意变形工具

使用任意变形工具▥可以改变形状的大小、倾斜度，可以扭曲形状和对形状进行封套处理。选中该工具后，在工具箱底部可以看到该工具的4种模式：旋转与倾斜、缩放、扭曲和封套，如图2-52所示。

（1）旋转与倾斜。利用该模式可以对某一对象以中心点为中心做任意角度的旋转和倾斜。选择任意变形工具，框选选中对象，对象四周会出现一个黑色的变形框以及其上的 8 个控点。单击工具箱下方"旋转与倾斜"按钮，拖动对象中心控点到需要的位置，将光标放在周围出现的控点上，当光标下方出现 ↻ 时，拖动鼠标可旋转图形，效果如图 2-53 所示。使用同样的方法，当光标变为 ⇌ 或 ⇅ 时，拖动鼠标可以使图形倾斜，效果如图 2-54 所示。

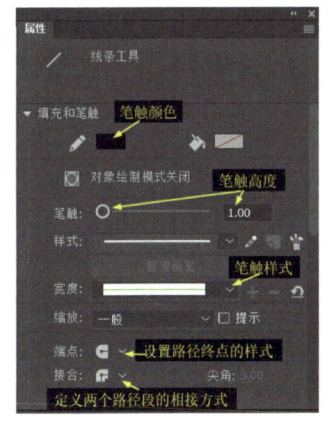

图 2-51　线条工具属性面板

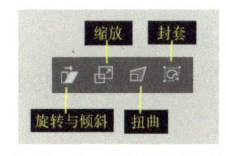

图 2-52　任意变形工具

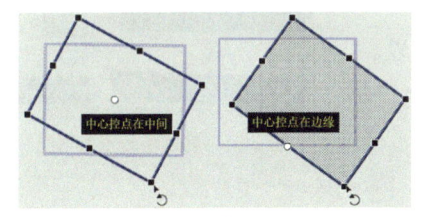

图 2-53　旋转效果

图 2-54　倾斜效果

提示：在旋转时按住【Shift】键，可以使对象以 45° 为单位进行旋转。

（2）缩放。利用该模式可以随意缩小或放大对象。单击工具箱下方"缩放"按钮，拖动对象四个角部的控点可以同时在水平和垂直方向缩放大小，如图 2-55 所示。如果拖动变形框四条边中间的控点，可以单独在水平或垂直方向进行缩放，如图 2-56 所示。

（3）扭曲。利用该模式可以任意扭曲对象，扭曲对象必须为矢量图形。选中对象，单击工具箱下方"扭曲"按钮，将光标放在四周某个控点，当光标变为 ▷ 时，向各个方向拖动鼠标即可扭曲对象，扭曲前后效果如图 2-57 所示。

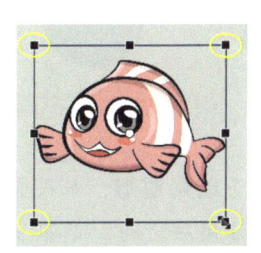

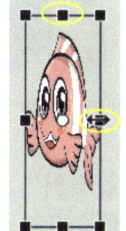

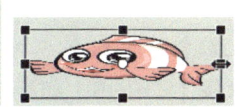

图 2-55　水平垂直方向同时缩放　　图 2-56　仅水平或垂直方向缩放　　图 2-57　扭曲前后效果

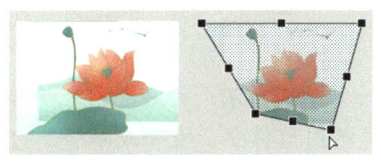

（4）封套。利用该模式可以实现对象的扭曲和变形，改变对象的几何学形状，封套对象也必须为矢量图形。选中对象，单击工具箱下方"封套"按钮，这时所选对象四周有许

多黑色方形控点和圆形控点，如图2-58所示。将光标移到变形框任意一个黑色圆形控点上，光标会变为▷，此时按住鼠标左键不放，拉长、缩短或上下拖动鼠标可以通过调节曲线切线来改变曲线形状，如图2-59所示。将光标移到黑色方形控点上，按下鼠标左键拖动也可以改变此点位置从而改变曲线形状，如图2-60所示。

图2-58　封套形状 　　　　　图2-59　变形一 　　　　　图2-60　变形二

#### 6. 将线条转换为填充

线条转换为填充后，就可以跟形状一样进行填充了。通常有以下两种情况需要将线条转换为填充。

（1）需要对线条进行更加精细的修改时，比如调整成想要的形状，如图2-61所示。

（2）线条不能作为遮罩，必须转换为填充才可以。

将线条转换为填充的方法：选择"修改"→"形状"→"将线条转换为填充"命令。

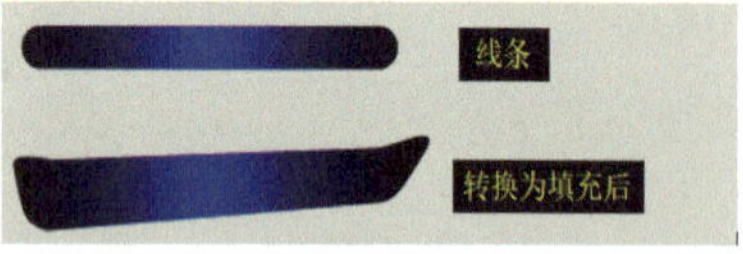

图2-61　将线条转换为填充并变形

### 2.2.7　常见问题

**问题1**：绘制图形时出现咬合或融合现象。线条、铅笔、钢笔、刷子、椭圆、矩形和多角星形工具都有"对象绘制"选项 ⬚，当该选项处于选中状态时，绘制的多个图形之间互相独立，不会彼此影响；当该选项处于非选中状态时，绘制的多个图形的重叠部分会发生咬合或融合，两条直线相交重合处发生咬合，互相被截断，会变为4条线段，如图2-62所示；不同颜色形状重叠会发生咬合，如图2-63所示；相同颜色形状重叠会发生融合，如图2-64所示。

图2-62　直线相交被截断 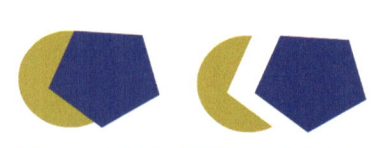　　　图2-63　不同颜色形状重叠发生咬合 　　　图2-64　同色形状重叠发生融合

**解决方法**：为避免出现咬合或融合，建议在"对象绘制"模式下绘制图形，如果需要进行图形拆分、咬合或融合，可以按【Ctrl+B】组合键将图形打散分离后进行。本书中所有绘制图形操作默认在"对象绘制"模式下进行，特殊情况会再说明。

**问题2**：在使用"重制选区和变形"功能对图形进行复制并变形时，复制的图形会出现长度或宽度的改变，如图2-65所示。出现这种现象的原因是，重新设置中心控点位置后，改变了图形的长度或宽度。要想复制后的图形大小不改变,在复制变形前应保证缩放宽度和缩放高度都为 100%,如图 2-66 所示。

另外,复制的图形都是以图形中心控点为中心旋转生成的。如图 2-65 所示的效果是中心控点在图形内部右侧位置(中心控点在图 2-65 中 A 点位置),如图 2-67 所示的效果是将中心控点拖到了图形外部右侧位置(中心控点在图 2-67 中 B 点位置)。

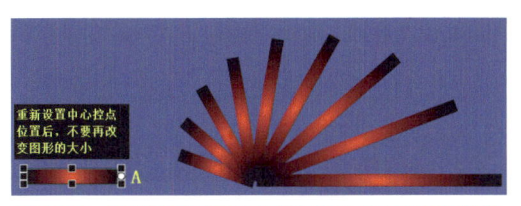

图 2-65 复制图形时因长度或宽度改变而出现的效果

图 2-66 缩放宽度和缩放高度

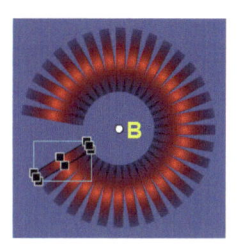

图 2-67 中心控点位置不同效果不同

## 2.3 填充类工具

绘制完线条后,通常需要使用填充类工具对已绘制的图形进行颜色填充或调整。填充类工具主要有颜料桶工具、墨水瓶工具、吸管工具和橡皮擦工具。颜料桶工具可以对图形内部进行纯色、渐变色和位图填充;墨水瓶工具可以为图形增加边线,也可以修改线条或形状轮廓的笔触颜色、宽度和样式;吸管工具可以吸取图形颜色以用于当前填充。

### 2.3.1 基础模式——绘制绚丽花朵

◎ 任务描述

使用颜料桶工具绘制千姿百态的绚丽花朵,并通过色彩效果样式调节其亮度、色调和透明度得到各种效果的花朵。

视频:填充工具基本操作

视频:绘制绚丽花朵

◎ 任务效果图 (图 2-68)

◎ 任务实现

☆ 基础操作

图 2-68 绚丽花朵效果图

①将背景图片对齐舞台。选中背景图片,按【Ctrl+K】组合键调出"对齐"面板,勾选如图 2-69 所示中的"与舞台对齐"复选框,单击"水平居中"、"垂直居中"和"匹配宽和高"图标即可。

· 41 ·

②图形缩放和变形简单操作。选中图形，按【Q】键选取"任意变形工具"，将光标放在图 2-70 所示❶❷❸❹任一个位置，同时按住【Shift】键，向里或向外拖动鼠标，可对图形以中心点为中心等比例缩放；将光标放在图形四周任意一个控点上，按【Ctrl】键拖放鼠标可以得到各种图形变形，如图 2-71 所示。

③图层基本操作。如图 2-72 所示，使用左上方按钮进行新建图层、文件夹管理图层、删除图层等操作；每个图层都对应 3 个开关：显示轮廓开关、显示或隐藏开关、锁定或解锁开关。将光标移至图层上单击鼠标右键，在弹出的图层快捷菜单中，可以进行插入图层、删除图层、复制剪切图层等操作，如图 2-73 所示。

④操作前，先确定当前位置是哪个图层哪个帧。对当前图层进行编辑时，应养成锁定其他图层的习惯，以下此类操作均不再赘述。

⑤导入图片、音视频等素材文件。选择"文件"→"导入"命令，在打开的列表中选择导入到舞台、导入到库、打开外部库及导入视频等命令实现素材导入，如图 2-74 所示。

⑥元件概念与基本操作。元件是在 An 中创建且保存在库中的图形、按钮或影片剪辑，可以在影片或其他影片中重复使用，是 An 动画中最基本的元素。选择"插入"→"新建元件"命令或按【Ctrl+F8】组合键可新建一个元件，元件分为"图形""影片剪辑""按钮"3 种类型，如图 2-75 所示，输入元件名称，选择元件类型，单击"确定"按钮即可创建一个新元件。

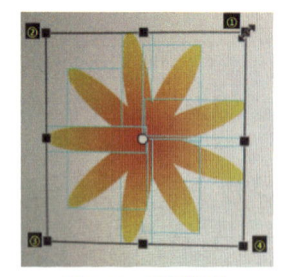

图 2-69　对齐选项　　　　图 2-70　图形缩放　　　　图 2-71　图形变形

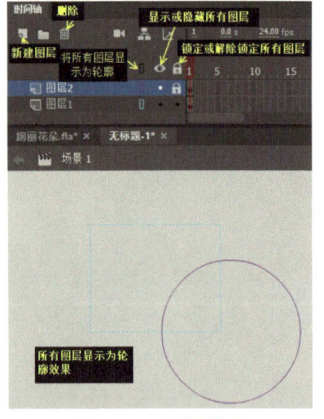

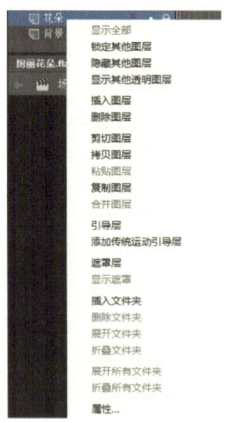

图 2-72　图层管理　　　　图 2-73　图层快捷菜单　　　　图 2-74　导入素材文件

**Step 01** 创建一个新文件"绚丽花朵.fla"，设置舞台大小为 640 像素 ×480 像素，更改图层名称为"背景"。

**Step 02** 导入素材图片"花朵背景.jpg"到库中并拖至舞台，将背景图片对齐舞台，锁定该图层。

以下依次创建 3 个如图 2-76 所示的花朵元件。

图 2-75　创建新元件　　　　　　图 2-76　3 个花朵元件

**Step 03** 绘制花朵 1 图形。

①新建一个图形元件"花朵 1"。

②选取"椭圆工具"，在"颜色"面板中设置填充颜色为"线性渐变"，在渐变色板上设置左侧颜色为"#FFE64A"，右侧颜色为"#FF1424"，如图 2-77 所示。

③在舞台上绘制一个椭圆，按【Q】键，将椭圆的中心控点拖至右侧中心位置，在如图 2-78 所示的"变形"面板中，设置旋转角度为"40°"，多次单击"重置选区和变形"按钮，得到基本花形。

④选中花形，按【Ctrl+C】组合键复制花形，接着再按【Ctrl+Shift+V】组合键将复制的图形粘贴到当前位置，等比缩小复制的图形（方法见基本操作②），再对缩小后的图形旋转一定角度，效果如图 2-79 所示。选中整个花形，重复以上操作。

⑤根据喜好可重复多次，最终得到如图 2-80 所示花朵 1 图形。

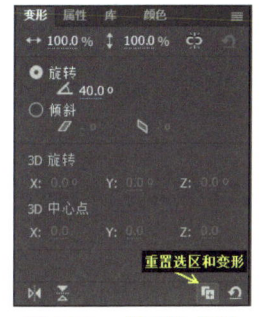

图 2-77　线性渐变填充　　图 2-78　"变形"面板　　图 2-79　缩小复制旋转　　图 2-80　花朵 1 效果

**Step 04** 新建一个元件"花朵 2"。绘制一个椭圆，这个椭圆可以填充为"径向渐变"，并对椭圆做一下变形，如得到椭圆，重复 Step03 的方法（可以根据想法设置不同的旋转角度和缩放比例，从而得到不同效果的图形），得到如图 2-81 所示花朵 2 图形。

**Step 05** 同样的方法制作花朵 3 元件。制作过程中，可以尝试一些变化，如将椭圆改为基本椭圆；进行"重置选区和变形"操作时，椭圆的中心控点可尝试放到不同位置等。得到如图 2-82 所示花朵 3 图形。

图 2-81　花朵 2 效果　　图 2-82　花朵 3 效果

注意：使用基本椭圆工具绘制的形状必须分离后才能进行复制等操作。

**Step 06** 回到场景1，新建图层"花朵"。将库中的花朵1、花朵2、花朵3元件拖到舞台，在"属性"面板→"色彩效果"→"样式"对应列表中分别进行"色调""高级""透明度""亮度"相应设置，如图2-83所示，得到不同色彩效果的图形。

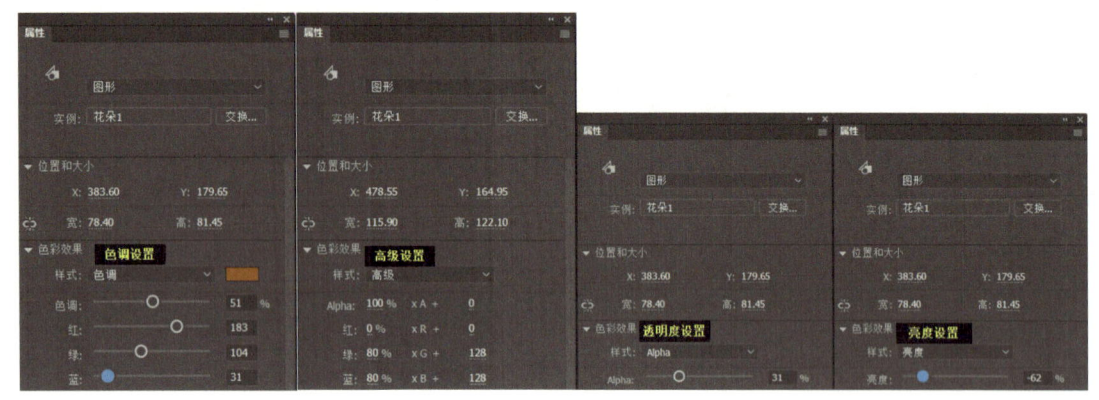

图2-83 设置不同样式

### 头脑风暴

经过以上学习，有没有自己去设计一个图案的冲动？根据喜好设计一个游戏场景，参考效果如图2-84所示。

图2-84 游戏场景

## 2.3.2 拓展模式——绘制汽车展厅

**任务效果图**（图2-85）

**关键步骤**

**Step 01** 创建一个新文件"展厅.fla"，设置舞台大小为900像素×380像素，创建如图2-86所示图层。

图2-85 展厅效果图

Step 02 - Step 04 为绘制展厅地板步骤。

Step 02 将当前帧定位在地板图层的第 1 帧。使用"直线工具"绘制正好覆盖舞台大小的网格线，如图 2-87 所示。为保证每个小方格都是闭合的，线段可以适当绘制长一点。

Step 03 使用"颜料桶工具"为地板方格填充两种颜色，效果如图 2-88 所示。如果某区域填充不上颜色可能是该区域没有完全闭合。解决方法：一是放大显示比例，增添线段使其闭合；二是在"颜料桶工具"下，在其下方选项中设置颜料桶间隔大小，如图 2-89 所示。在"选择工具"下，双击任意一个线段选中所有线段，按【Delete】键将所有边线删除。

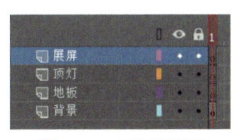

图 2-86　创建图层　　　　图 2-87　绘制网格线　　　　图 2-88　填充地板颜色

Step 04 使用"扭曲工具" 对地板进行变形，效果如图 2-90 所示。

图 2-89　设置填充间隔大小　　　　图 2-90　变形效果

Step 05 为展厅背景填充渐变色。此处介绍另一种颜料桶填充方法。定位在背景图层的第 1 帧，绘制一个覆盖舞台的矩形，按【K】键，设置填充颜色为灰色线性渐变；当光标变为 时，按住鼠标左键向各个方向拉动鼠标，如图 2-91 所示，可以得到不同的填充效果。为了能显示出顶灯，建议上方填充深色下方填充浅色。

Step 06 填充顶灯。将素材"顶灯.png"导入到库中，在舞台上方绘制一个无边线、任意填充的矩形。按【K】键，设置填充颜色为"位图填充"，如图 2-92 所示，吸取位图列表中的顶灯图片，然后在矩形中单击将顶灯图片填充于矩形中。按【F】键切换到"渐变变形工具"，单击矩形中的任一个顶灯，如图 2-93 所示，使用控点对顶灯的大小、中心点位置、旋转、变形等进行调整。

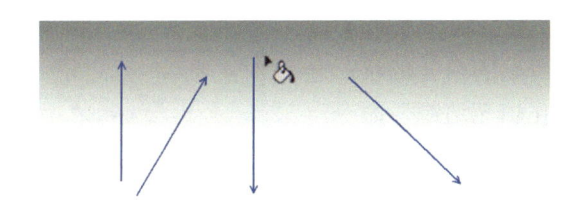

图 2-91　渐变填充展厅背景　　　　图 2-92　位图填充

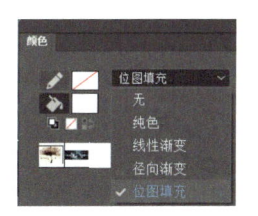

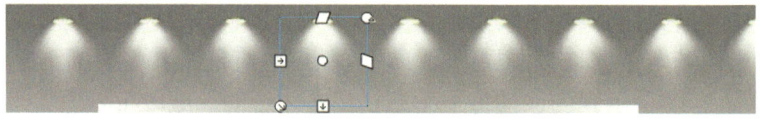

图 2-93　使用"渐变变形工具"调整顶灯

**Step 07** 放置侧面图。将素材"侧面图.png"导入到库中并拖到舞台左侧。选中图片，选择"修改"→"位图"→"转换位图为矢量图"命令，在如图 2-94 所示的对话框中设置相关参数，单击"确定"按钮，将图片转换为矢量图。按【Q】键，使用"扭曲工具"对图形进行扭曲变形，效果如图 2-95 所示。

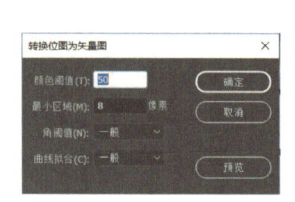

图 2-94　转换位图为矢量图 　　图 2-95　扭曲变形效果

**Step 08** 设置展屏图片。导入并将"展屏主图.jpg"拖至舞台，调整大小。绘制一个比主图稍大有渐变填充的矩形放置于主图下方，效果如图 2-96 所示。如果矩形覆盖住了主图，可以选中矩形，右击，在弹出的快捷菜单中选择"排列"→"上/下移一层"命令来调节其上下位置，如图 2-97 所示。

图 2-96　展屏图片 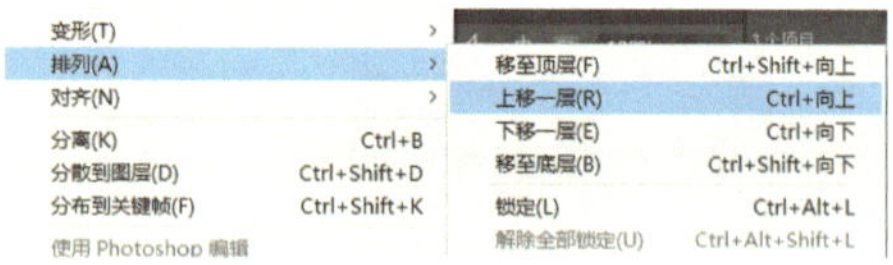　　　　　　　图 2-97　排列层

完成的展厅效果如图 2-85 所示。

## 2.3.3　应用模式——制作公益广告

### 任务效果图（图 2-98）

### 重点提示

**Step 01** 创建如图 2-99 所示的图层和元件。

**Step 02** 白云绘制。绘制一个椭圆，切换到"选择工具"，将光标放置到需要变形的椭圆的边缘位置，此时按住【Alt】键并拖动鼠标进行变形，变形为如图 2-100 所示的白云形状。选中白云，选择"修改"→"形状"→"柔化填充边缘"命令，如图 2-101 所示。在打开的"柔化填充边缘"对话框中设置"距离""步长数"和"方向"，如图 2-102 所示，单击"确定"按钮，得到如图 2-103 所示柔化边缘后的白云效果。

图 2-98　公益广告效果图

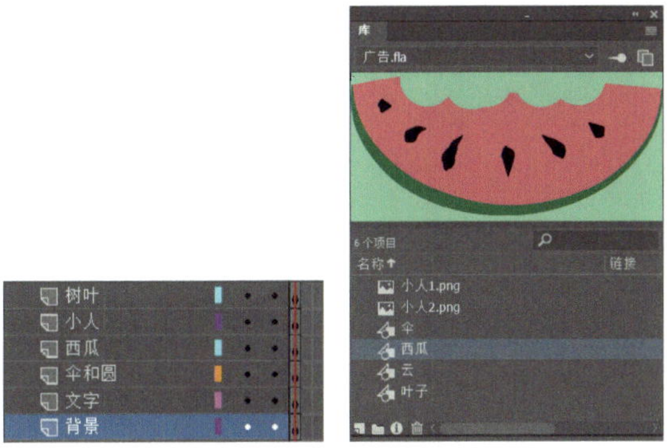

图 2-99　创建的图层和元件 　　　　图 2-100　白云

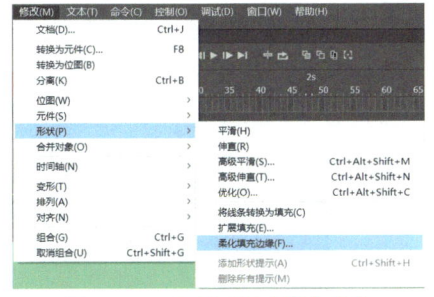

图 2-101　"柔化填充边缘"命令 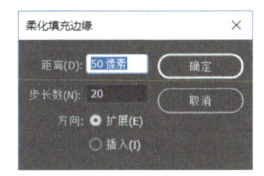　　图 2-102　"柔化填充边缘"对话框 　　图 2-103　柔化边缘后白云效果

**Step 03** 绘制西瓜。

①绘制如图 2-104 所示的图形，西瓜瓤填充颜色为 #E95672；

②使用"墨水瓶工具"绘制瓜皮效果。选取工具箱中的"墨水瓶工具" ，单击"属性"面板→"填充和笔触"→"样式"下的"画笔库"按钮 ，打开如图 2-105 所示的"画笔库"面板，选择类别并查看子类别，然后选择一个画笔，双击即可将其添加到笔触样式库中，如图 2-106 所示。在"属性"面板中设置笔触颜色为"#006633"，笔触大小为"15"，样式和宽度如图 2-107 所示。选取"墨水瓶工具"，单击瓜皮位置，即可对瓜皮进行填充，效果如图 2-108 所示。

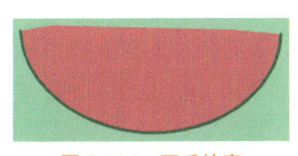

图 2-104　西瓜轮廓 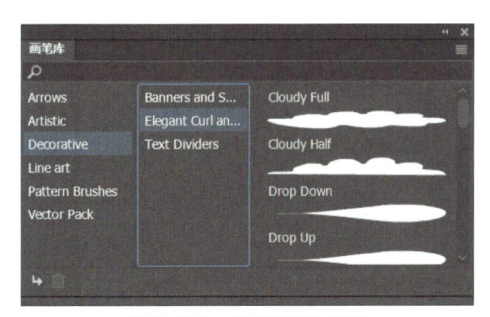　　　　图 2-105　"画笔库"面板

③使用"橡皮擦工具"绘制西瓜咬痕。按【E】键切换到"橡皮擦工具"，在"属性"面板中设置橡皮擦的形状和大小，如图 2-109 所示。单击西瓜咬痕处，得到如图 2-110 所示的咬痕效果。

④使用"画笔工具"绘制西瓜籽效果。按【Y】键切换到"画笔工具" ，在"属性"面板中设置"画笔工具"的笔触颜色为黑色，笔触大小为"10"，样式为图 2-111 所示的样式，然后在相应位置绘制西瓜籽，效果如图 2-112 所示。

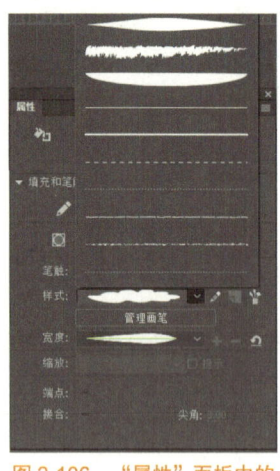

图 2-106 "属性"面板中的笔触样式库

图 2-107 墨水瓶笔触样式设置

图 2-108 瓜皮填充效果

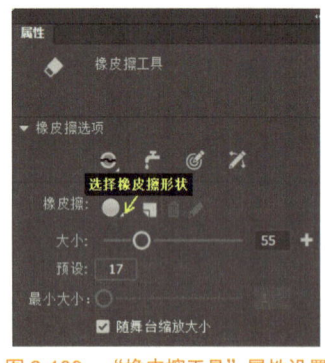

图 2-109 "橡皮擦工具"属性设置

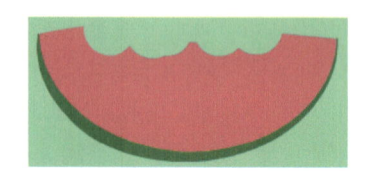

图 2-110 咬痕效果

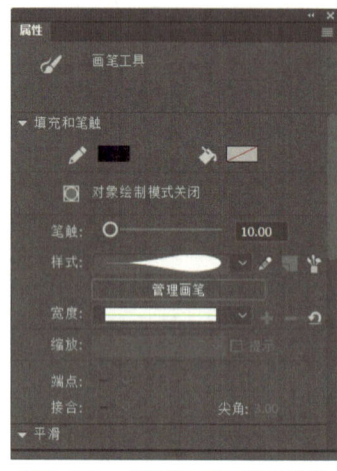

图 2-111 "画笔工具"属性设置

**Step 04** 绘制圆环。绘制一个无填充圆形，使用"橡皮擦工具"擦除部分线段，再绘制小的空心圆放置到合适位置，如图 2-113 所示。

**Step 05** 制作文字。按【T】键或选择工具箱中的"文本工具"，在如图 2-114 所示的"属性"面板中设置字体、字体大小、颜色等属性，在舞台上绘制文本框输入文字即可。

图 2-112 西瓜籽绘制效果

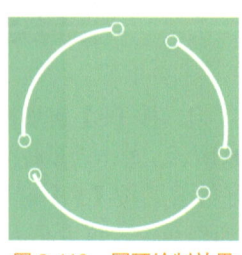

图 2-113 圆环绘制效果

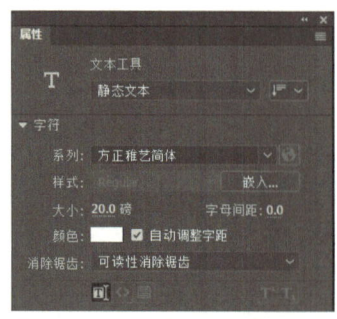

图 2-114 "文本工具"属性设置

## 2.3.4 相关知识

### 1. 色彩模式

An 颜色设置主要使用两种色彩模式,即 HSB 色彩模式和 RGB 色彩模式。

HSB 色彩模式通过色度(H)、饱和度(S)和亮度(B)来描述颜色,体现了人眼对色彩的感知特性,方便动态调整颜色。

RGB 色彩模式是工业界的一种颜色标准,通过对红(R)、绿(G)、蓝(B)3个颜色叠加来描述颜色,方便计算机处理。

如图 2-115 所示,当前填充色为橘红色,该颜色的 HSB 分别为 "3°、57%、97%",RGB 分别为 "248、113、106"(RGB 各值的取值范围均为 0 ~ 255 之间的数值),"A" 表示透明度(取值范围为 0% ~ 100% 之间的数值),"#F8716A" 是 24 位 RGB 颜色的 16 进制表示。如果单击下方的 "添加到色板" 按钮,即可将当前颜色添加到色板,如图 2-116 所示。

### 2. "颜色"面板

选择 "窗口" → "颜色" 命令或使用【Ctrl+Shift+F9】组合键打开 "颜色" 面板,在此可以进行笔触和填充的颜色设置,包括纯色、线性渐变、径向渐变、位图填充等颜色设置。

如图 2-117 所示为自定义线性渐变颜色效果,将光标放置在滑动色带上,光标变为 , 在色带上单击可以增加颜色控点,并设置颜色和透明度;当要删除控点时,只需将控点向色带下方拖拽即可。

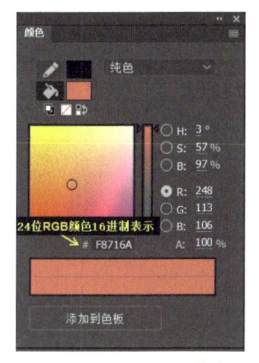

图 2-115　颜色的几种表示　　　图 2-116　将当前颜色添加到色板　　　图 2-117　颜色控点设置

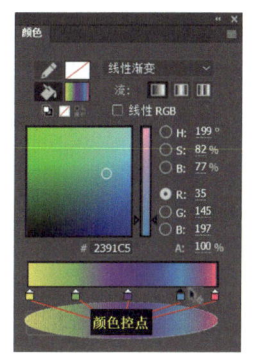

### 3. 颜料桶工具

"颜料桶工具" 用于填充单色、渐变色、位图到封闭的区域。按【K】键切换到 "颜料桶工具",打开 "属性" 面板,在该面板中可以设置颜料桶工具的填充和笔触等属性,如图 2-118 所示。

选择 "颜料桶工具",单击工具箱下方 "间隔大小" 按钮,打开如图 2-119 所示的菜单,在此可以设置封闭空隙大小的选项。4 个选项的作用如下。

- "不封闭空隙":只能填充完全闭合的区域。
- "封闭小空隙":可以填充存在较小空隙的区域。
- "封闭中等空隙":可以填充存在中等空隙的区域。
- "封闭大空隙":可以填充存在较大空隙的区域。

图 2-118 "颜料桶工具"属性设置　　　　图 2-119 "间隔大小"菜单

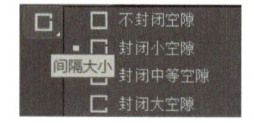

### 4. 墨水瓶工具

"墨水瓶工具"用于设置线条或形状轮廓线的笔触颜色。选择工具箱中的"墨水瓶工具",在对应的"属性"面板中设置墨水瓶笔触的颜色、大小和样式,如图 2-120 所示。对比图 2-121,"颜料桶工具"填充的是笔触效果,"墨水瓶工具"填充的是内部区域。单击需要添加或改变的轮廓线,即可添加或改变轮廓线为墨水瓶当前使用的颜色、粗细和样式,效果如图 2-121 所示。

图 2-120 "墨水瓶工具"属性设置　　　　图 2-121 墨水瓶填充效果

### 5. 橡皮擦工具

"橡皮擦工具"是一种擦除工具,可以快速擦除舞台中的任何矢量对象,包括笔触和填充区域。选择工具箱中的"橡皮擦工具",在工具箱下方会显示"橡皮擦模式"按钮和"水龙头"按钮。"水龙头工具"用来快速删除笔触或填充区域。单击"橡皮擦模式"按钮可以在打开的菜单中选择橡皮擦模式,如图 2-122 所示。

橡皮擦模式的功能如下所示。

- "标准擦除"模式:可以擦除同一图层中擦除操作经过区域的笔触及填充。
- "擦除填色"模式:只擦除对象的填充,而对笔触没有任何影响。

图 2-122 橡皮擦模式

- "擦除线条"模式:只擦除对象的笔触,而不会影响其填充部分。

- "擦除所选填充"模式：只擦除当前对象中选定的填充部分，对未选中的填充及笔触没有影响。
- "内部擦除"模式：只擦除橡皮擦工具开始处的填充，如果从空白处开始擦除，则不会擦除任何内容。选择该模式，同样不会对笔触产生影响。

提示："橡皮擦工具"只能对矢量图进行擦除，对文字和位图无效。如果要擦除文字或位图，必须将文字或位图打散分离后才能使用"橡皮擦工具"擦除。

若想一次性擦除舞台上的对象，可以选择"水龙头工具"，当光标变为水龙头形状时，单击线条或填充区域中的某处就可擦除线条或填充区域。"水龙头工具"和"橡皮擦工具"的区别在于"橡皮擦工具"只能进行局部擦除，而"水龙头工具"可以整体擦除。

#### 6. 锁定填充

选择"颜料桶工具"，在工具箱下方有一个"锁定填充"按钮，这个功能是针对位图和渐变色填充的。当按下它时，所有用渐变色或位图填充的图形会被看作一个整体，而取消选择时，这些图形是独立填充的。如图 2-123 所示，中间部分使用的是渐变色，上面的 11 个矩形是锁定填充后的填充效果，下面的 11 个矩形显示的是没有锁定填充的填充效果。

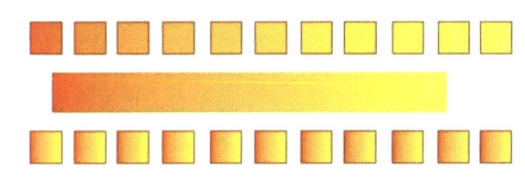

图 2-123　锁定和非锁定状态下渐变填充效果

### 2.3.5　常见问题

问题 1：使用"颜料桶工具"不能填充颜色或填充扩充到相邻区域。原因一：预填充图形没有完全闭合。解决方法：放大对象找出没有闭合的位置使其闭合。原因二：预填充对象是"组合对象"或"元件"。解决方法：双击对象进入其编辑状态，即可填充。

问题 2：图像不能进行变形等操作。原因：导入进来的图像一般都不是矢量图，只有矢量图才能进行变形等操作。解决方法：选择"修改"→"位图"→"转换位图为矢量图"命令，将图像转换为矢量图。转换为矢量图后，也可以使用"颜料桶工具"为其重新填色。

## 2.4　绘图工具

视频：绘图工具基本操作　　视频：绘制海边风景

### 2.4.1　基础模式——绘制海边风景

#### 任务描述

使用钢笔工具、铅笔工具、画笔工具等绘图工具设计制作一幅海边风景场景图。

#### 任务效果图（图 2-124）

图 2-124　海边风景效果图

## 任务实现

### ☆ 基础操作

1. "钢笔工具"的基本使用

"钢笔工具"可以用来创建路径,创建路径后还可再编辑。"钢笔工具"属于矢量绘图工具,可以勾画出平滑的曲线,在缩放或变形后仍能保持平滑效果。创建路径后可以随时使用"部分选取工具"、"添加锚点工具"、"删除锚点工具"和"转换锚点工具"进行编辑修改。

钢笔工具创建路径的方法:单击产生拐点,单击后不松开鼠标左键并拖动产生弧线,此时随拖动方向的不同,弧线的弯曲方向和弯曲度都可以产生改变,单击起始锚点可使曲线闭合。

(1) 使用"选取工具"和"部分选取工具"编辑曲线。如图 2-125 所示,用"钢笔工具"绘制好曲线后,可能绘制效果不是很好,可以使用"选取工具"和"部分选取工具"优化曲线。

- 选择"选取工具",将光标悬停在欲调整线段上,光标附近出现弧形线段,表示可以编辑曲线;如果光标附近出现的是一个直角线段,表示可以编辑角点。拖动曲线即可编辑其形状(相关内容参见 2.2 线条工具部分)。
- 选择"部分选取工具"并单击选中该曲线,此时曲线上出现所有锚点及其调整柄(方向点),拖动锚点可调整其位置,拖动方向点可改变该点的弧度和弯曲方向。

(2) 添加或删除锚点。可以使用"钢笔工具"下面的隐藏工具,根据需要删除或添加锚点。

具体操作:单击并按住"钢笔工具",访问其下的隐藏工具,如图 2-126 所示。选择"删除锚点工具",单击形状轮廓线上的一个锚点,将其删除;选择"添加锚点工具",在曲线上需添加锚点处单击可添加一个锚点。

2. "铅笔工具"的基本使用

应用"铅笔工具"可以像使用现实中的铅笔一样,绘制出任意的线条和形状。在选项区中可以选择铅笔工具的 3 种类型"伸直"、"平滑"和"墨水",如图 2-127 所示,可以根据需要选择不同的铅笔类型,如果配合手写板进行绘制,更能体现"铅笔工具"快速准确的特点。

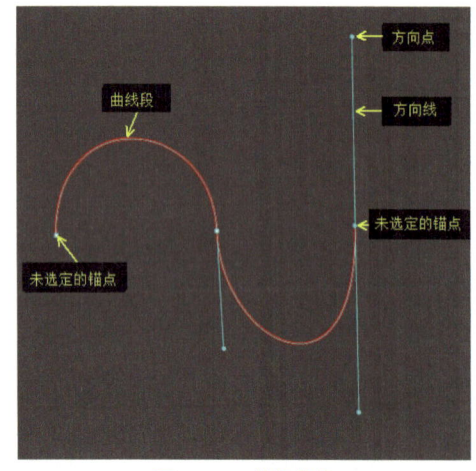

图 2-125 编辑曲线

图 2-126 "钢笔工具"及其下隐藏工具

图 2-127 "铅笔工具"的 3 种类型

- 伸直：选择"伸直"模式，绘制的图形线段会根据绘制的方式自动调整为平直或圆弧的线段。
- 平滑：选择"平滑"模式，所绘直线被自动平滑处理，平滑是动画绘制中首选设置。
- 墨水：选择"墨水"模式，所绘直线接近手绘，即使很小的抖动都可以体现在所绘线条中。

在"铅笔工具"的"属性"面板中可以进行笔触颜色、笔触高度、线条样式、宽度、端点、接合等的设置，如图2-128所示。单击"样式"右侧的"编辑笔触样式"按钮，打开"笔触样式"对话框，如图2-129所示，在此可以进行"类型""点大小""点变化""密度""粗细"等设置，得到不同效果的线条。使用"铅笔工具"绘制的线条效果如图2-130所示。

图2-128 "铅笔工具"属性面板

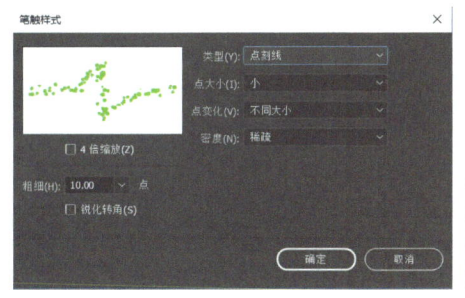

图2-129 "笔触样式"对话框

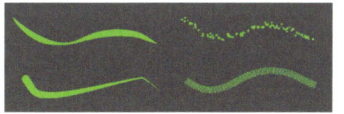

图2-130 各种绘制效果

3. "画笔工具"的基本使用

"钢笔工具"擅长制作精确的曲线，但它不能很好地创建自发的、富有表现力的图像；"铅笔工具"比较随意，但其绘制功能有限，也不能绘制出有创意的图形。要获得更好的绘制效果，可以使用"画笔工具"。"画笔工具"允许用户创建更生动和自由的形状，并让形状具有重复样式的边框和装饰。和其他绘制工具一样，使用"画笔工具"绘制的形状仍然基于矢量。用户可以从几十个不同的画笔中进行选择，如果没有找到满意的画笔，则可以自定义画笔，甚至创建自己的画笔。

（1）画笔库。单击图2-128中"样式"右侧的"画笔库"按钮，打开"画笔库"面板，如图2-131所示。在此所有画笔按类别进行组织，可以选择其中一个类别并查看子类别，然后选择单个画笔，双击即可添加到"样式"列表中，方便后续选择使用。使用画笔库中的画笔绘制效果如图2-132所示。

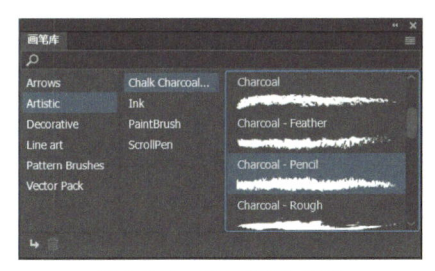

图2-131 "画笔库"面板

图2-132 画笔绘制效果

（2）创建自定义画笔。若画笔库中没有满意的画笔，可以自己创建画笔。绘制想要的画笔（形状），打散状态下，在画笔上右击，在弹出的快捷菜单中选择"创建画笔"命令，即可将其添加到"样式"列表中，如图2-133所示。

（3）管理画笔。单击图2-133中的"管理画笔"按钮，打开"管理文档画笔"对话框，在此可以对当前画笔"样式"列表中的画笔进行删除和保存至画笔库等操作，如图2-134所示。

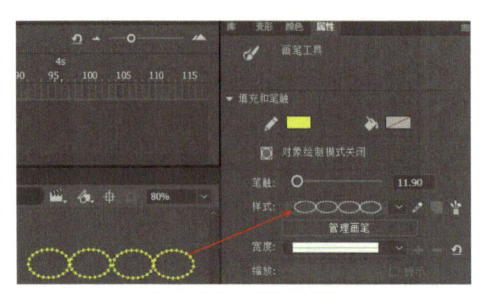

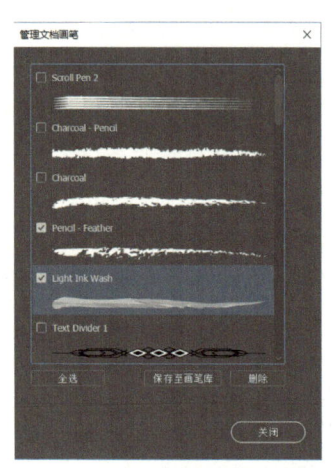

图 2-133 创建画笔　　　　图 2-134 "管理文档画笔"对话框

**Step01** 创建一个新文件"海景.fla"，设置舞台大小为 640 像素 ×480 像素，舞台背景为灰色（#CCCCCC）。本案例需要创建的图层和元件如图 2-135 所示。

**Step02** 绘制海水。在舞台下方绘制一个无边框、填充颜色为湖蓝色（#066085）的矩形。选择"画笔工具" ，在"属性"面板中，将"画笔库"→"Artistic"→"Scrollpen"→添加到样式列表中，设置画笔颜色和笔触高度，在"样式"中选择新添加的"Scrollpen2"画笔样式，如图 2-136

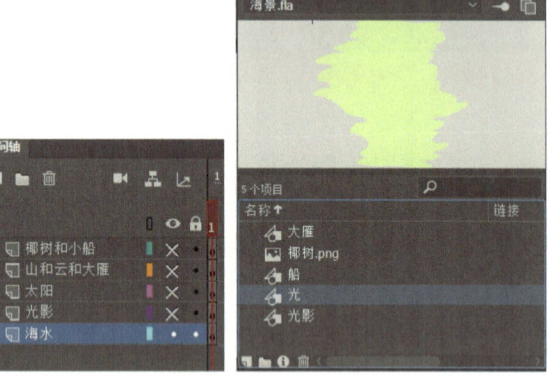

图 2-135 创建的图层和元件

所示。使用"画笔工具"在海水上绘制一些波纹效果的线条，如图 2-137 所示。

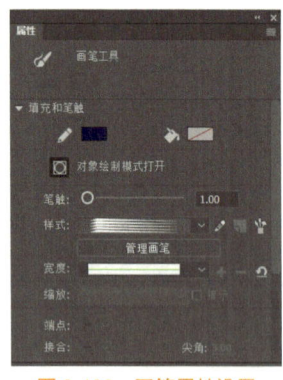

图 2-136 画笔属性设置　　　　图 2-137 海水效果

**Step03** 绘制水中光影效果，如图 2-138 所示。按【Shift+Y】组合键选择"铅笔工具"，在如图 2-127 所示的选项区中选择"平滑"类型，设置"铅笔工具"的笔触颜色和高度（随意设置），使用"铅笔工具"绘制如图 2-138 所示的闭合曲线，填充颜色为"#044D69"。

双击边框线选中所有边线，按【Delete】键将其删除。选中图形，右击，在弹出的快捷菜单中选择"转换为元件"命令，将其转换为元件"光"。

新建一个"光影"元件，将库中"光"元件拖至新建元件中，对图形进行等比例放大和更改颜色（#87A76F）操作，得到如图 2-139 所示的光影效果图形。

将光标定位在"光影"图层的第 1 帧。将"光"和"光影"元件拖至湖水中合适位置，调整一下"光影"元件的"Alpha"值，使其半透明。调整一下它们的排列，得到如图 2-140 所示的水中光影效果。

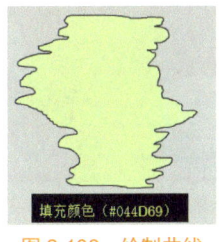

图 2-138　绘制曲线　　　　图 2-139　光影效果　　　　图 2-140　水中光影效果

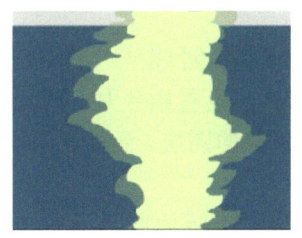

Step 04 绘制小山形状。使用"钢笔工具"绘制如图 2-141 所示的小山轮廓，并填充适当的颜色。

Step 05 新建元件"大雁"，使用"线条工具"绘制如图 2-142 所示的大雁。

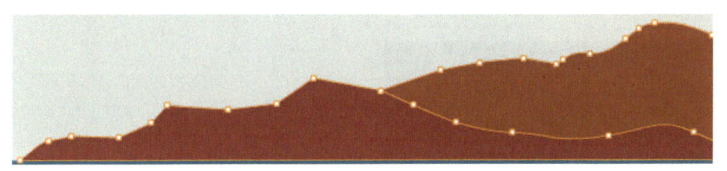

图 2-141　绘制小山轮廓　　　　图 2-142　绘制大雁

Step 06 绘制小船。新建元件"船"，选取工具箱中的"多角星形工具"，单击"属性"面板下方的"选项"按钮，打开"工具设置"对话框，如图 2-143 所示，设置边数为"3"，单击"确定"按钮。设置后，在舞台上拖动鼠标即可绘制一个三角形。根据前面所学绘制如图 2-144 所示的小船图形。

Step 07 使用"铅笔工具"并设置为"平滑"模式，绘制云彩轮廓，填充颜色并去除边线得到如图 2-145 所示的云彩图形。

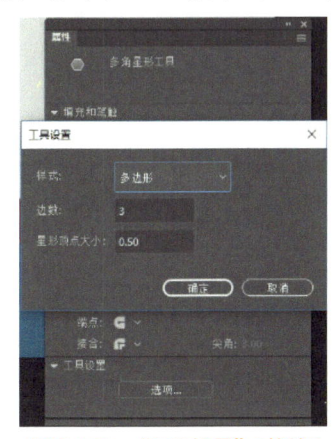

图 2-143　"工具设置"对话框　　　　图 2-144　绘制小船　　　　图 2-145　绘制云彩

**Step 08** 将相应素材和元件拖放至相应图层的相应位置，完成海边风景的绘制。

## 2.4.2 拓展模式——设计欢乐闹元宵广告

◎ 任务效果图 （图2-146）

◎ 关键步骤

**Step 01** 创建一个新文件"欢迎闹元宵.fla"，设置舞台大小为778像素×469像素。创建的图层、元件及所需素材如图2-147所示。

**Step 02** 新建图形元件"碗1"。在对象绘制模式下使用"椭圆工具"绘制一个无填充正圆，单击"变形"面板中的"重置选区和变形"按钮，即可在原位置上复制一个相同的圆。再在"变形"面板中设置缩放高度为"45%"，使新椭圆的高度变为原来的45%，宽度不变；单击"约束"按钮 ⇄，确保解除约束，使椭圆的高度和宽度不约束缩放比例，如图2-148所示。

图2-146 欢乐闹元宵广告设计效果图

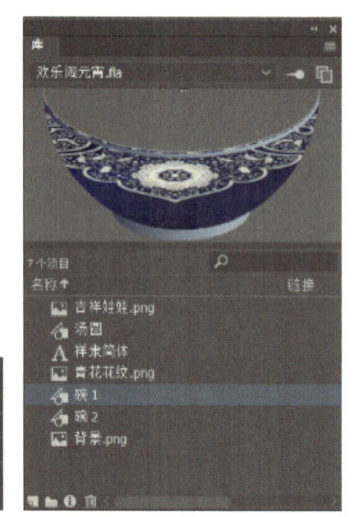

图2-147 创建的图层、元件及所需素材

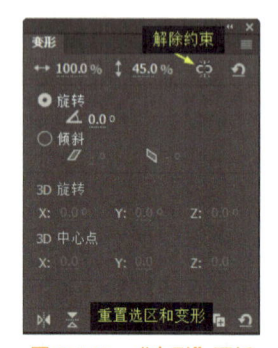

图2-148 "变形"面板

**Step 03** 选中复制的圆，两次单击"重置选区和变形"按钮得到如图2-149所示红色和蓝色椭圆。再将"变形"面板中的缩放高度设置为"45%"，使这两个椭圆重合；选中蓝色椭圆，向下移动适当距离，使3个椭圆的位置如图2-150所示。

**Step 04** 选中红色椭圆，在图2-148各参数设置下单击"重置选区和变形"按钮复制一个椭圆，然后将缩放宽度改为"50%"，得到如图2-151所示的小椭圆。

**Step 05** 移动小椭圆至碗底位置。为保证移动方向不出现左右偏差，可在按下【Shift】键的同时拖动小椭圆至底部，此时效果如图2-152所示。

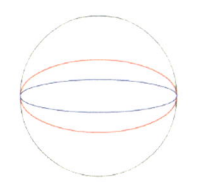

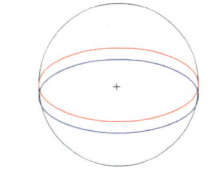

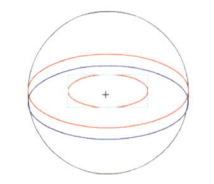

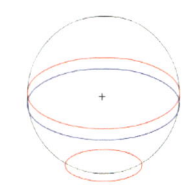

图 2-149 复制得到 　　图 2-150 3 个椭圆位置 　　图 2-151 复制得到小椭圆 　　图 2-152 确定小椭圆位置
3 个椭圆

**Step 06** 去除多余线条。选中所有椭圆，按【Ctrl+B】组合键将其打散，去除多余线条，得到效果如图 2-153 所示的碗形状。

**Step 07** 选中下碗沿处线段，按【Ctrl+D】组合键复制一条相同线段，向下移动适当距离。选中下移线段，使用"将线条转换为填充"功能将其转换为填充，并填充线性渐变颜色（左：#1D1E4C；右：#9AB4CD），效果如图 2-154 所示。

**Step 08** 对碗的各部分进行填充。1 区、2 区、4 区为线性渐变填充，3 区为位图填充，效果和颜色如图 2-155 所示。

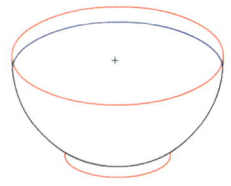

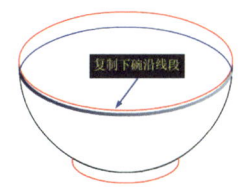

图 2-153 碗形状　　　　图 2-154 碗边线效果　　　　图 2-155 各部分填充

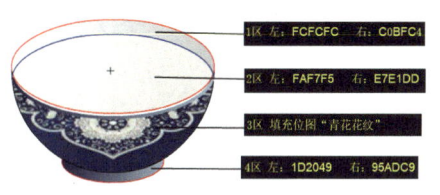

1区 左：FCFCFC　右：C0BFC4
2区 左：FAF7F5　右：E7E1DD
3区 填充位图"青花花纹"
4区 左：1D2049　右：95ADC9

**Step 09** 去掉多余线条，将碗沿线条颜色改为一种深灰色，此时效果如图 2-156 所示。

**Step 10** 按住【Shift】键的同时依次单击 1 区、2 区图形以及上碗沿线将它们选中，按【Ctrl+X】组合键剪切至剪贴板。新建元件"碗 2"，按【Ctrl+Shift+V】组合键粘贴到"碗2"元件中，效果如图 2-157 所示。

**Step 11** 新建图形元件"汤圆"。绘制一个无边线渐变填充的圆（线性渐变填充颜色，左：#F8F8F8；右：#E0E0DA），使用"渐变变形工具"调整圆的中心点和填充色，使其左边颜色浅右边颜色深。

**Step 12** 使用"柔化填充边缘"功能柔化汤圆边缘，使其不再生硬，参数可参考图 2-158 所示。

图 2-156 去除线条效果　　　　图 2-157 碗 2　　　　图 2-158 柔化边缘

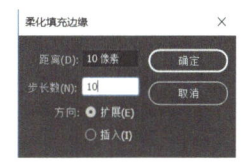

说明：案例中的文本"皇家冠芙"使用的是"方正祥隶简体"，如图 2-159 所示。如果将本案例原文件放在其他计算机上打开，但是该计算机没有安装这个字体，那么将无法正常显示该字体。为解决这个问题，可以将该字体嵌入到文件中，方法：单击图 2-159 中的"嵌入"按钮，打开如图 2-160 所示"字体嵌入"对话框，设置"名称"等选项，即可将该字体嵌入。

图 2-159 字体

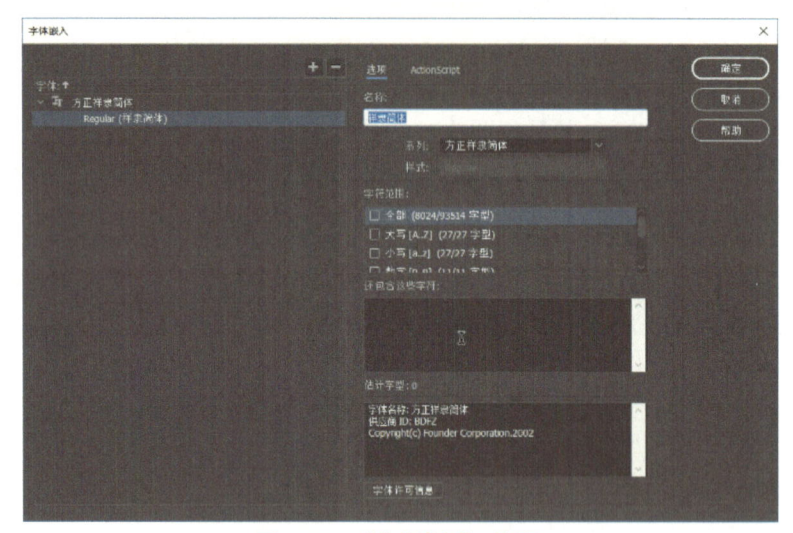

图 2-160 "字体嵌入"对话框

## 2.4.3 拓展模式——绘制水墨太极图

**任务效果图**（图 2-161）

**关键步骤**

本案例的设置目的是通过太极图的绘制，介绍使用"合并对象"功能制作各种图形的方法。"合并对象"

图 2-161 水墨太极图效果图

功能主要包括图形之间的"联合""交集""打孔""裁切"等。

**Step 01** 新建一个图形元件"太极图"，在元件中绘制一个无边线黑色填充的圆形，设置其宽和高均为"200 像素"，位置坐标设置为（0，0）。按【Ctrl+Shift+Alt+R】组合键显示出标尺，拖出如图 2-162 所示的辅助线。

**Step 02** 绘制一个黑色填充的矩形，放置于正好覆盖左半圆的位置，如图 2-163 所示。选中两个图形，选择"修改"→"合并对象"→"裁切"命令对图形进行裁切，如图 2-164 所示，得到如图 2-165 所示的半圆。

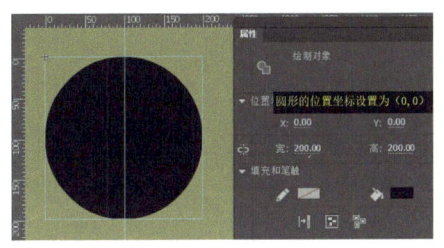

第 2 部分　绘制与编辑基本图形

图 2-162　定位圆 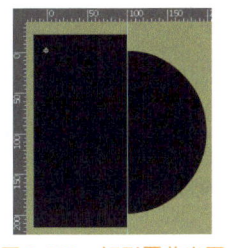　　　图 2-163　矩形覆盖半圆 　　　图 2-164　合并对象

**Step 03** 绘制一个宽高均为"100 像素"的小圆（按【Ctrl+D】组合键复制一个相同的圆，以备后用），放置在如图 2-166 所示的位置。选中两个图形，在图 2-164 中选择"联合"命令，将两个图形联合成一个图形。

**Step 04** 将上面复制的小圆放置到如图 2-167 所示的位置，选中两个图形，在图 2-164 中选择"打孔"命令，得到如图 2-168 所示的图形。选中该图形，按【Ctrl+D】组合键复制一个图形，并将其填充为白色。

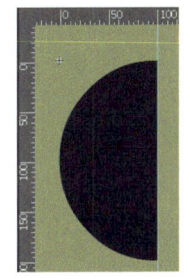

图 2-165　半圆 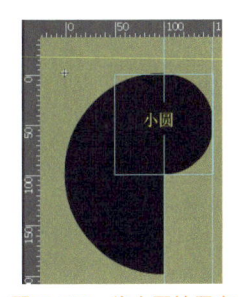　　图 2-166　将小圆放置在半圆上部 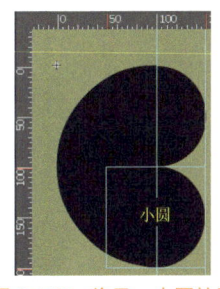　　图 2-167　将另一小圆放置在半圆下部 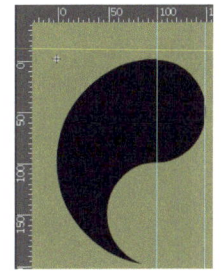　　图 2-168　打孔后图形

**Step 05** 选取"画笔工具"，单击"属性"面板中的"画笔库"按钮，在打开的"画笔库"对话框中选择"Artistic"→"PainBrush"→"Palette Knife"画笔样式，双击将其添加到笔触样式中。在"属性"面板中设置画笔的笔触高度为"30"，此时得到如图 2-169 所示的图形。

**Step 06** 使用同样的方法制作白色图形，将其进行旋转后得到如图 2-170 所示的两个鱼形。再绘制两个小圆，并进行柔化边缘效果，放置到两个鱼形图中。太极图最终效果如图 2-171 所示。

**Step 07** 对背景图进行亮度调整。选中背景图，按【F8】键将其转换为元件，在"属性"面板中设置其亮度为"-28%"，如图 2-172 所示。

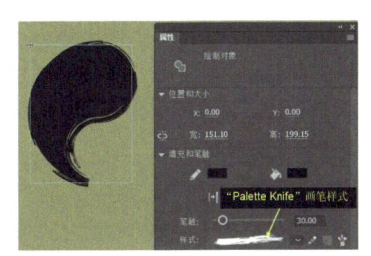

图 2-169　设置画笔样式后效果 　　图 2-170　两个鱼形 　　图 2-171　太极图效果 　　图 2-172　调整亮度

## 2.4.4 应用模式——绘制城市夜景

**任务效果图**（图 2-173）

**重点提示**

**Step 01** "楼房"元件制作，分解图示如图 2-174 所示。

**Step 02** "亮光"元件制作，颜色设置如图 2-175 所示。

图 2-173　城市夜景效果图

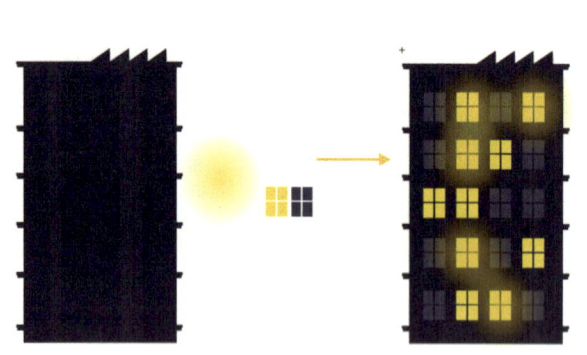

图 2-174　"楼房"元件制作分解

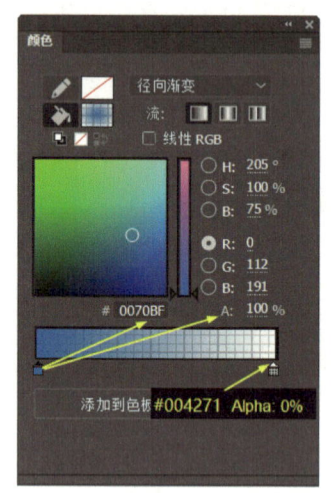

图 2-175　"亮光"元件颜色设置

## 2.4.5 相关知识

**1. 紧贴至对象**

"钢笔工具""线条工具""椭圆工具""矩形工具""多角星形工具"等绘制工具都对应有"紧贴至对象" 选项。按下该选项时，An 会帮助对齐对象，会将对象恰当地捕捉到邻近的其他对象的位置上，使得对象之间更加贴合。

**2. 如何获取需要的颜色**

在设计过程中，使用合适的颜色是非常重要的。但是有时候可能会看到很合适的颜色，但是不知道这些颜色具体值，不能被使用，那么如何快速获取想要的颜色值？

方法一：使用 An 提供的"吸管工具" 吸取所需颜色，"颜色"面板中即能显示其颜色值。

方法二：下载相关取色和识别颜色的软件，如"colorpix""色彩"等。

## 2.4.6 常见问题

**问题 1**：图形不能进行"亮度""色调""高级""Alpha"等色彩效果样式设置。
**解决方法**：将图形转换为元件后，才能进行色彩效果样式设置。

> **思政点滴**
>
> 在五千年的历史长河中，中华民族创造了世界上独一无二的文化，她将各个历史时期、各个民族的精神和物质财富有机地融合在一起，形成有中国特色的传统文化。无论是"闻鸡起舞""悬梁刺股""卧薪尝胆"等励志典范，还是"国家兴亡，匹夫有责"的爱国精神，无不激励着一代一代中国人矢志不移，砥砺前行。任何文化都不是静止的，而是一个动态的发展过程。因此，传统文化需要每个中国人的珍爱和传承，需要以创新精神弘扬，需要不断地发展和完善。为此，在深入了解传统文化的基础上，根据社会发展需要和时代进步要求，创造性地为中华传统文化精髓充实时代内容，使其不断完善发展，建设符合中国特色的新型文化，是当代设计工作者需保持的精神信念。

# 第 3 部分
# 动画角色和场景绘制

## 课程概述

本部分课程将学习以下内容：
- 使用钢笔工具对动画角色进行勾画；
- 使用选择工具和部分选取工具对勾画出的线条进行调整；
- 优化线条的方法；
- 上色的方法；
- 场景中元件构成及基本绘制方法。

通过学习本部分内容可以掌握以下知识与技能：
- 能够使用钢笔工具对图像进行勾画；
- 能够综合运用选择工具和部分选取工具优化线条；
- 能够为图形进行吸色和上色处理；
- 掌握场景中元件的基本绘制方法和技巧。

第 3 部分　动画角色和场景绘制

　　英文单词"animate"有两种含义，一是"把……制作成动画片"，二是"赋予生命和灵魂"，动画作品中的人物被称为"角色"，动画作品的灵魂就是角色的演绎，角色串联了故事的情节，充分表达了动画题材的人物性格，动画的质量很大程度上取决于角色的成功与否，角色也是动画商业价值和文化价值的充分体现，因此动画角色和场景的设计是动画创作的基础。本章将介绍动画中角色和场景绘制的方法。

## 3.1　动画角色绘制

　　一部动画作品，要有优秀的剧本、角色设计、分镜头台本以及流畅的画面表现，其中角色的视觉效果较为关键。An 动画中的角色绘制，通常先使用铅笔在纸上画出角色草图，将纸上绘制的图形通过扫描设备导入计算机，然后在 An 中使用钢笔工具进行勾画，并使用选择工具和部分选取工具进行调整，得到角色线稿，最后对线稿进行上色，得到动画角色。

## 3.1.1 基础模式——角色临摹

> **任务描述**
>
> 利用钢笔工具对手绘角色图像进行勾画临摹，并使用选择工具和部分选取工具进行调整，得到角色线稿，再对线稿进行上色，得到动画角色。

> **任务效果图**（图3-1）

> **任务实现**

☆ **基础操作**

①为方便后面为角色各部位设置动画，在勾画过程中应按部位进行分层临摹。本任务为角色"哪吒"划分了"头发"、"飘带"、"眼睛"、"眉毛"、"嘴巴"和"其他部位"等图层，分层处理还有使各部分之间避免出现线的交叉重叠的好处。
②临摹某图层上的图像时，应将其他图层锁定，或有选择地隐藏其他图层。
③本任务的设置目的，一是介绍使用An进行临摹的方法；二是通过临摹，使大家熟练掌握使用鼠标进行精细操作的技能，以及锻炼进行动画制作应具备的耐心和精益求精的态度。

图3-1 "哪吒"角色绘制效果图

**Step 01** 将角色原图（或草图）导入舞台，将其所在图层的名称设置为"原图"。

**Step 02** 使用"钢笔工具"勾画出头发轮廓。在"原图"图层上面新建一个图层"头发"，锁定"原图"图层，将光标定位到"头发"图层的第1帧。按【P】键或单击工具箱中的"钢笔工具"，设置一种跟原图片有一定对比度的颜色（此处使用的黄色），设置合适的笔触高度（此处设置为"1"）。选择一处作为起点位置，单击进行头发轮廓的勾画。勾画效果如图3-2所示。

图3-2 头发轮廓勾画

注意：因为使用"钢笔工具"勾画出轮廓后，后面还要进行轮廓线弧度的调整，所以线条起始点的选择应视具体情况而定，原则是保证每条线段都对应一条弧线或直线，以使后期调整的轮廓更加真实、自然和圆滑。

使用"钢笔工具"可以绘制一条线段，也可以绘制一条闭合的曲线。若想结束本次绘制可在结束位置双击，再在其他位置单击则是另一条线段的开始。若想绘制一条闭合曲线，则在闭合处双击即可。

**Step 03** 使用"选择工具"进行轮廓线的调整。选取"选择工具"，按照原图线条进行当前线条的弧度调整。在调整过程中应注意三点：一是适当放大显示比例，以便可以更加细致地调整线条位置；二是调整弧度时要灵活移动鼠标，以获取最佳弧度；三是注意避免线条之间的交叉粘连。

**Step 04** 优化线条。在调整线条的过程中，可能会遇到以下几种情况。

情况 1：位置不正，如图 3-3 所示。解决方法：①在"选择工具"状态下，使用鼠标将 A 点锚点拖至 B 点位置即可。②按【A】键切换到"部分选取工具"，单击线条上的任意位置显示出所有锚点，将光标放在 A 点锚点处，使用鼠标将此处锚点拖至 B 点位置即可。

情况 2：线与线之间有缝隙，如图 3-4 所示。解决方法同情况 1。

情况 3：如图 3-5 所示，蓝线怎么调整都不能贴合原线条，这种情况需要通过添加锚点来解决。按【=】键，单击图 3-5 中的红点位置，在此处添加锚点，然后再正常调整即可。

隐藏"原图"图层，头发轮廓线条如图 3-6 所示。

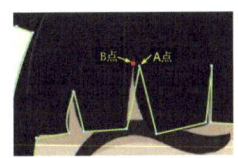

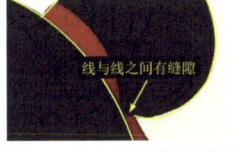

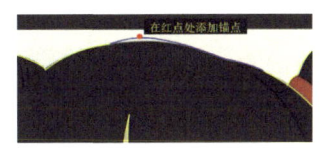

图 3-3 位置不正　　图 3-4 线与线之间有缝隙　　图 3-5 需添加锚点　　图 3-6 头发轮廓

**Step 05** 使用同样的方法勾画其他部位。需要注意的是，为保证后面为各部位上色，绘制的各部分轮廓必须是闭合的。勾画完成的整个轮廓效果如图 3-7 所示。

**Step 06** 细节绘制。绘制好轮廓后，再对一些细节进行绘制，如飘带阴影线条、颈部和肩部阴影线条，如图 3-8 和图 3-9 所示。

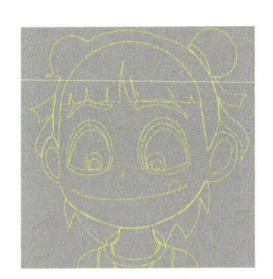

图 3-7 整个轮廓效果　　图 3-8 飘带阴影　　图 3-9 颈部和肩部阴影

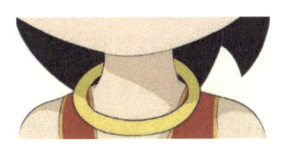

**Step 07** 上色。使用"颜色桶工具"配合"滴管工具"对各个部位进行上色，选取"滴管工具" ，在原图中需要吸取颜色的区域内单击进行取色，然后单击需要上色的区域，即可将吸取的颜色填充到需上色的区域。

**Step 08** 上色后去掉边线，最终效果如图 3-1 所示。创建的图层及排列如图 3-10 所示。

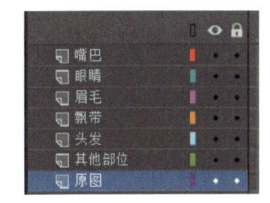

图 3-10 图层及排列

## 3.1.2 应用模式——临摹动漫人物

临摹你喜欢的动漫人物。

# 3.2 场景绘制

动画场景设计是除角色外一切对象的造型设计，是塑造角色和影片风格的关键创作环境。动画场景的制作过程，通常从研究分镜头开始。动画场景设计师要根据分镜头台本所设定的构图内容，画出动画场景的草稿，再经过上色、刻画细节完成整个制作过程。

## 3.2.1 基础模式——绘制古代室内场景

### 任务描述

使用几何形状、钢笔以及扭曲、缩放等工具绘制动画场景中的各种物品。

### 任务效果图（图 3-11）

### 任务实现

视频：绘制桌子

图 3-11 室内场景效果图

**基础操作**

①元件可分成多个部件分别进行绘制，建议每做完一个部件使用【Ctrl+G】组合键对该部件进行组合，这样做有利于后面其他部件的绘制。例如，在绘制桌子的过程中，制作完桌面后立即对桌面进行组合，然后再绘制桌子腿，做完桌子腿立即组合，这样各部分不会彼此影响。
②快速调整元件各部件的排列层次。组合后的部件可以使用【Ctrl+↓】组合键使其下移一层，使用【Ctrl+↑】组合键使其上移一层，使用【Ctrl+Shift+↓】组合键使其移至底层，使用【Ctrl+Shift+↑】组合键使其移至顶层。熟练使用这些快捷键可以大大提高效率。

场景包含的元件主要有"桌子""圆凳""窗户""墙面""地面"等，下面主要介绍这些元件的制作方法。

**Step 01** 新建一个图形元件"桌子"。在非对象绘制模式下，绘制桌面大小的无边线矩形，设置填充颜色为"#5B3511"。使用"任意变形工具"下的"扭曲工具"对矩形进行扭曲，得到如图 3-12 所示的"桌面 1"图形。

图 3-12 桌面 1

**Step 02** 按【Ctrl+D】组合键复制"桌面 1"图形，放置到桌面的合适位置，使用"扭曲工具"和"缩放工具"将复制的图形缩小并调整，设置填充颜色为"#764616"。为桌面绘制相关线条（设置填充颜色为"#9C5E1F"），得到如图 3-13 所示的"桌面 2"图形。

**Step 03** 绘制一个无边线，设置填充颜色为"#764616"，长度和桌边沿等宽的矩形，放置在桌面下沿位置。再绘制一个比上面矩形稍短的矩形，设置填充颜色为"#5B3511"，放置在桌面下方位置，如图3-14所示。桌面制作完成，按【Ctrl+G】组合键对桌面进行组合。

图3-13　桌面2　　　　　　　　　　图3-14　桌面效果

**Step 04** 绘制左侧桌子腿。在非对象绘制模式下绘制一个比桌子腿稍宽的矩形，设置填充颜色为"#5B3511"，使用"选择工具"拖动鼠标选中右侧部分矩形，如图3-15所示。使用"扭曲工具" 对选中的右侧矩形进行变形，变形后的效果如图3-16所示，并设置填充颜色为"#764616"，按【Ctrl+G】组合键对桌子腿进行组合。

**Step 05** 复制绘制好的桌子腿，对其进行水平翻转，得到右侧桌子腿。选中两个桌子腿，在"对齐"面板中取消勾选"与舞台对齐"复选框，单击"底对齐"按钮将两个桌子腿底部对齐，如图3-17所示。

**Step 06** 复制两个桌子腿，并进行缩小，按【Ctrl+B】组合键打散后重新填充颜色，然后分别对复制的两个桌子腿进行组合，此时的效果如图3-18所示。

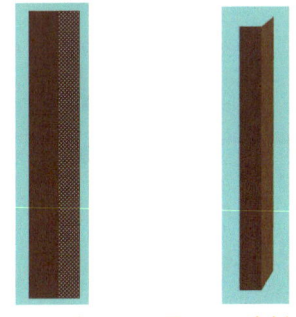

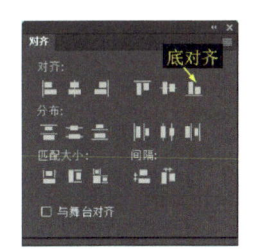

图3-15　矩形　　图3-16　左侧桌子腿　　图3-17　设置底对齐　　图3-18　复制桌子腿

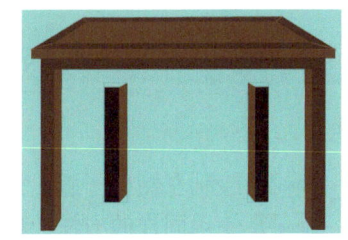

**Step 07** 将后面的两个桌子腿拖放到合适位置，会发现桌子腿在桌面的上层，如图3-19所示。这时，可以使用【Ctrl+↓】组合键将其下移一层。

**Step 08** 使用"钢笔工具"绘制一个仿古花纹，并将其保存为元件"桌子花纹"，如图3-20所示，将其放置到桌子的合适位置。桌子绘制完成后对桌子进行组合，效果如图3-21所示。

**Step 09** 新建一个图形元件"圆椅"。跟绘制桌面一样，绘制如图3-22所示的椅面，并使用"钢笔工具"勾画出椅面阴影部分。其中，1区的填充颜色为"#8A442B"，2区的填充颜色为"#731E1E"，3区的填充颜色为"#535353"。

图3-19　调整元件排列层次　　图3-20　桌子花纹　　图3-21　桌子效果

**Step 10** 绘制椅面和椅子腿中间部分。绘制一个无填充、黑色边线的矩形，使用"扭曲工具"扭曲为如图 3-23 所示的等腰梯形。调整各线条弧度，设置填充颜色为"#832121"，去掉边线，此时的效果如图 3-24 所示。

**Step 11** 使用"钢笔工具"绘制花纹，设置填充颜色为"#D7C6A2"。扭曲变形并放置在合适的位置，效果如图 3-25 所示。

视频：绘制圆椅

图 3-22　椅面 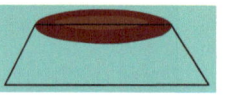　　　图 3-23　等腰梯形 　　　图 3-24　调整后效果 　　　图 3-25　加花纹效果

**Step 12** 绘制右侧椅子腿。使用"钢笔工具"绘制如图 3-26 所示的椅子腿轮廓，打散后，选中左侧线条按【Ctrl+D】组合键复制一个相同线条；使用"选择工具"调整复制的线条，效果如图 3-27 所示。使用"线条工具"补上其他线条，并填充颜色，效果如图 3-28 所示。去掉边线，对其进行组合，右侧椅子腿绘制完成，效果如图 3-29 所示。

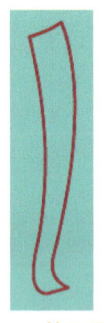

图 3-26　椅子腿轮廓 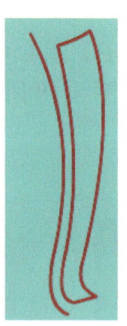　　　图 3-27　边线 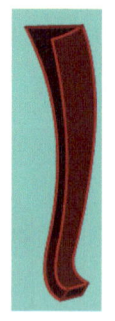　　　图 3-28　整体轮廓与填色效果 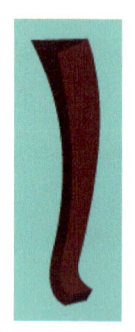　　　图 3-29　右侧椅子腿效果

**Step 13** 绘制左侧椅子腿。过程如图 3-30 所示。

**Step 14** 使用同样的方法绘制后侧椅子腿。效果如图 3-31 所示。

**Step 15** 将各个部位放置到合适位置，为增加真实感，为圆椅绘制一个圆形阴影，最终效果如图 3-32 所示。选中所有形状进行组合。

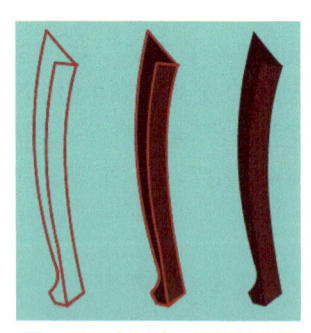

图 3-30　左侧椅子腿绘制过程 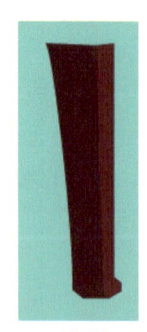　　　图 3-31　后侧椅子腿效果 　　　图 3-32　圆椅最终效果

**Step 16** 新建一个图形元件"墙面"。绘制一个宽为 1100 像素、高为 100 像素、无边线、填充颜色为"#6A3E39"的矩形。使用"铅笔工具"绘制一些自由花纹，使用"墨水瓶工具"为矩形填充下边线，效果如图 3-33 所示。对所有图形进行组合。

视频：绘制墙面

Step17 绘制一个与上面矩形等宽的矩形，使用"钢笔工具"绘制如图 3-34 所示的闭合线条，为各个区域填充喜欢的颜色。去掉线条。在打散状态下，在墙面中间绘制一个矩形，然后拖走矩形，中间即被挖空一个矩形区域，为后面放置窗户外景色图片做准备，效果如图 3-35 所示。对这部分图形进行组合。

图 3-33 墙面 1

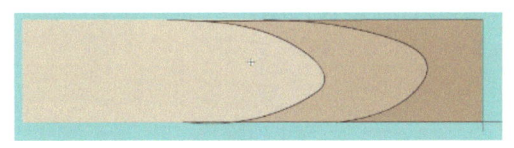

图 3-34 墙面 2

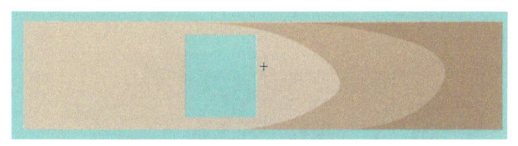

图 3-35 墙面 3

Step18 使用"线条工具"绘制如图 3-36 所示的砖形。然后绘制一个同样宽度、填充颜色为灰色的矩形。

图 3-36 墙面 4

分别对灰色矩形和砖形进行组合，将两个形状叠放在一起，不合适时可以调整其前后排列，此时的效果如图 3-37 所示。

Step19 使用"线条工具"绘制两个柱子，分别组合后放置到墙面两侧的位置，墙面的最终效果如图 3-38 所示。选中所有图形进行组合。

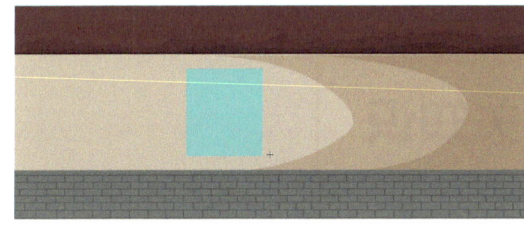

图 3-37 墙面 5

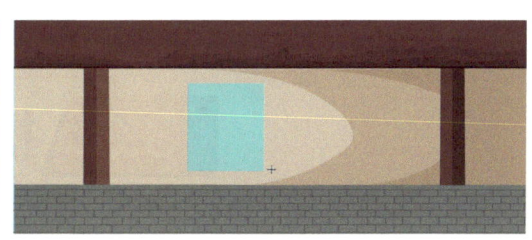

图 3-38 墙面最终效果

Step20 新建一个图形元件"窗户"，绘制如图 3-39 所示的窗户。

Step21 新建一个图形元件"开启的窗户"，将"窗户"元件拖放进来并进行修改得到如图 3-40 所示的开启的窗户。

Step22 所有元件创建完成之后，在场景中创建图层并在各图层中摆放相应元件，所建图层及排列如图 3-41 所示，室内场景的最终效果如图 3-11 所示。

图 3-39 窗户效果

图 3-40 开启的窗户效果

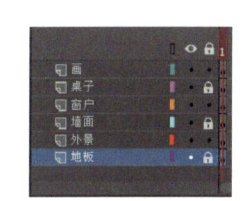

图 3-41 所建图层及排列

## 3.2.2　应用模式——绘制酒楼场景

📍 **任务效果图**（图 3-42）

📍 **重点提示**

提示 1：该场景主要由"砖墙""房屋""楼梯"等元件构成。
提示 2："房屋"元件主要由如图 3-43 中所示的各种部件构成。

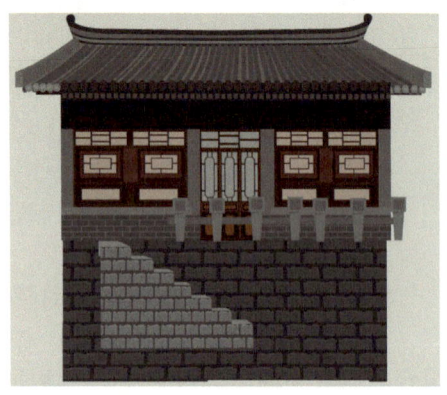

图 3-42　酒楼场景效果图

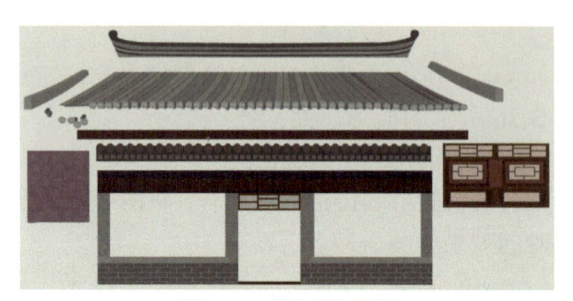

图 3-43　"房屋"元件

# 3.3　相关知识

## 3.3.1　透视原理

绘制场景时，必须先了解透视的相关知识，才能制作出真实有视觉感的图像。下面主要介绍透视的基本原理及三种常用的透视作图法。

无论是人还是物在画面上都会有透视，常用的透视分为一点透视、两点透视和三点透视。通过图 3-44 了解一下透视原理。

- 视点：画者的眼睛位置。
- 足点：基面与视点的垂直落点。
- 心点：视点在画面上的垂直落点，是画面视域的中心。

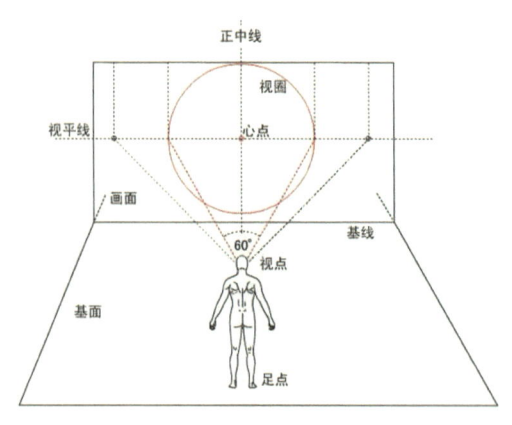

图 3-44　透视原理图

- 视平线：通过心点的水平线。
- 正中线：通过心点的垂直线。
- 视中线：心点与视点的连线。
- 视圈：以视中线为轴从视点到画面的60°角的圆锥空间，是看得最清楚的范围。

## 3.3.2 透视作图法

### 1. 一点透视

一点透视，又被称为平行透视，是有一面与画面平行的正方体或长方体物体的透视。图3-45说明了一点透视的基本画法，该立方体的纵向线和横向线都是平行的，也就是说正对的面与观察者是平行的。

例如，想绘制室内的桌子，使用一点透视画法制作方法如下。

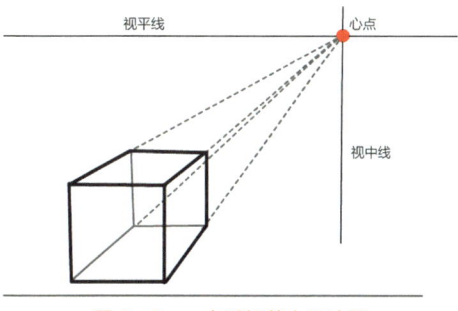

图3-45 一点透视基本画法图

**Step 01** 绘制一个矩形，然后绘制两条对角线，在中心点位置绘制一条水平线作为视平线，如图3-46所示。再绘制一个小矩形，如图3-47所示。

**Step 02** 将多余的线条删除，这时室内的空间就绘制出来了，如图3-48所示。

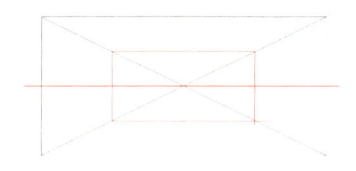

图3-46 绘制视平线　　图3-47 绘制矩形　　图3-48 室内空间

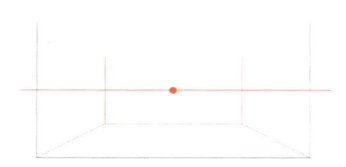

**Step 03** 这样就可以绘制室内的物品，如桌子、窗、书柜等，从中心点延长线进行绘制，如图3-49所示。

### 2. 两点透视

两点透视，又被称为成角透视，所绘制的物体两边的延长线交汇在视平线上的两点（两个红色圆点），如图3-50所示。

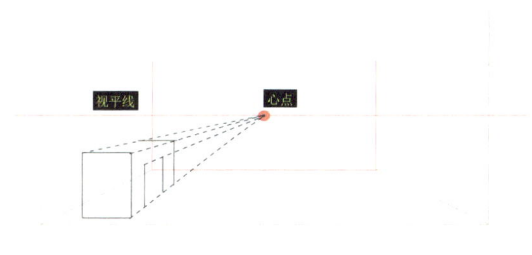

图3-49 绘制室内物品　　图3-50 两点透视案例

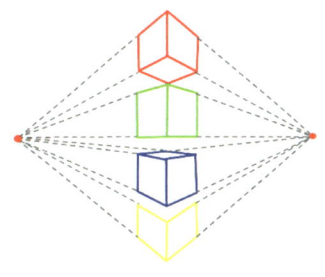

例如，想绘制两点透视的椅子，方法如下。

Step01 绘制一条水平线，然后绘制三条垂直线段，如图 3-51 所示。
Step02 在中间垂直线段上选择两点与心点连线，如图 3-52 所示。
Step03 此时，从连线上已经得到了一个成角透视的长方体，可以接着从水平线两点向内延伸进行绘制，绘制效果如图 3-53 所示。

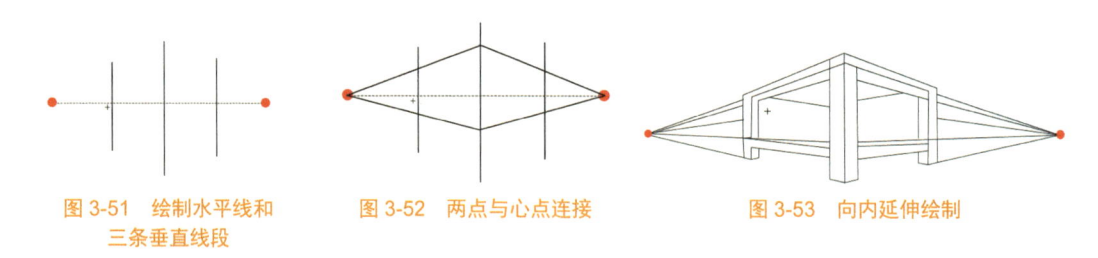

图 3-51　绘制水平线和三条垂直线段　　　图 3-52　两点与心点连接　　　图 3-53　向内延伸绘制

### 3. 三点透视

三点透视，又被称为倾斜透视，视平线在较高或较低位置上看物体，在成角透视的基础上垂直于地面的一组平行线也交汇在一个消失点上，就产生了三个消失点，主要分为仰视和俯视两大类。

例如，要绘制一个仰视的建筑可以按照以下步骤实现。

Step01 绘制一个水平线，取两个端点。在中间绘制一个竖直直线，从上面取一点。然后绘制两条斜线作为建筑的两边轮廓，如图 3-54 所示。

Step02 如图 3-55 所示，绘制建筑物的其他轮廓。

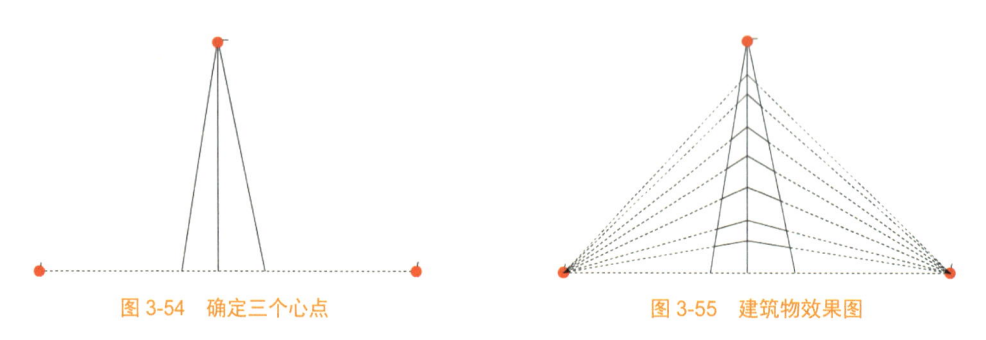

图 3-54　确定三个心点　　　图 3-55　建筑物效果图

## 3.3.3　管理和使用图层

一个动画往往需要用到很多图层，使用图层可以将动画中的不同对象与动作区分开，而对某层上的对象或动画进行操作不会影响其他图层。图层有不同的类型，按效果来划分，可分为普通层、遮罩层、被遮罩层、引导层和被引导层，另外在 An 中还增加了高级图层模式和普通图层模式。

### 1. 图层的模式

An 中的图层有多种图层模式以适应不同的设计需要，这些图层模式的具体作用如下。

（1）当前图层模式。任何时候只有一层处于该模式，该层即当前操作的层，当前层为选中状态，新对象或导入的对象都将放在这一层上。

（2）隐藏模式。要集中处理舞台上的某一部分时，需要将其他图层隐藏。被隐藏图层的名称栏上有❌标识，如图 3-56 中的"普通图层"即为隐藏图层。

（3）锁定模式。要集中处理舞台上的某一部分时，可以将需要显示但不希望被修改的图层锁定起来，被锁定图层的名称栏上有🔒标识，如图 3-57 中的"遮罩层"即为被锁定图层。

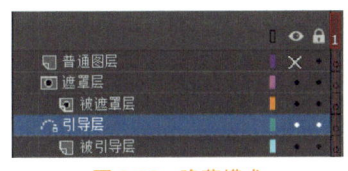

图 3-56　隐藏模式

图 3-57　锁定模式

（4）轮廓模式。图层的名称栏上显示彩色方框而不是实心方块时，该图层上的内容仅显示轮廓线，轮廓线的颜色由方框的颜色决定，如图 3-58 中的"遮罩层"即为轮廓模式。

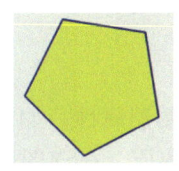

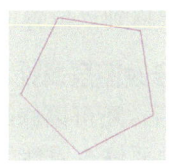

图 3-58　轮廓模式

### 2. 创建图层和图层文件夹

（1）创建图层。新建一个 An 文档时默认只有一个图层，一般情况下，制作动画需要创建多个图层。创建图层有以下三种方法。

- 单击"时间轴"面板左上方的"新建图层"按钮🗐。
- 选择"插入"→"时间轴"→"图层"命令。
- 右击任意一个图层，在弹出的快捷菜单中选择"插入图层"命令。

（2）重命名图层。每新建一个图层系统将按序号自动为该图层分配不同的名字，如图层 1、图层 2、图层 3 等。但用户往往需要依照图层之间的关系或内容重命名图层，以便日后对图层中的对象进行组织和管理。重命名图层一般有以下两种方法。

- 双击需要重命名的图层，当图层名称变为可编辑状态时（如图 3-59 所示），输入一个新的名称，输入后按【Enter】键，或单击其他空白区域。
- 右击要重命名的图层，在快捷菜单中选择"属性"命令，在打开的"图层属性"对话框的"名称"文本框中输入图层名称，如图 3-60 所示。

（3）用文件夹组织图层。若影片文件的图层较多，可以使用文件夹组织和管理图层。打开需要图层管理的文件，单击"时间轴"面板左上方的"新建文件夹"按钮📁，新建一个图层文件夹。双击文件夹名称，为文件夹命名，按【Enter】键或单击其他空白区域确认。选择要移到该文件夹中的图层，将其拖到该文件夹下，如图 3-61 所示。

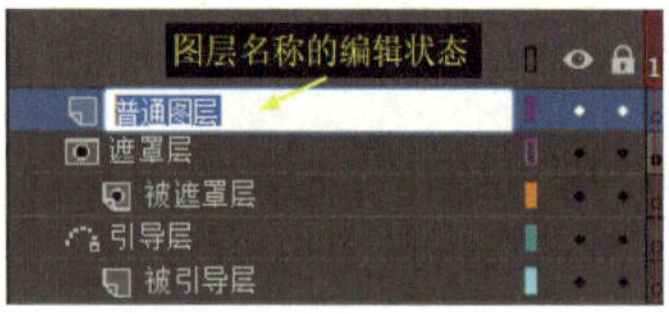

图 3-59　更改图层名称 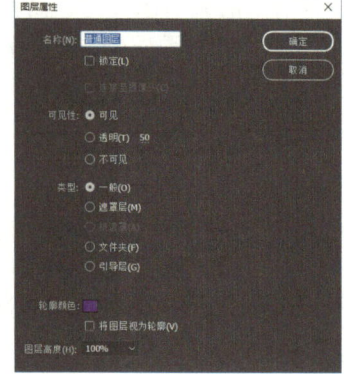 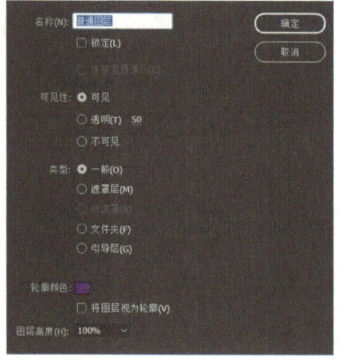　　　图 3-60　"图层属性"对话框 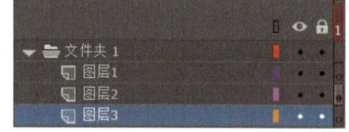　　　图 3-61　图层文件夹及其下图层

### 3. 调整图层顺序

通过修改图层的层叠顺序，可以创建不同的叠加效果。选择需要调整顺序的图层，按住鼠标左键不放，将其拖到目标图层位置，目标图层位置将显示一条粗黑线，释放鼠标即可将选中的图层移到该位置。

### 4. 设置或修改图层属性

创建图层后，还可以修改图层属性，如图层名称、类型、状态、轮廓颜色及图层单元格高度等。选中要修改属性的图层，在该图层的名称栏上右击。在弹出的快捷菜单中选择"属性"命令，打开"图层属性"对话框，如图 3-60 所示。

- 名称：用于修改选定图层的名称。
- 锁定：选中该复选框，则图层处理锁定状态，不能选中或编辑该图层上的对象。
- 可见性：用于设置图层内容在舞台上是否可见，可以选择"可见""不可见"，或者设置透明度的百分比。
- 类型：用于指定图层的类型，可以将选定图层设置为一般图层、遮罩层、被遮罩层、文件夹或引导层。
- 轮廓颜色：指定当图层以轮廓显示时的轮廓线颜色。
- 将图层视为轮廓：选中该复选框，则选中的图层以轮廓的方式显示图层中的所有对象。在一个包含很多层的复杂场景中，轮廓颜色可以使用户能够快速识别选择的对象所在图层。
- 图层高度：用于调整图层单元格的高度，如图 3-62 所示"图层 2"的图层高度为100%，如图 3-63 所示"图层 2"的图层高度为 200%。

图 3-62　图层高度为 100% 　　　图 3-63　图层高度为 200%

修改图层属性后，单击"确定"按钮，即可将所做修改应用于选定的图层。

### 5. 标识不同图层

在一个包含多图层的复杂场景中，要确定某一个对象属于哪一个图层不是件容易的事。An 提供了一种标识不同图层以快速识别选定对象所在图层的方法。单击图层名称栏右侧的彩色方块，实心方块将变为彩色方框，舞台上对应的图层内容也随之仅以轮廓线显示，如图 3-64 所示。再次单击彩色方框，图标变为彩色方块，该层中的对象又恢复正常显示。

#### 6. 复制、删除图层

（1）复制图层。在 An 中，为减少重复操作，可以复制一个图层甚至一个场景中的所有图层到当前场景或另外的场景中。复制图层有两个操作：一个是复制图层，一个是拷贝图层。

图 3-64　标识不同图层效果

选择要复制的图层（按【Shift】键可同时选择多个图层）并右击，从弹出的快捷菜单中选择"复制图层"命令，或者选择"编辑"→"时间轴"→"复制图层"命令，可以在选择的图层上方创建一个含有"复制"后缀字样的同名图层，如图 3-65 所示。

如果要把一个文档内的某个图层复制到另一个文档内，可以右击该图层，在弹出的快捷菜单中选择"拷贝图层"命令，然后右击任意图层（可以是本文档内，也可以是另一文档内），在弹出的快捷菜单中选择"粘贴图层"命令，即可在图层上方创建一个与复制图层相同的图层，如图 3-66 所示。

图 3-65　复制图层　　　　　　　　图 3-66　拷贝图层

（2）删除图层。选中需要删除的图层后，进行以下操作可删除图层。
- 单击"时间轴"面板左上方的"删除"按钮，即可删除选中的图层。
- 拖动"时间轴"面板中需要删除的图层到"删除"按钮上，即可删除该图层。
- 右击需要删除的图层，在弹出的快捷菜单中选择"删除图层"命令。

### 3.3.4　时间轴与帧

帧是 An 动画的基本组成部分，一个动画是由各种不同的帧组合而成的，一帧就是一副静止的画面，连续的帧就形成动画。按照视觉暂留的原理每一帧都是静止的图像，快速连续地显示帧便形成了运动的假象。时间轴是摆放和控制帧的地方，帧表现在"时间轴"面板上是一个个小方格，帧在时间轴上的排列顺序决定了动画的播放顺序。

#### 1. 认识时间轴上的帧

时间轴主要由图层、帧和播放头组成，在播放动画时，播放头沿时间轴向后滑动，而图层和帧中的内容则随着时间的变化而变化。"时间轴"面板如图 3-67 所示。

#### 2. 帧的类型

帧分为"普通帧"、"关键帧"和"空白关键帧"，如图 3-68 所示。

图 3-67 "时间轴"面板

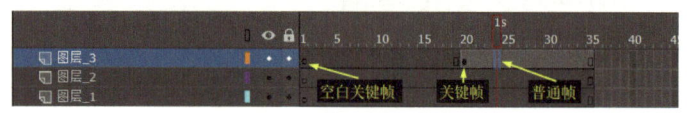

图 3-68 各种类型的帧

（1）关键帧。关键帧是指动画中具有关键内容的帧，是用来定义动画变化的帧。关键帧在时间轴上显示为一个小的实心圆点。利用关键帧制作动画（特别是补间动画）时，只需确定动画的开始和结束这两个关键状态，系统会自动通过插入帧的方法计算并生成中间帧的状态。若制作较复杂动画，如对象运动过程变化很多的情况，可以通过增加关键帧达到目的，此时关键帧越多，动画效果越细致，连续使用关键帧就形成了逐帧动画。但是关键帧不能使用太频繁，过多的关键帧会增大文件的大小。

（2）空白关键帧。若关键帧中没有任何对象，即空白关键帧。在时间轴上，空白关键帧显示为一个小的空心圆点。在时间轴中插入关键帧后，左侧相邻帧的内容就会自动复制到该关键帧中，如果不想让新关键帧继承相邻左侧帧的内容，可以采用插入空白关键帧的方法。

（3）普通帧。连续的普通帧在时间轴上用灰色显示，并且在连续普通帧的最后一帧中有一个空心矩形块，如图 3-68 所示。连续普通帧的内容都相同，在修改其中的某一帧时其他帧的内容也同时被更新。由于普通帧的这个特性，通常用它来放置动画中静止不变的对象。

## 3.3.5 帧的操作

在制作动画时，用户可以根据需要在时间轴上进行帧的操作，如插入帧、选择帧、移动复制帧、删除和清除帧、翻转帧等。

### 1. 插入帧

（1）插入关键帧。在时间轴上单击选择一个或多个普通帧或空白帧，然后进行以下操作均可插入关键帧。

- 选择"插入"→"时间轴"→"关键帧"命令。
- 右击，在弹出的快捷菜单中选择"插入关键帧"命令。
- 按【F6】键。

若当前选择的是空白帧，则以上操作将插入空白关键帧。

（2）插入普通帧。

- 选择"插入"→"时间轴"→"帧"命令。
- 右击，在弹出的快捷菜单中选择"插入帧"命令。
- 按【F5】键。

提示：在插入关键帧或空白关键帧之后，可以直接按下【F5】键进行扩展，每按一次将关键帧或空白关键帧的长度扩展1帧。

### 2. 关键帧与普通帧的转换

在动画制作的过程中，经常需要进行关键帧和普通帧的相互转换。将普通帧转换为关键帧，选中需要转换为关键帧的普通帧并右击，在弹出的快捷菜单中选择"转换为关键帧"命令。将关键帧转换为普通帧的方法类似，选择"清除关键帧"命令即可。

### 3. 选择帧

选择帧是所有帧操作以及帧中内容操作的前提条件，有以下几种方法。

- 选择单个帧：将光标移到需选择的帧上，单击。
- 选择多个不连续的帧：按住【Ctrl】键，单击需要选择的帧。
- 选择多个连续的帧：按住【Shift】键，单击选择该范围内的开始帧和结束帧。

技巧：单击开始帧，按下鼠标左键并拖动框选，拖到帧范围内的最后一帧时释放鼠标，可以快速选择多个连续的帧。

### 4. 移动帧

在时间轴上选择要移动的一个或多个帧。在选中的帧上拖动鼠标，拖到目的位置时将显示一个方框，如图3-69所示。释放鼠标即可将选中的帧移到目的位置，如图3-70所示。

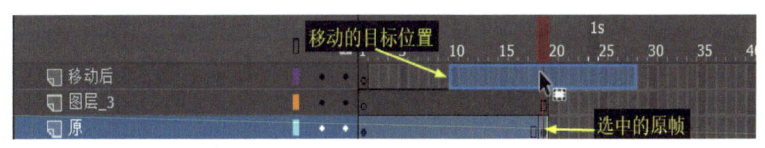

图3-69 拖动选中的帧

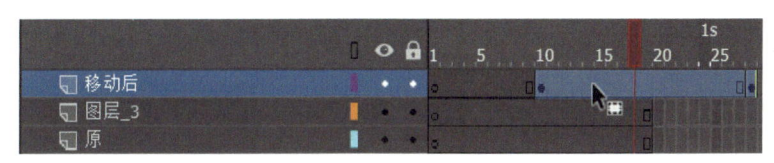

图3-70 移动后的帧

### 5. 复制帧

复制帧操作可以将同一文档中的某些帧复制到该文档的其他帧位置，也可以将一个文档中的某些帧复制到另外一个文档的特定帧位置。选择要复制的一个帧或一系列帧并右击，在弹出的快捷菜单中选择"粘贴帧"或"粘贴并覆盖帧"命令。

注意："粘贴帧"与"粘贴并覆盖帧"命令的不同之处在于，后者使用复制的帧替换粘贴位置同等数量的帧，而前者是在粘贴位置插入复制的帧。

### 6. 删除帧

删除帧操作不仅可以删除帧中的内容，还可以将选中的帧删除，还原为初始状态。如图3-71所示为删除帧前的状态，如图3-72所示为删除帧后的状态。删除帧方法：选中需要删除的帧并右击,在弹出的快捷菜单中选择"删除帧"命令,或者选择"编辑"→"时间轴"→"删除帧"命令。

### 7. 清除帧

清除帧仅是把被选中帧上的内容清除,并将这些帧自动转换为空白关键帧状态,清除帧前后效果如图 3-73 和图 3-74 所示。清除帧方法:选中需要清除的帧并右击,在弹出的快捷菜单中选择"清除帧"命令,或者选择"编辑"→"时间轴"→"清除帧"命令。

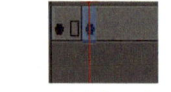

图 3-71　删除帧前　　图 3-72　删除第 2 个关键帧后　　图 3-73　清除帧前　　图 3-74　清除第 2 个关键帧后

### 8. 翻转帧

翻转帧是指将帧按照顺序翻转过来,使原来的最后一帧变为第一帧,使原来的第一帧变为最后一帧。翻转帧功能可以减少一些重复操作。翻转帧方法:在时间轴上选中所有需要翻转的帧并右击,在弹出的快捷菜单中选择"翻转帧"命令即可。

### 9. 帧频

帧频是动画播放的速度,以每秒播放的帧数(fps)为度量单位,帧频太慢会使动画看起来一顿一顿的,帧频太快则会使动画的细节变得模糊。24fps 的帧频是 An 文档的默认设置,通常可以在 Web 上提供最佳效果。标准的动画速率也是 24fps。

动画的复杂程度和播放动画的计算机的速度会影响播放的流畅程度,若要确定最佳帧速率,应在各种不同的计算机上测试动画。

设置帧频方法:选择"修改"→"文档"命令,打开"文档设置"对话框,在该对话框的"帧频"文本框中输入帧频数值,如图 3-75 所示。另外,也可以选择"窗口"→"属性"命令,打开"属性"面板,在 FPS 文本框中输入帧频的数值,如图 3-76 所示。

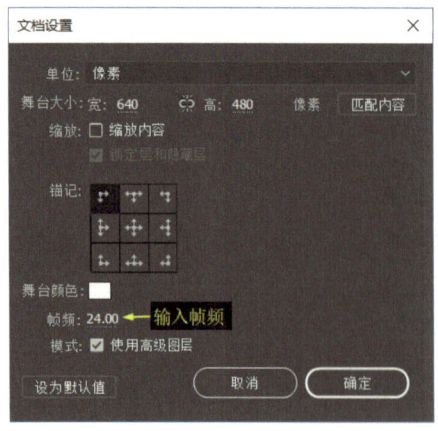

图 3-75　"文档设置"对话框　　　　　　图 3-76　"属性"面板

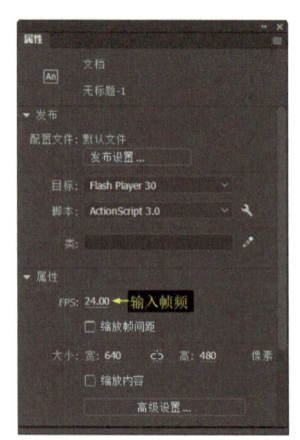

## 3.4 常见问题

问题1：临摹时各部位的线条有交叉融合现象。
解决方法：在临摹过程中要注意分层，将独立部位单独作为一层处理。
问题2：绘制复杂图形时，出现不能或很难选择出图形中的部分内容的现象。
解决方法：要及时将已绘制好的部分进行组合，组合后再绘制其他独立部分。

### 思政点滴

"世上无难事，只要肯登攀"告诉我们做任何事情的成功秘诀是具有锲而不舍、肯吃苦、敢于亮剑的精神。临摹是一名动画制作者在成长过程中必须学习和掌握的一项基本技能。只有始终保持一种精雕细琢、精益求精的工作态度，才能临摹出一幅惟妙惟肖的作品。所以，只有始终坚持敢于行动、敢于吃苦、敢于追求完美的精神信念，在工作中坚持高标准、严要求，才能成长为一名优秀的动画制作者。

# 第 4 部分
# 元件创建与重用

## 课程概述

本部分课程将学习以下内容：
- 在 An 中使用和创建元件实例；
- 元件类型；
- 编辑元件实例属性；
- 元件重用；
- 按钮元件的创建与应用；
- 在 An 中通过代码片段添加交互性。

通过学习本部分内容可以掌握以下知识与技能：
- 能够根据需要选择元件类型并创建元件；
- 能够为元件实例设置属性；
- 能够创建和灵活运用按钮元件；
- 了解通过代码片段为影片添加交互的方法。

# 第 4 部分　元件创建与重用

元件是在 An 中创建且保存在库中的图形、按钮或影片剪辑，可以在该影片或其他影片中重复使用，是 An 动画中最基本的元素。元件分为"图形""影片剪辑""按钮"三种类型，不同类型的元件各有各的特点和用途。本部分将介绍元件创建与重用的相关知识。

## 4.1 元件重用

视频：元件和帧的基本操作

视频：沙滩跑步动画

### 4.1.1 基础模式——沙滩跑步动画

◎ **任务描述**

本任务通过使用元件制作多个运动员在沙滩上跑步的动画，演示利用元件重用塑造不同动画效果的制作方法。

◎ **任务效果图**（图4-1）

◎ **任务实现**

图4-1 沙滩跑步动画效果图

☆ **基础操作**

①帧的基本操作。选中图层上的某一帧并右击，弹出如图4-2所示的快捷菜单，在此可以进行帧的插入、删除、复制、粘贴、清除、转换、选择、复制动画等操作。

②创建元件。

方法一：新建元件。选择"插入"→"新建元件"命令或按【Ctrl+F8】组合键新建一个元件，在打开的"创建新元件"对话框中设置元件名称和元件类型，如图4-3所示；然后在元件编辑状态下创建元件内容。

图4-2 帧的基本操作

图4-3 "创建新元件"对话框

方法二：将场景中的对象转换为元件。选中需要转换为元件的对象并右击，在弹出的快捷菜单中选择"转换为元件"命令即可将对象转换为元件。

方法三：将动画转换为元件。如图4-4所示为制作好的一个动画，将光标放在某一帧上并右击，在弹出的快捷菜单中选择"复制动画"命令，然后新建元件，再同样操作选择"粘贴帧"命令即可。

图4-4 将动画转换为元件

③元件的三种类型。
- 影片剪辑元件：可以独立于主时间轴播放的动画剪辑，可以加入动作代码。
- 图形元件：依赖主时间轴播放的动画剪辑，不能加入动作代码。
- 按钮元件：一个只有4帧（"弹起""指针经过""按下""点击"）的影片剪辑元件，但其在时间轴上不能播放，只是根据鼠标的动作做出简单的响应，并转到相应的帧。可以通过给舞台上的按钮元件实例添加动作语句而实现An影片强大的交互性。

④影片剪辑元件和图形元件的区别。
- 影片剪辑的播放完全独立于时间轴。即使主场景中只有一帧，也会循环地不停播放。但是对于图形元件，如果主场景中只有一个帧，那么其中的图形元件也只能永远显示一个帧，从而不能播放其中的动画。
  - 影片剪辑可以设置实例名称，图形元件则不可以。
  - 影片剪辑中可以加入动作代码，图形元件则不能。
  - 影片剪辑中可以包含声音，只要将声音绑定到影片剪辑时间轴中，那么播放影片剪辑时也会播放声音；但是图形元件中即使包含了声音，也不会发声。
  - 图形元件与所在时间轴是严格同步的，时间轴暂停了，图形元件也会跟着暂停播放；而影片剪辑元件就必须使用动作脚本来暂停。
  - 图形元件可以设置播放方式（如循环、播放一次、单帧），而影片剪辑只能从第1帧开始循环播放。如果要让影片剪辑实现图形元件一样的播放方式，只能借助动作脚本实现。
  - 影片剪辑元件肩负着重大的控制任务，使得数据结构变得复杂，增加了播放器的负担；使用图形元件可以减轻播放器的负担，所以在可以使用图形元件来实现的地方，就不要使用影片剪辑。

Step 01 打开素材中的"素材-沙滩跑步动画.fla"文件。文件中已创建了"运动员"影片剪辑元件和"跑步"图形元件。其中，"运动员"影片剪辑元件是运动员跑步的逐帧动画，"跑步"图形元件是运动员来回跑步的引导层动画。逐帧动画和引导层动画会在后面的章节中介绍，在此直接使用它们即可。当前库中的元件如图4-5所示。

提示：库中列出了当前文件中的所有元件，前面有"　"标识的为影片剪辑元件，有"　"标识的为图形元件。

Step 02 场景1中有两个图层。锁定"沙滩"图层，单击"运动员"图层的第1帧，将库中的"运动员"图形元件拖至舞台，重复几次操作，这时舞台上就有了几个相同的元件实例，如图4-6所示。按【Ctrl+Enter】组合键对影片进行测试，发现所有运动员的大小相同、跑步的步调一致。

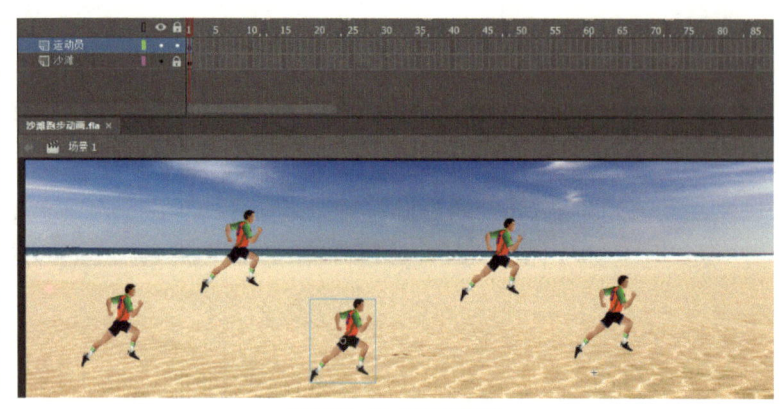

图 4-5　库中元件　　　　　　　　　图 4-6　几个元件实例

**Step 03** 为了更加真实地反映出多名运动员跑步的情景，需要将其设置为不同大小、不同颜色和不同步调。首先看一下图形元件的"属性"面板中都有哪些属性设置，选中一个元件实例，对应的"属性"面板如图 4-7 所示。在此可以进行当前元件的类型转换、位置和大小设置、色彩效果设置、播放循环设置等。

**Step 04** 在图 4-7 中选择"色彩效果"→"样式"→"亮度"/"色调"/"Alpha"等选项对运动员元件实例进行颜色调整，效果如图 4-8 所示。

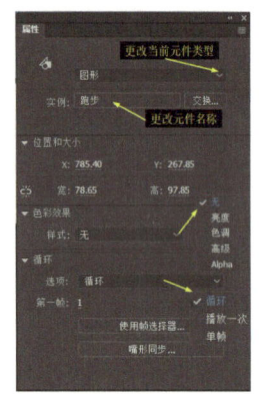

图 4-7　图形元件　　　　　　　　　图 4-8　颜色调整
　　　　"属性"面板

**Step 05** 调整各元件实例的大小，原则是远处的小一些，近处的大一些。

**Step 06** 调整步调。在"属性"面板→"循环"→"选项"对应列表中设置当前图形元件的播放形式，如图 4-9 所示，本任务中想循环播放，则选择了"循环"选项。若想设置步调不一致，只需设置各元件第 1 帧从父元件的不同帧开始即可。如图 4-10 所示，将当前元件的第 1 帧设置为第 28 帧，也就是当前元件从父元件的第 28 帧开始播放。也可以单击"使用帧选择器"按钮，在打开的对话框中选择帧数。

此处父元件指库中的原始元件 跑步，当前舞台上的元件实例都是由父元件派生出来的。父元件的时间轴如图 4-11 所示。

依次为舞台上的各元件实例设置不同的"第 1 帧"的值，即可得到不同步调的运动员跑步效果。

第 4 部分　元件创建与重用

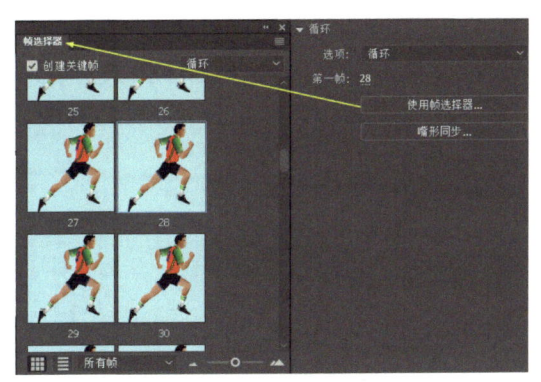

图 4-9　播放形式设置

图 4-10　图形元件播放设置

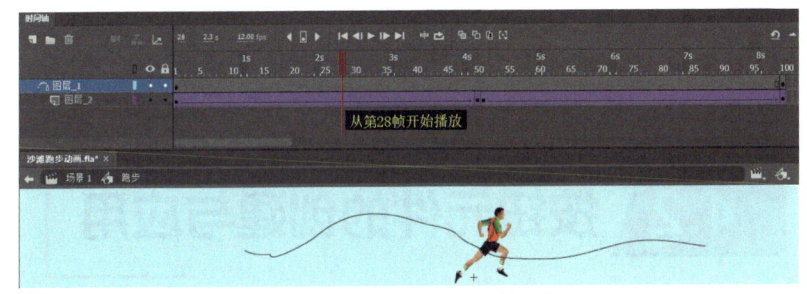

图 4-11　"跑步"元件时间轴

这时测试影片发现运动员虽然大小颜色和步调都不一致了，但是是在原地跑步。这是什么原因呢？上面讲过，图形元件与所在时间轴是严格同步的，如果主场景中只有一个帧，那么其中的图形元件也只能永远显示一个帧，从而不能播放其中的动画。解决方法是在主场景中延长帧数，延长的帧数不少于图形元件中的总帧数，如图 4-12 所示。

图 4-12　延长帧数

**头脑风暴**

本任务中运动员跑步元件是图形元件，如果该元件是影片剪辑元件，会是什么情况？尝试一下并找出答案。

## 4.1.2　应用模式——春光里的蒲公英

### 任务效果图（图 4-13）

### 重点提示

动画描述：春光里，大大小小的蒲公英种子随风飘走，越来越远直到消失。利用上面所学知识完成"春光里的蒲公英"动画制作。

· 85 ·

提示1：打开素材中的"素材-春光里的蒲公英.fla"文件。文件中已创建了"种子"图形元件，元件中制作了蒲公英种子由大到小、由有到无的一个引导层动画，如图4-14所示。

提示2：为增强对比度，将背景图片转换成元件后，将其亮度稍微调深一些。

图4-13 "春光里的蒲公英"效果图

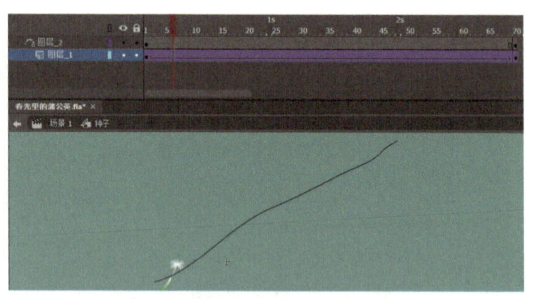

图4-14 "种子"图形元件动画内容

# 4.2 按钮元件的创建与应用

## 4.2.1 基础模式——地图标注

◎ 任务描述

利用按钮元件的特点，实现地图标注动画。

视频：按钮元件基础操作

视频：地图标注

◎ 任务效果图（图4-15）

◎ 任务实现

图4-15 地图标注动画效果图

☆ 基础操作

① 按钮元件只包含4个关键帧，分别是"弹起""指针经过""按下""点击"，如图4-16所示。

弹起：代表指针没有经过按钮时该按钮的状态。

指针经过：代表指针滑过按钮时该按钮的外观。

按下：代表单击按钮时该按钮的外观。

图4-16 按钮元件的4个关键帧

点击：定义响应鼠标单击的区域。此区域在测试时不可见。

② 要想设置图形或图像的透明度、亮度、色调等色彩效果，必须先将其转换为元件。

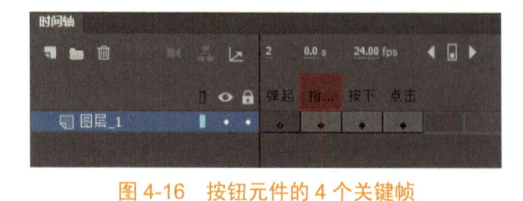

第 4 部分　元件创建与重用

Step 01 打开素材中的"素材 - 地图标注 .fla"文件。文件中已创建了"动态红点"影片剪辑元件 动态红点（该元件是一个红点从小到大、从有到无的闪动动画）。

Step 02 在场景 1 中已创建"背景"和"按钮元件"两个图层。将库中的"动态红点"影片剪辑元件拖放到背景图层图片的建筑物地标位置，如图 4-17 所示。锁定背景图层。

图 4-17　将"动态红点"元件拖放到建筑物地标位置

Step 03 单击"按钮元件"图层的第 1 帧，使用钢笔工具描出"1# 教学楼"的轮廓，填充上颜色，然后删除轮廓线，得到"图 1"，如图 4-18 所示。

Step 04 新建按钮元件"1# 教学楼"，单击时间轴上的"指针经过"帧，按【F6】键插入关键帧，将"图 1"复制到该关键帧中作为其内容，选中"图 1"按【F8】键将其转换为图形元件，调整透明度使其半透明；使用"文本工具"创建一个文本框，输入内容"1# 教学楼"，设置其字体、颜色，如图 4-19 所示。

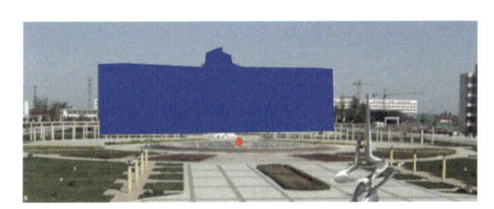

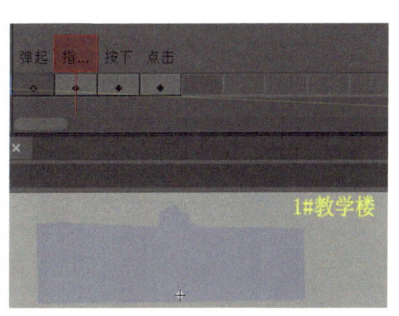

图 4-18　1# 教学楼轮廓　　　　　图 4-19　"指针经过"关键帧中的内容

Step 05 单击时间轴上的"按下"帧，按【F6】键插入关键帧，使用"颜料桶"工具将"图 1"改为绿色填充。选中"图 1"按【F8】键将其转换成图形元件，调整其透明度，如图 4-20 所示。

Step 06 单击时间轴上的"点击"帧，按【F6】键插入关键帧，如图 4-21 所示。因为"点击"关键帧中的内容是定义响应鼠标单击的区域，而此区域在测试时不可见，所以什么颜色都不会显示出来。"弹起"关键帧中的内容为空。

Step 07 回到场景 1。单击"按钮元件"图层的第 1 帧，将库中的"1# 教学楼"按钮元件拖到图中的"1# 教学楼"区域，如图 4-22 所示。

Step 08 使用同样的方法创建"图书馆"和"太阳广场"按钮元件，并拖至对应的区域。

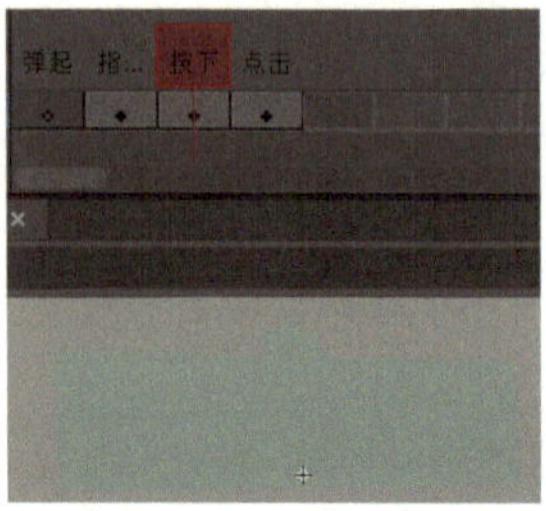

图 4-20 "按下"关键帧中的内容 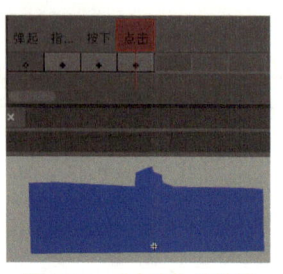    图 4-21 "点击"关键帧中的内容     图 4-22 将按钮元件拖至对应的区域

### 4.2.2 拓展模式——电商商品指引

> 任务效果图 （图 4-23）

> 关键步骤

视频：电商商品指引

动画描述：动画包含了 4 个页面，商品主页面（第 1 帧）、风衣详情页（第 3 帧）、T 恤衫详情页（第 5 帧）和牛仔裤详情页（第 7 帧），4 个页面分别放在"商品页面"图层的不同帧中，如图 4-24 所示。影片播放时首先显示如图 4-23 所示的商品主页面，将光标移至风衣位置，单击即可跳转到第 3 帧显示风衣详情页；单击风衣详情页中的"返回"按钮回到第 1 帧商品主页面。使用同样的操作可以查看 T 恤衫详情页和牛仔裤详情页。

图 4-23 电商商品主页效果图 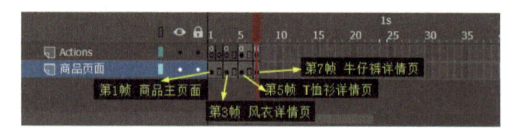    图 4-24 各详情页所在帧

风衣详情页、T 恤衫详情页和牛仔裤详情页分别如图 4-25 至图 4-27 所示。

图 4-25 风衣详情页     图 4-26 T 恤衫详情页     图 4-27 牛仔裤详情页

第 4 部分　元件创建与重用

任务分析：动画中除了上面介绍的利用按钮元件特点进行区域指示，还使用了按钮元件的交互功能，使用按钮元件实现帧的跳转。以下是完成本任务的关键步骤。

**Step 01** 打开素材中的"素材 - 电商商品指引 .fla"文件。在文件中已创建了"商品页面"图层，将商品主页面及各详情页分别放置在第 1、3、5、7 帧中。

**Step 02** 按照 4.2.1 节基础模式中介绍的方法依次创建"风衣按钮"、"T 恤衫按钮"和"牛仔裤按钮"按钮元件。创建完成后，单击"商品页面"图层的第 1 帧，依次将各按钮元件拖至相应区域位置，实现各商品的指引。

**Step 03** 选中第 1 帧中的"风衣按钮"元件实例，在"属性"面板中设置其实例名称为"fy"，如图 4-28 所示。依次为"T 恤衫按钮"和"牛仔裤按钮"元件实例设置名称为"tx"和"nzk"。

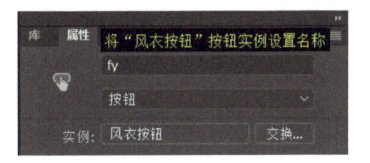

图 4-28　为按钮元件实例命名

**Step 04** 选中第 1 帧中的"fy"元件实例，选择"窗口"→"代码片段"命令，打开"代码片段"面板，如图 4-29 所示，双击"Mouse Click 事件"代码片段，打开"动作"面板，如图 4-30 所示；在图中的黄框区域中可添加能影响当前对象在舞台上行为的代码，此处添加代码"this.gotoAndStop(this.currentFrame+2);"。此代码的功能是，若在舞台上单击"fy"元件实例，则会跳转并停止到当前帧 +2 帧的位置，即跳转到第 3 帧并停在此帧。

图 4-29　"代码片段"面板　　　图 4-30　"动作"面板

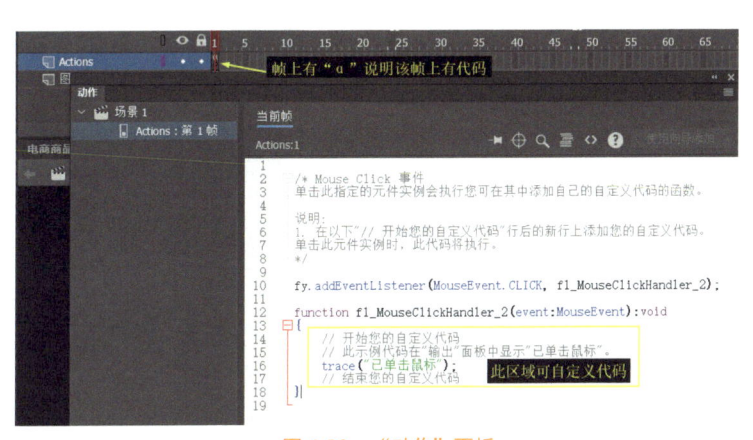

使用同样的方法为"tx"和"nzk"元件实例添加代码，如图 4-31 所示。按【Ctrl+Enter】组合键对影片进行测试，发现图片是流动播放的，为了让画面停止在第 1 帧位置，需要在图 4-31 中添加代码"stop();"。

同时会发现在时间轴其他图层之上自动添加了一个"Actions"图层。

**Step 05** 新建"返回按钮"元件，在其 4 个关键帧中都创建一个文本框（其他帧可复制得到），内容为"返回"，如图 4-32 所示。创建该元件的目的是从各详情页返回商品主页面。

**Step 05** 将"返回按钮"元件拖放到第 3 帧、第 5 帧和第 7 帧详情页的右上方位置，在如图 4-28 所示的对话框中分别将其命名为"butt1""butt2""butt3"。

· 89 ·

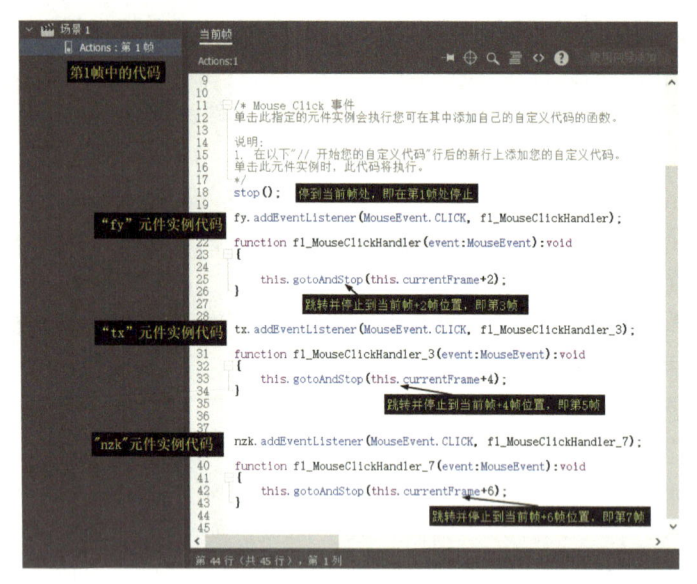

图 4-31 第 1 帧中的代码

**Step 06** 单击"商品页面"图层的第 3 帧，选中图 4-25 中的"butt1"元件实例返回，使用 Step04 中的方法打开如图 4-30 所示的"动作"面板，添加语句"this.gotoAndStop(this.currentFrame-2);"。该语句的功能是跳转并停止到当前帧 -2 帧位置，即返回到第 1 帧。

同样，对第 5 帧和第 7 帧中详情页中的"butt2""butt3"元件实例设置代码，如图 4-33 所示。此时的时间轴如图 4-34 所示。

图 4-32 "返回按钮"元件　　图 4-33 "返回按钮"元件代码　　图 4-34 时间轴

## 4.2.3 相关知识

### 1. 使用和编辑元件

元件是存放在库中可被重复使用的位图、动画、图形、按钮、声音及字体，是构成动画的基础。

（1）元件类型。元件主要有三种类型：影片剪辑元件、图形元件、按钮元件。此外，还有一种特殊的元件——字体元件。字体元件用于保证在计算机没有安装所需字体的情况下，也可以正确显示文本内容，因为 An 会将所有字体信息通过字体元件存储在 SWF 中。只有在使用动态文本或输入文本时才需要通过字体元件嵌入字体；如果使用静态文本，则不必通过字体元件嵌入字体。

创建字体元件的方法：选中舞台中的文本，在其"属性"面板中单击"嵌入"按钮，打开"字体嵌入"对话框，如图 4-36 所示。在"名称"文本框中输入字体元件的名称；在"系列"下拉列表框中选择需要嵌入的字体，或将字体的名称输入框中；在"字符范围"列表中选中要嵌入的字符范围对应的复选框，嵌入的字符越多，发布的 SWF 文件会越大。当将某种字体嵌入库中之后，就可以将它用于舞台上的文字了。

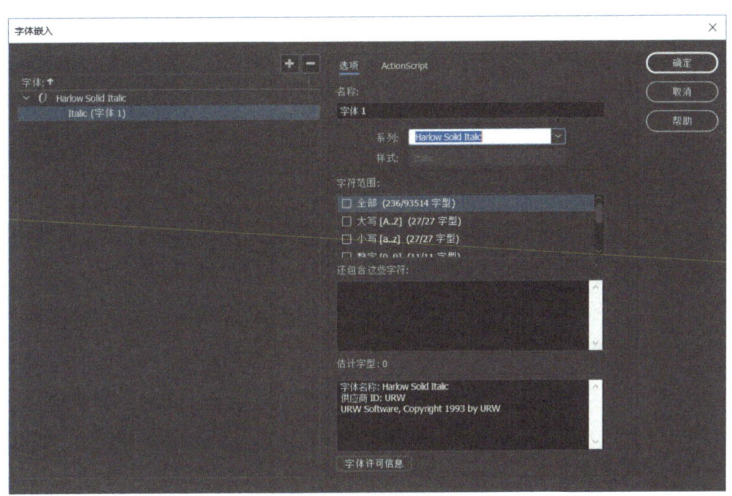

图 4-35　"属性"面板　　　　　　　　图 4-36　"字体嵌入"对话框

（2）复制元件。复制元件有两种操作：复制元件和直接复制元件。这两种复制方式是完全不同的概念。

- 复制元件是将元件复制一份相同的元件，修改一个元件时，另一个元件也会发生相同的改变。打开"库"面板，选中元件并右击，在弹出的快捷菜单中选择"复制"命令，如图 4-37 所示，然后在舞台中选择"编辑"→"粘贴到中心位置"命令或"粘贴到当前位置"命令，即可将复制的元件粘贴到舞台中。此时，修改粘贴后的元件，原有元件也会随之改变。
- 直接复制元件是以当前元件为基础，创建一个独立的新元件，不论修改哪个元件，都互不影响。打开"库"面板，选中需要直接复制的元件并右击，在弹出的快捷菜单中选择"直接复制"命令，如图 4-37 所示，打开"直接复制元件"对话框。在该对话框中可以更改直接复制元件的名称、类型、文件夹等属性，如图 4-38 所示。这样复制的元件是独立的两个元件，操作其中一个元件不会影响另一个元件。在 An 应用中，使用直接复制元件操作更为普遍。

（3）编辑元件。创建元件之后，常常需要编辑修改元件以满足实际需要。An 提供了以下三种编辑元件的环境。

图 4-37　库中元件的快捷菜单 　　　　　图 4-38　"直接复制元件"对话框

- 元件编辑模式：在舞台上选中需要编辑的元件实例并右击，在弹出的快捷菜单中选择"编辑"命令，即可进入元件编辑窗口，编辑栏上显示正在编辑元件的类型和名称，如图 4-39 所示。编辑完成后，单击编辑栏中的"场景 1"或"返回"按钮，即可返回主场景。
- 在当前位置编辑元件。在舞台上选中需要编辑的元件实例（鱼）并右击，在弹出的快捷菜单中选择"在当前位置编辑"命令，即可进入该编辑模式，如图 4-40 所示。

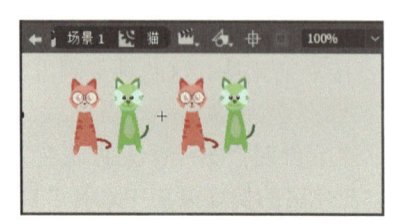

图 4-39　元件编辑窗口 　　　　　　　　图 4-40　当前位置编辑模式

- 在新窗口中编辑。要想在新窗口中编辑元件，可以右击舞台中的元件实例，在弹出的快捷菜单中选择"在新窗口中编辑"命令，直接打开一个新窗口，并进入元件的编辑状态，如图 4-41 所示。该模式下编辑完元件后，需要关闭该窗口，才能返回原来的工作区。

### 2. 创建和使用实例

（1）创建实例。创建元件之后，可以在文档中的任何地方（包括在其他元件内）创建该元件的实例。修改元件时，An 会更新该元件的所有实例。可以在"属性"面板中为实例设置名称，在 ActionScript 中使用实例名称来引用实例，如图 4-42 所示。

（2）编辑实例属性。每个元件实例都各有独立于该元件的属性，可以更改实例的色调、透明度和亮度，重新定义实例的行为（如把图形更改为影片剪辑），还可以设置动画在图形实例内的播放形式，也可倾斜、旋转或缩放实例，这些并不会影响元件。

图 4-41　新窗口中编辑模式　　　　　　　图 4-42　设置元件实例名称

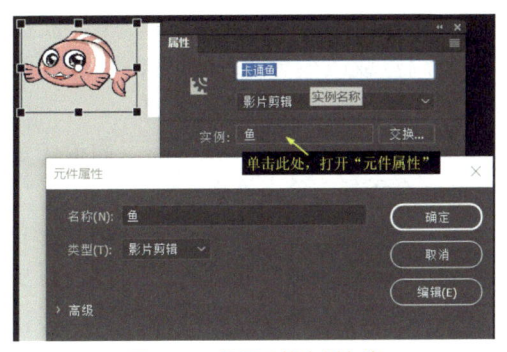

（3）更改实例的颜色和透明度。每个元件实例都可以有自己的色彩效果。要设置实例的颜色和透明度等选项，需要在"属性"面板中进行设置，如图 4-43 所示。

（4）交换元件实例。假设当前正在使用"Monkey"作为影片中的角色，但后来决定将该角色改为"Tiger"，这时可以用"Tiger"元件替换"Monkey"元件，并让更新的角色显示在所有帧中大致相同的位置上。交换元件实例的方法：在舞台上选中该实例，然后在其"属性"面板中单击"交换"按钮，打开"交换元件"对话框，在此选择替换的元件"Tiger"即可，如图 4-44 所示。

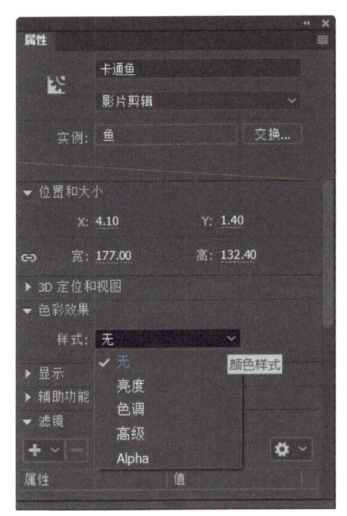

图 4-43　设置元件实例属性　　　　　　　图 4-44　交换元件

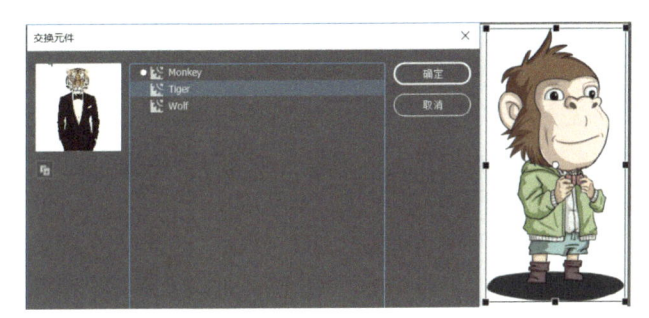

### 3. 使用库管理元件

An 项目可包含成百上千个数据项，如元件、位图、声音、视频等资源，要对这些数据项进行操作并进行跟踪和管理是一件烦琐的工作。An 提供一个管理数据项的强大工具——"库"面板。"库"可以理解为保存元件和创作资源的文件夹，在这个文件夹中可以非常方便地对项目资源进行管理。

（1）认识元件库。创建一个 An 文件后"库"就自动建立了，初始状态下库中不包含任何元件等数据项。若创建了元件或导入了外部素材，他们将自动保存并显示在"库"面板中。选择"窗口"→"库"命令即可调出"库"面板，如图 4-45 所示。

（2）使用库中的元件。在"库"面板中可以快速浏览或改变元件的属性、更改其类型、对库项目进行排序及删除库项目。

- 查看元件属性。在"库"面板中选中一个元件，单击"库"面板底部的"属性"按钮，即可打开如图 4-46 所示的"元件属性"对话框，在此可以进行更改元件类型、编辑元件等操作。
- 库项目排序。单击选择"库"面板中某一栏标题，指定排序依据，单击排序按钮切换排序方式并进行排序，如图 4-47 所示。

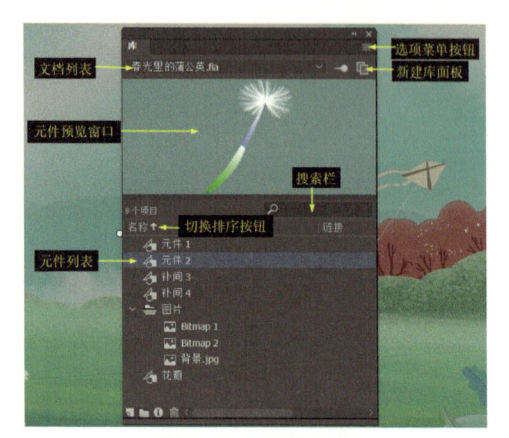

图 4-45　"库"面板

图 4-46　"元件属性"面板

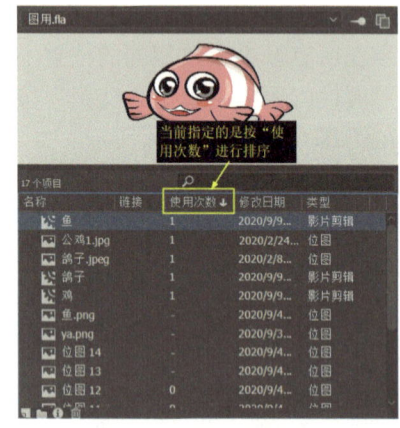

图 4-47　库项目排序

注意：排序时每个文件夹将独立排序，不参与项目的排序。

- 搜索库项目。在"库"面板中的搜索框中输入搜索项目的名称，可以快速搜索项目。
- 删除库项目。在"库"面板中选中一个或多个要删除的项目，选定的项目将突出显示，单击"库"面板底部的"删除"按钮即可。

（3）使用其他影片中的元件。除了存放当前文档的元件，An 还支持导入其他文档中的元件，导入后可以像编辑自身元件一样对其进行操作。编辑一个元件不影响其他文件中相同的元件。打开多个 An 文档，将要引入其他文档中元件的文档作为当前文档。打开"库"面板，在面板顶部"文档列表"下拉列表中选择包含要调用元件的 An 文件，"库"面板下方将显示打开的 An 文件中使用的所有文件，将库中的元件拖至当前影片的舞台中，则调用的元件以初始名称自动添加到当前文档的库项目列表中，如图 4-48 所示。若调用的元件与当前库中的某个元件有相同的名称，An 将在调用的元件名称后添加一个数字以示区别。

（4）共享库资源。

- 使用共享库资源，可以将一个 An 文件"库"面板中的元素共享，供其他文件使用。

# 第 4 部分　元件创建与重用

这一功能在制作大型 An 影片或小组开发时非常实用。

- 设置共享库。首先打开要将其"库"面板设置为共享库的 An 文件，然后打开"库"面板，单击面板右上方的"选项菜单"按钮，在弹出的菜单中选择"运行时共享库 URL"命令，打开"运行时共享库（RSL）"对话框，如图 4-49 所示，在 URL 文本框中输入共享库所

图 4-48　调用其他影片中的元件

在文件的 URL 地址。若共享库影片在本地硬盘上，可使用例如"file:///f:/gx/pgy.fla"这样的格式，单击"确定"按钮，即可将该库设置为共享库。

- 设置共享元素。设置完共享库，还可以将"库"面板中的元素设置为共享。首先打开包含共享库的文档，在其"库"面板中右击需要共享的元素，在弹出的快捷菜单中选择"属性"命令，打开"元件属性"对话框，单击"高级"按钮展开高级选项，在"运行时共享库"选项组中勾选"为运行时共享导出"复选框，如图 4-50 所示，单击"确定"按钮即可将选中的元素设置为共享元素。

图 4-49　"运行时共享库"对话框　　图 4-50　"元件属性"对话框

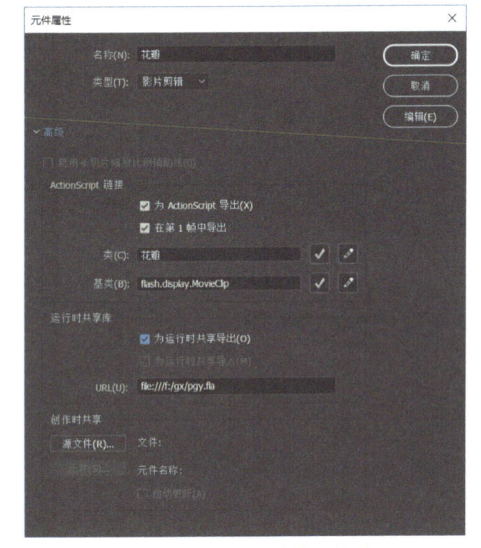

- 使用共享元素。在动画影片中如果重复使用了大量相同的元素，则会大幅度减小文件的容量，使用共享元素可以达到这个目的。要使用共享元素，可先打开要使用共享元素的文档，然后选择"文件"→"导入"→"打开外部库"命令，在弹出的对话框中选择一个包含共享库的文档，单击"打开"按钮，选中共享库中需要的元素，将其拖到舞台中，这时在该文件的"库"面板中将会出现该共享元素。

**4. 通过代码片段添加交互性**

"代码片段"面板可以使非编程人员轻松使用简单的 JavaScript 和 ActionScript3.0。借助该面板，可以将代码添加到 FLA 文件以启用常用功能，而不需要 JavaScript 或 ActionScript 3.0 方面的知识。

利用"代码片段"面板，可以添加能影响对象在舞台上行为的代码，添加能在时间轴中控制播放头移动的代码，将创建的新代码片段添加到面板中。

### 4.2.4 常见问题

问题 1：不能为选中的对象设置透明度、亮度、色调等色彩效果。**解决方法**：不能设置的原因可能是当前对象不是元件，需要将其转换为影片剪辑、图形或按钮元件。

问题 2：编写的代码检查无误，但是不能正常运行。**解决方法**：可能的原因是代码中的符号不是西文符点符号。

# 第 5 部分

# 基本动画制作

**课程概述**

本部分课程将学习以下内容：

- 传统补间动画创建与应用；
- 补间动画创建与应用；
- 逐帧动画创建与应用。

通过学习本部分内容可以掌握以下知识与技能：

- 熟练掌握传统补间动画的基本制作方法；
- 熟练掌握逐帧动画的创建方法；
- 熟练掌握动作补间动画的创建方法；
- 能够根据实际需要选择相应的动画技术。

补间动画是 An 中最基本的动画，也是其他动画和复杂动画的基础。An 可以创建两种类型的补间动画：补间动画和传统补间动画。虽然传统补间动画比较古老，但仍然是一种很受欢迎的动画创建方式，使用它可以创建位置、透明度、色彩、缩放、旋转、速度等变化的动画。补间动画与传统补间动画有相似之处，它用来创建运动、大小、滤镜、旋转及颜色效果等变化的动画。

# 5.1 传统补间动画

传统补间是对两个关键帧之间的元件实例属性的变化进行动画处理,属性包括如"大小""位置""颜色""旋转""角度""透明度"等。使用传统补间动画可以制作出基础且又千变万化的动画效果。在制作传统补间动画时,只需对最后一个关键帧中的对象进行改变,其中间的变化过程即可自动形成。

视频：传统补间动画基础操作

## 5.1.1 基础模式——位置和速度补间动画：拍皮球的小女孩

### 任务描述

通过制作小女孩拍球动作和皮球上下运动的动画,介绍利用传统补间实现对象位置和速度变化的动画。

### 任务效果图 （图 5-1）

视频：拍皮球的小女孩

图 5-1 拍皮球的小女孩效果图

### 任务实现

☆ 基础操作

①创建传统补间动画的基本步骤。An 要求传统补间的对象必须是元件,所以首要将动画对象转换成元件。一个最基本的传统补间动画需要两个关键帧,如图 5-2 所示,第 1 帧和第 20 帧是两个关键帧,分别放置了两种属性状态（如大小的变化）的元件,将光标放在两帧之间的任意位置并右击,在弹出的快捷菜单中选择"创建传统补间"命令,即可在两帧之间创建一个传统补间。

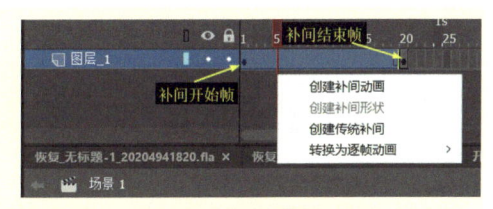

图 5-2 创建传统补间

②帧操作快捷键。在 An 中"帧"分为 4 类：关键帧、空白关键帧、普通帧和过渡帧。各类帧的作用、标识及快捷操作如表 5-1 所示。

表 5-1 各类帧的作用、标识及快捷操作

| 帧分类 | 作用 | 时间轴上的标识 | 新建帧 | 删除帧 |
| --- | --- | --- | --- | --- |
| 关键帧 | 指角色或物体运动或变化中的关键动作所处的那一帧 | 实心圆点 | F6 | Shift+F6 |
| 空白关键帧 | 没有内容的关键帧 | 空心圆点 | F7 | Shift+F7 |

续表

| 帧分类 | 作用 | 时间轴上的标识 | 新建帧 | 删除帧 |
|---|---|---|---|---|
| 普通帧 | 为了对某一关键帧的内容进行延续，需要插入普通帧 | 无明显标记，颜色较深一些 | F5 | Shift+F5 |
| 过渡帧 | 补间动画或形状补间动画中间自动生成的紫色或绿色的帧 | | | |

本任务主要由两个传统补间动画组成：一是皮球上下运动的动画，二是小女孩拍球动作动画。

**Step 01** 打开素材中的"素材-拍皮球的小女孩.fla"文件，文件中已将草地背景图片放置到"草地"图层，当前库中已导入"球"和"小女孩"图片文件。

**Step 02** 新建影片剪辑元件"球上下运动动画"，单击图层的第1帧，将库中的"球.png"拖至舞台中并选中，按【F8】键将其转换为元件（元件名随意）；单击第15帧，按【F6】键创建关键帧，使用同样的方法在第30帧处也创建一个关键帧。这时在时间轴上，3个关键帧都具有相同内容。

**Step 03** 单击第15帧，将当前帧的球元件向下拖放一段距离，然后在第1帧和第15帧之间、第15帧和第30帧之间分别创建一个传统补间，时间轴如图5-3所示。按【Enter】键测试，可以看到球已经能够上下运动了。

**Step 04** 为了使球运动看上去更加真实，应为动画设置缓动强度和旋转效果。缓动强度的取值范围是-100～100，值越大运动速度越快。单击第1帧至第15帧之间的任意位置，在其"属性"面板中设置如图5-4所示的缓动强度、旋转方式和次数。使用同样的方法设置第15至第30帧之间的缓动强度为"100"，逆时针旋转1次。"球上下运动动画"影片剪辑元件制作完成。

图5-3 时间轴上的传统补间

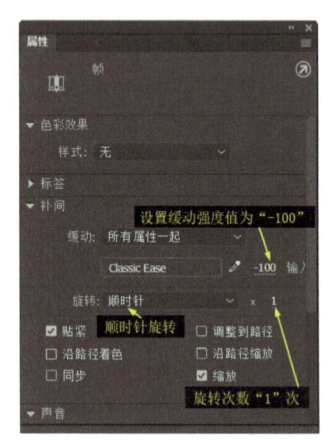

图5-4 设置缓动强度、旋转方式和次数

说明：第1帧至第15帧是球下降的过程，在第1帧时球的势能最大、动能最小，所以速度越来越快，因此缓动强度应设置一个比较小的值。后阶段动能从大到小，所以缓动强度设置一个比较大的值，使得该阶段速度越来越慢。

**Step 05** 新建影片剪辑元件"小女孩手臂动作"，命名当前图层为"女孩"，在其上新建图层"手臂动作"。将库中的"小女孩.png"图片拖到舞台，按【Ctrl+B】组合键打散，使用"铅笔工具"或"钢笔工具"将右臂分离出来,并对右臂缺失的部分适当添补,如图 5-5 所示。将只有左臂的小女孩组合,将右臂转换为图形元件"右臂",然后删除舞台上的"右臂"。

**Step 06** 将"女孩"图层的帧延长至第 30 帧(在第 30 帧处按【F5】键插入普通帧),锁定该图层。单击"手臂动作"图层的第 1 帧,将库中元件"右臂"拖至舞台中,将其中心点拖到肩膀处,并旋转上移"右臂",如图 5-6 所示,则后面动画将以中心点为轴做旋转运动。分别在第 15 帧和第 30 帧处插入关键帧,将第 15 帧处的"右臂"向下旋转移动。

**Step 07** 在第 1 帧和第 15 帧之间、第 15 帧和第 30 帧之间分别创建一个传统补间。"小女孩手臂动作"影片剪辑元件制作完成。

**Step 08** 回到场景 1,新建两个图层,如图 5-7 所示,分别将库中的"小女孩手臂动作"影片剪辑元件和"球上下运动动画"影片剪辑元件拖至这两个图层。

图 5-5　将右臂分离并转换为元件 　　图 5-6　设置中心点并上移右臂位置 　　图 5-7　场景 1 图层

## 头脑风暴

按【Ctrl+Enter】组合键对影片进行测试,可以根据实际效果自己进行调整,比如可以将"小女孩手臂动作"元件中的图层上下互换位置,以及调整缓动强度等。

### 5.1.2　基础模式——缩放和透明度补间动画:下雨动画

**任务描述**

通过制作水波动画和雨线动画,介绍利用传统补间实现对象缩放和透明度变化的动画。

**任务效果图**(图 5-8)

视频:下雨动画

图 5-8　下雨动画效果图

**任务实现**

**Step 01** 打开素材中的"素材 - 下雨动画 .fla"文件,文件中已将背景图片放置到"背景"图层,当前库中已导入音频文件"rain.wav"。

**Step 02** 新建影片剪辑元件"波",单击图层的第 1 帧,绘制一个笔触高度 0.1 像素、白色边线、无填充的小椭圆,并将其转换为元件。在第 10 帧处创建一个关键帧,将椭圆以中心点为中心放大,并将其透明度设置为 0。在第 1 帧和第 10 帧之间创建一个传统补间。

**Step 03** 将光标放在"图层_1"左侧名称位置并右击,在弹出的快捷菜单中选择"复制

图层"命令，会在当前图层上方得到一个相同内容的图层"图层_1_复制"，如图5-9所示。单击上方图层左侧图层名称位置，选中当前图层上的所有帧，使用鼠标向右拖动到合适位置，这样会将所有帧向后拖离，如图5-10所示。水波动画制作完成。

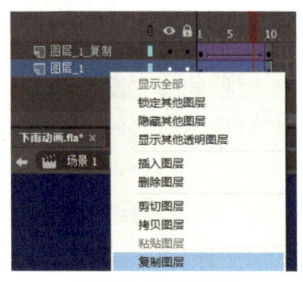

图5-9　复制图层

图5-10　水波动画时间轴效果

**Step 04** 新建影片剪辑元件"雨"，单击图层的第1帧，绘制一个笔触高度0.1像素的白色直线，将直线转换为图形元件。在第10帧处创建关键帧，将直线向下拖动一定距离。有第1帧和第10帧之间创建补间动画。雨线下落动画制作完成。

**Step 05** 回到场景1，新建3个图层"水波""雨""下雨声"。单击"水波"图层的第1帧，将库中的"波"元件拖到舞台，多拖几个并设置不同大小和远近位置，并为远处的"波"元件实例设置一定的半透明效果。在第20帧处创建关键帧，再拖几个"波"元件过来，并进行大小、位置和透明度的设置。使用同样的方法设置第40帧的内容。

**Step 06** 使用同样的方法设置"雨"图层中第1帧、第20帧和第40帧的内容，效果如图5-11所示。

图5-11　新建3个图层时间轴效果

**Step 07** 单击"下雨声"图层的第1帧，将库中"rain.wav"音频文件拖到舞台中的任意位置，就可以将下雨声音添加到动画中了。

### 5.1.3　基础模式——角度补间动画：开关门动画

**任务描述**

通过制作开关门动画，介绍利用传统补间实现角度补间动画。

视频：开关门动画

第 5 部分　基本动画制作

◎ 任务效果图 （图 5-12）

◎ 任务实现

**Step 01** 打开素材中的"素材-开关门动画.fla"文件，文件中已将背景图片放置到"背景"图层，当前库中已导入"房屋.png"图片文件。

**Step 02** 新建图层"房屋"，将库中的"房屋.png"文件拖到舞台中并选中，选择"修改"→"位图"→"转换位图为矢量图"命令将图片转换为矢量图。选中门图形部分，拖出并将其转换为元件"门"，删除舞台上的门图形，对剩余部分图形进行组合。

图 5-12　开关门动画效果图

**Step 03** 新建图层"开关门动画"，锁定其他图层。将库中的"门"元件拖到舞台中，对其进行水平翻转，然后将其放在房屋中门的位置，设置大小。将其中心点拖至左侧位置，如图 5-14 所示。在第 20 帧处创建关键帧，按【Q】键，使用"旋转与倾斜"工具 调整"门"元件的倾斜度，使用"缩放"工具 调整"门"元件的宽度，调整后的效果如图 5-14 所示。

**Step 04** 在第 30 帧处创建关键帧，在第 45 帧处创建空白关键帧，将第 1 帧中的内容复制到第 45 帧中的相同位置。分别在第 1 帧和第 20 帧之间、第 30 帧和第 45 帧之间创建传统补间。测试影片会发现门开关动画循环播放，这是因为默认状态下影片会循环播放。若想让门只开关一次，可以在第 45 帧处加 stop 语句，方法是：单击第 45 帧，按【F9】键，打开"动作"面板，在当前页面中输入语句"stop();"。

图 5-13　将门分离出来　　　图 5-14　设置"门"元件大小、位置和中心点　　　图 5-15　调整后效果

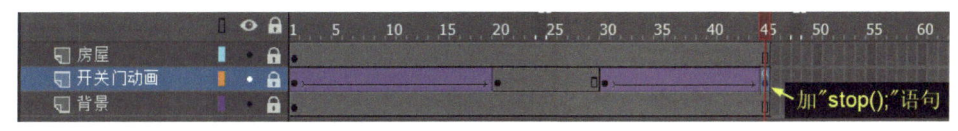

图 5-16　加 Stop 语句

**Step 05** 新建图层"室内"，单击第 1 帧，绘制一个门大小的矩形，如图 5-17 所示。将该图层调整到"背景"图层的上边。最后，将其他图层的帧都补足到第 45 帧，完成后的时间轴如图 5-18 所示。

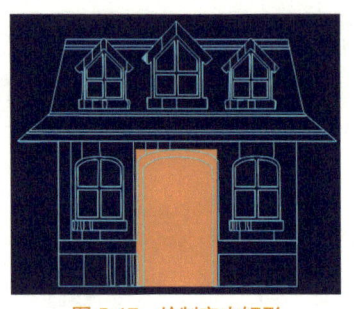

图 5-17　绘制室内矩形

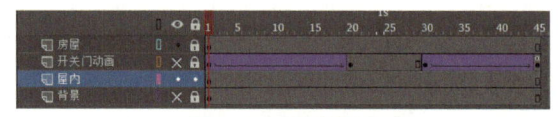

图 5-18　时间轴效果

提示：为了比较精确地绘制门的大小，可以将其他图层设置为轮廓模式，如图 5-18 所示。

## 5.1.4　拓展模式——天边消失的云

**任务效果图**（图 5-19）

**关键步骤**

动画描述：大海深处，夕阳西下，天空中大大小小的云彩层层叠叠飘向远方。

图 5-19　天边消失的云效果图

**step 01** 打开素材中的"素材 - 天边消失的云 .fla"文件，文件中已将背景图片放置到"背景"图层，当前库中已导入"白云 .jpeg"图片文件。

**step 02** 制作"飘走的白云"图形元件。

①在"背景"图层上面新建一个图层，将库中的白云图片拖到舞台中并转换为元件，白云元件实例（以下简称"实例"）的位置如图 5-20 所示。

②在第 70 帧处创建关键帧，等比例放大实例，在"对齐"面板中设置与舞台对齐方式为水平中齐，如图 5-21 所示。在第 1 帧和第 70 帧之间创建传统补间。

③在第 35 帧处创建关键帧。单击图层名称位置选中当前图层所有帧，将光标放到任意帧位置上右击，在弹出的快捷菜单中选择"翻转帧"命令，将帧前后翻转。测试影片看一下效果。

④将光标放到当前图层名称位置并右击，在弹出的快捷菜单中选择"剪切图层"命令。新建一个图形元件"飘走的白云"，同样操作使用"粘贴图层"命令将剪切的图层粘贴到当前元件中。

**step 03** 回到场景 1，在"背景"图层上面新建图层"白云"。将"飘走的白云"元件拖到舞台海平面

图 5-20　白云元件实例的位置

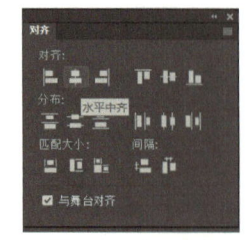

图 5-21　水平中齐

· 104 ·

上面位置，设置水平中齐，在"属性"面板中设置第一帧起始为"20"帧，如图 5-22 所示。使用同样的方法，再拖过两个元件到舞台，按【Shift+Alt】组合键对实例进行等比例缩小，分别设置第一帧起始为"40"帧和"60"帧，如图 5-23 所示。在第 70 帧处创建一个普通帧。

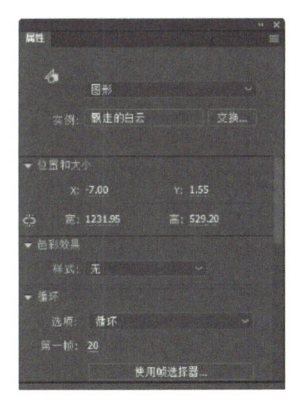

图 5-22　第一帧数设置

图 5-23　3 个实例在舞台上的效果

#### 头脑风暴

　　按照自己的想法，在上面动画的基础上构思一下场景，比如添加小船在海面上行驶的动画。是否还会想到让静态的海面动起来，或者小船按照一定的路线从远到近或从近到远行驶，要实现这些动画需要用到遮罩动画和引导层动画，后面章节中会介绍，但是一定要有自己的构想。

### 5.1.5　拓展模式——随风飘散的文字

#### 任务效果图（图 5-24）

#### 关键步骤

　　翩翩时光，寂寂远行，回首岁月茫茫，往事如掠过枝头的风，一去了无痕。

　　本任务主要由"动态波浪线条""飘散的文字""背景变色"影片剪辑元件组成，以下主要介绍这 3 个元件的制作过程。

图 5-24　随风飘散的文字效果图

**Step01** 打开素材中的"素材 - 随风飘散的文字 .fla"文件，当前库中已导入"往事如风背景 .jpg"图片文件。

**Step02** 制作影片剪辑元件"波浪线条"。新建影片剪辑元件"波浪线条"，绘制一个白色极细线条并调整为弧形，复制弧形并将其垂直翻转，然后将两个弧形接成一个波浪线，如图 5-25 所示。重复几次上面的操作（只复制不翻转），得到如图 5-26 所示较长的单条波浪线。

· 105 ·

图 5-25 波浪线　　　　　　　　　图 5-26 单条波浪线效果

将波浪线条转换为图形元件，然后选中波浪线条，在"对齐"面板中选择"左对齐"，如图 5-27 所示。在第 100 帧处创建关键帧，选中波浪线条，在"对齐"面板中选择"水平中齐"。在第 1 帧和第 100 帧之间创建传统补间。

**Step 03** 制作影片剪辑元件"动态波浪线条"。新建影片剪辑元件"动态波浪线条"，将库中的"波浪线条"元件拖到舞台中，按住【Ctrl】键的同时滑动鼠标中轮缩小屏幕显示比例。选中波浪线，按【Ctrl+C】组合键，再按【Ctrl+Shift+V】组合键，然后按【↓】键 4 次，按【←】键 4 次，调整复制波浪线的位置。重复上面操作多次，得到如图 5-28 所示多条波浪线效果。

图 5-27 设置对齐方式　　　　　　　图 5-28 多条波浪线效果

**Step 04** 制作影片剪辑元件"飘散的文字"。新建影片剪辑元件"飘散的文字"。创建文本"往事如风"，按【Ctrl+B】组合键将文本打散，得到独立的单个文字，效果如图 5-29 所示。将每个字依次转换为图形元件。

选中 4 个文字，选择"修改"→"时间轴"→"分散到图层"命令将它们分散到图层，这时系统会自动创建 3 个图层，每个图层上一个文字，如图 5-30 所示。

在每个图层的第 30 帧处创建关键帧，将 4 字文本拖到右上方位置。选中"往"字，将其垂直翻转并设置透明度为 0，在第 1 帧和第 30 帧之间创建传统补间，然后可以对文字设置一个顺时针旋转动画，如图 5-31 所示。为其他 3 个文字进行同样的设置。

图 5-29 打散为单个文字　　图 5-30 文字被分散到单独图层　　图 5-31 "往"字旋转动画设置

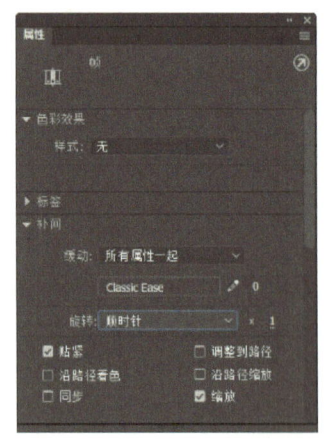

将上面 3 个图层中的帧向右移动几个帧，时间轴效果如图 5-32 所示。

**Step 05** 制作影片剪辑元件"背景变色"。新建影片剪辑元件"背景变色"。将当前图层的名称改为"变色矩形"，在非绘制模式下，绘制一个宽为 600 像素、高为 340 像素、无边线、绿色填充的矩形，设置对齐方式为"水平中齐""垂直中齐"。分别在第20、第40、第60、第80、第100帧处创建关键帧，并为关键帧中的矩形修改不同的填充颜色。删除第100帧中的内容。

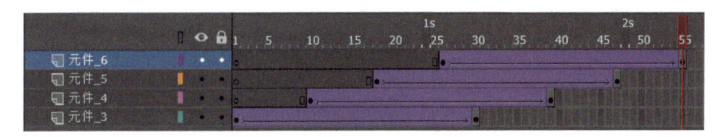

图5-32 移动帧后时间轴效果

将光标放在第1帧和第20帧之间，右击，在弹出的快捷菜单中选择"创建补间形状"命令。依次在其他帧之间创建补间形状，锁定"变色矩形"图层。

注意：上面是创建补间形状动画而不是传统补间动画。

在"变色矩形"图层上面新建图层"图片"。将库中的"背景"图片拖到舞台中，设置大小为宽为600像素、高为340像素，设置对齐方式为"水平中齐""垂直中齐"，将图片转换为影片剪辑元件。

选中第1帧中的图片，在"属性"面板→"显示"→"混合"列表中选择"滤色"命令，如图5-33所示。在第100帧处创建普通帧。

**Step 06** 回到场景1，创建如图5-34所示的图层，将库中已创建元件拖到对应图层中。

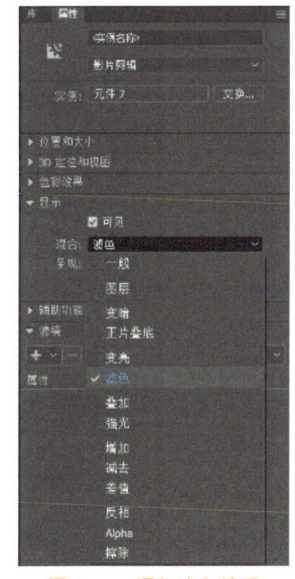

图5-33 添加滤色效果　　图5-34 添加滤色效果

> **头脑风暴**
>
> 若对上面影片效果不满意，可以更改"变色矩形"的颜色，也可以在图5-33中尝试不同的混合效果。若白色波浪线条不明显，也可以尝试设计其他亮度、色调等。

## 5.1.6 应用模式——倒车入库模拟演示

◎ 任务效果图（图5-35）

◎ 重点提示

制作倒车入库模拟演示动画。本任务的关键是分析这个演示动画共有几个动作环节，每个动作环节需要演示多长时间，以及时间如何分配。也要考虑如何分图层等问题，可参考如图5-36所示的时间轴。

图5-35 倒车入库模拟演示效果图

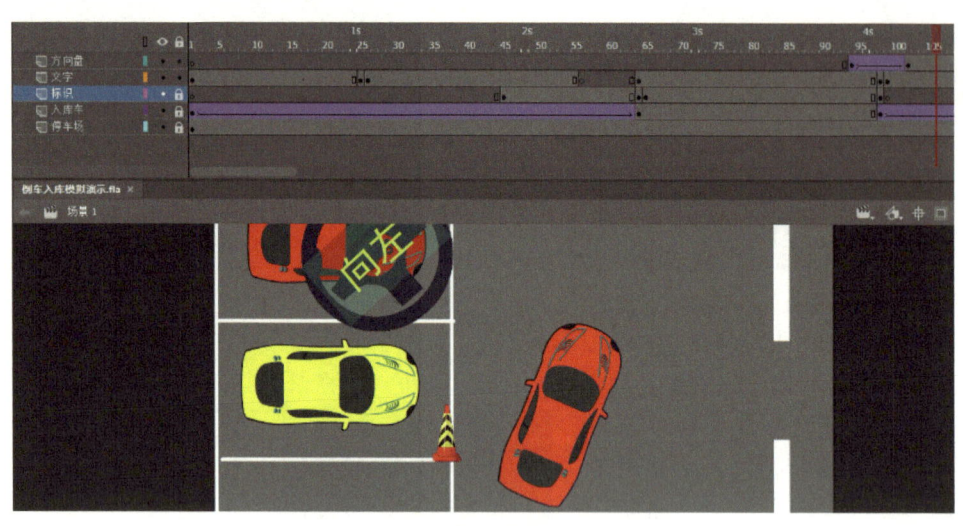

图 5-36　时间轴

### 5.1.7　常见问题

**问题 1**：创建补间动画时出现提示对话框"将所选的内容转换为元件以进行补间"。**原因**：补间动画只能应用于元件，如果所选择的对象不是元件，则 An 会给出提示对话框，提示将其转换为元件。只有转换为元件后，该对象才能创建补间动画。

**问题 2**：导入到库中的图片文件一般都不是矢量图，比如在上面案例中，只有如图 5-37 所示的左侧绿色汽车图片文件，如果想产生多种颜色的汽车图片，则需要将该图片转换为矢量图，之后对图片的各个部位都可以进行编辑。

图 5-37　转换为矢量图之后得到不同颜色的汽车

## 5.2　补间动画

补间动画用于在 An 中创建动画运动，通过为第一帧和最后一帧之间的某个对象属性指定不同的值来创建，对象属性包括位置、大小、颜色、效果、滤镜及旋转。在 An 动画中，补间动画分两类：一类是形状补间，用于形状的动画；另一类是动画补间，用于图形及元件的动画。An 补间动画的类型包括：传统补间动画、形状补间动画和补间动画。

在创建补间动画时，可以选择补间中的任一帧，然后在该帧上移动动画元件。动画补间不同于传统补间和形状补间，An 会自动构建运动路径，以便为第一帧和下一个关键帧之间的各个帧设置动画。由于每个帧中未使用资源，补间动画会最大限度降低文件大小和文档中资源的使用。

## 5.2.1 基础模式——汽车疾驶动画

**任务描述**

利用补间动画，制作汽车在大桥上疾驶的动画。

视频：汽车疾驶动画

**任务效果图**（图 5-38）

**任务实现**

图 5-38 汽车疾驶动画效果图

**Step 01** 打开素材中的"素材-汽车疾驶动画.fla"文件，文件中已将背景图片放在当前图层作为背景，背景图层已延长至第 60 帧。

**Step 02** 新建图层"汽车疾驶"，将库中的"汽车"元件拖放到舞台中，调整大小，如图 5-39 所示。

**Step 03** 将光标放在第 1 帧处，右击，在弹出的快捷菜单中选择"创建补间动画"命令，在时间轴上得到一个补间范围（区域），如图 5-40 所示。

图 5-39 汽车起始位置

图 5-40 时间轴上的补间范围

**Step 04** 单击第 20 帧，将舞台上的"汽车"元件实例拖到大桥拐弯位置，并将其放大一些，这时会自动产生一根带有圆点的彩色线条，它用来表示运动的路径。

**Step 05** 单击第 21 帧，将第 20 帧处的汽车元件实例向前拖一点，将其水平翻转并适当放大。这时的效果如图 5-41 所示。

**Step 06** 单击第 40 帧，将第 21 帧的汽车元件实例向前拖放到如图 5-42 所示的位置，并将其放大。

**Step 07** 单击第 50 帧，将第 40 帧的汽车元件实例拖到舞台外面。

图 5-41 第 21 帧处汽车位置

**Step 08** 编辑运动路径。按【V】键切换到"选择工具"，跟调节直线一样调节运动路径的曲度，编辑调节后的路径如图 5-43 所示，动画制作完成。

图 5-42　第 40 帧处汽车位置

图 5-43　调节运动路径

## 5.2.2　应用模式——荷塘鱼景

**任务效果图**（图 5-44）

**重点提示**

夏日荷塘，蛙声一片，小鱼水中游，小荷才露尖尖角，早有蜻蜓立上头。

任务分析：本动画主要由 3 个补间动画组成："金鱼水中游"动画、"蜻蜓飞到荷花上"动画、"水波涟漪"动画。

图 5-44　荷塘鱼景效果图

**Step01** 制作"金鱼水中游"动画。

①创建图层"鱼"，在第 160 帧处创建一个普通帧。单击第 1 帧，将库中的"游泳的鱼"元件拖到舞台外面，调整其大小。

②创建补间动画，得到第 1 帧到第 160 帧的补间范围。将光标放在第 70 帧处，将第 1 帧处的元件实例拖到荷塘相应位置。使用同样的方法依次创建第 80、第 90、第 160 帧处的属性关键帧，路径如图 5-45 中橘色线条所示。

图 5-45　荷塘鱼景效

· 110 ·

③使用"选择工具"调节路径曲度以优化路径。对于路径的直角部分可以使用"部分选取工具"进行调节，如图5-46所示，按【Alt】键的同时单击A点处锚点拖动鼠标调节弧度，将直角变为圆角。

④要保证运动元件首尾帧与运动路径方向一致，需要进行"调整到路径"设置。勾选"属性"面板→"旋转"→"调整到路径"复选框，如图5-47所示。

图5-46　调节A点弧度

图5-47　调整到路径

**Step 02** 制作"蜻蜓飞到荷花上"动画。

①创建图层"蜻蜓"，在第160帧处创建一个普通帧。在第60帧处创建空白关键帧，将库中的"蜻蜓"元件拖到舞台左侧外，调整其大小。在第40帧处创建补间动画，时间轴如图5-48所示。

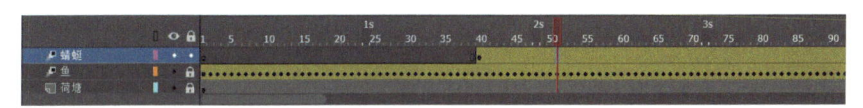

图5-48　时间轴

②将光标放在第80帧处，将"蜻蜓"元件实例拖到一个含苞欲放的荷花上，调整一下路径。

③将光标放在第81帧处，右击，在弹出的快捷菜单中选择"拆分动画"命令。单击第81帧并按住鼠标左键向后拖动，拖到第120帧处松开鼠标。然后单击第160帧，将"蜻蜓"元件实例拖出舞台，这样能够实现蜻蜓在第41帧到第79帧停在荷花上不动然后再飞走的动画。测试影片看一下动画效果。

**Step 03** 使用同样的方法制作"水波涟漪"动画，读者自己尝试完成。最后时间轴效果如图5-49所示。

## 头脑风暴

小鱼在荷塘里穿梭游戏，如果遇到有荷叶的地方，应该是在荷叶下穿过荷叶游动，想一下如何实现这个动画细节。另外，也可以设置青蛙在荷叶之间蹦跳的动画，设想一个场景。也可以设计"雨中荷塘"场景动画并实现。

图 5-49　时间轴和场景效果

## 5.2.3　相关知识

### 1. 创建补间动画

补间动画是 An 中的一种动画类型，它允许用户通过鼠标拖动舞台上的对象来创建动画，使动画制作变得简单快捷。补间动画主要以元件对象为核心，所有补间动作都是基于元件的。创建补间动画的过程如下。

（1）将创建的元件放到起始关键帧中并右击，在弹出的快捷菜单中选择"创建补间动画"命令，此时系统将创建补间范围，如图 5-50 所示，其中浅绿色帧序列即为创建的补间范围，然后在补间范围内创建补间动画。

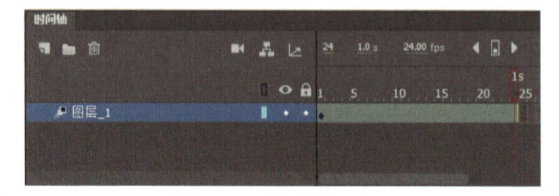

图 5-50　创建补间动画

（2）在补间动画的补间范围内，用户可以为动画定义一个或多个属性关键帧，而每个属性关键帧可以设置不同的属性。右击补间动画的帧，选择"插入关键帧"命令后面的子菜单项，共有 7 种属性关键帧选项："位置""缩放""倾斜""旋转""颜色""滤镜""全部"。前 6 种针对 6 种补间动画类型，第 7 种"全部"选项可以支持所有的补间类型。在关键帧上可以设置不同的属性值，可以打开其"属性"面板进行设置，如图 5-51 所示。

另外，对于补间动画上的运动路径，可以使用"工具"面板上的"选择工具""部分选取工具""任意变形工具""钢笔工具"等对运动路径进行编辑调整，如图 5-52 所示。

### 2. 动画预设

动画预设是指预先配置好的补间动画，可以直接将这些补间动画应用到舞台中的对象上。使用 An 提供的动画预设功能可以快速添加一些基础动画，可以在"动画预设"面板中选择并应用动画。用户可以使用现有的动画预设，也可以创建并保存自定义的动画预设。

第 5 部分　基本动画制作

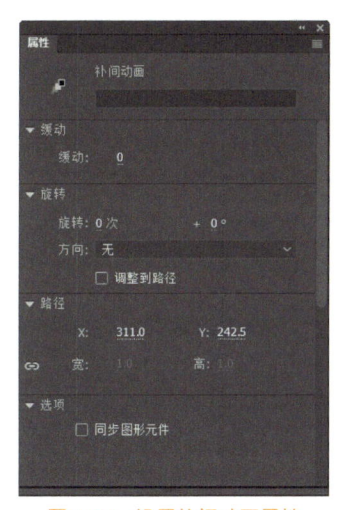

图 5-51　设置补间动画属性　　　　　图 5-52　调整运动路径

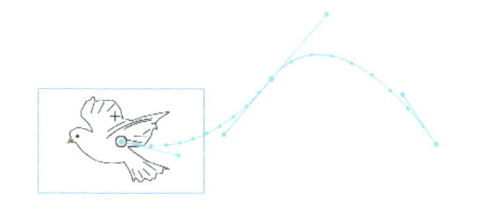

（1）使用现有动画预设。选中舞台上的元件实例或文本对象，选择"窗口"→"动画预设"命令打开"动画预设"面板。展开"默认预设"文件夹，在该文件夹中显示了系统默认的动画预设，选中任意一个动画预设，单击"应用"按钮即可，如图 5-53 所示。

将动画预设应用于对象后，在时间轴上会自动创建补间动画，如为"鸽子"元件添加"从右边飞入"动画预设效果，如图 5-54 所示。

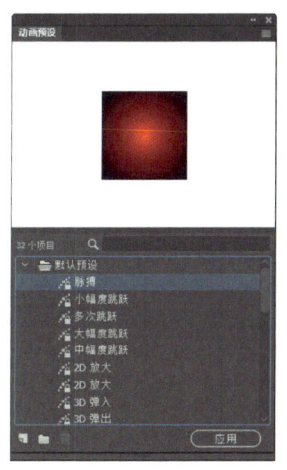

图 5-53　"动画预设"面板　　　　　图 5-54　应用动画预设

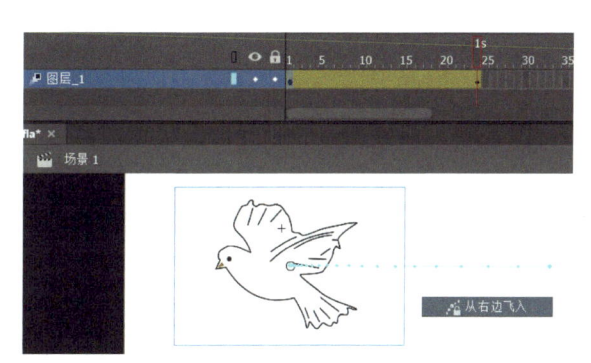

每个动画预设都包含特定数量的帧。应用动画预设时，在时间轴上创建的补间范围将包含此数量的帧。若目标对象已应用了不同长度的补间，补间范围将进行调整，以符合动画预设的长度。可在应用动画预设后调整时间轴中补间范围的长度。

（2）自定义动画预设。除使用现有的动画预设外，还可以将创建的补间动画保存为动画预设。

选中应用补间动画的对象或者运动路径，这时会自动选中补间动画范围，如图 5-55 所示。单击"动画预设"面板左下角的"将选区另存为预设"按钮，或者右击，在弹出的快捷菜单中选择"另存为动画预设"命令，打开"将预设另存为"对话框，在"预设名称"

· 113 ·

文本框中输入另存为动画预设的名称,单击"确定"按钮,即可保存动画预设,如图5-56所示,此时在"动画预设"面板中的"自定义预设"文件夹中将显示保存的新动画预设。

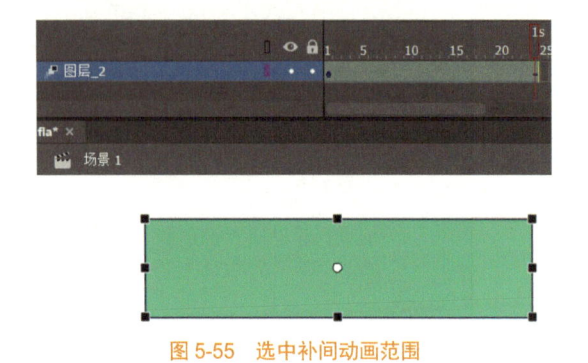

图5-55 选中补间动画范围　　　　　　图5-56 "将预设另存为"对话框

### 3. 动画编辑器

使用动画编辑器只需要花费很少的精力即可创建复杂的补间动画。动画编辑器将应用到选定补间范围的所有属性显示为一些由二维图形构成的缩略视图,用户可以修改其中的每个图形,从而修改其相应的各个补间属性。通过精确控制可以极大地丰富动画效果,从而模拟真实的行为。使用动画编辑器可以实现以下操作。

- 在一个单独的面板中即可轻松访问和修改应用于某个补间的所有属性。
- 添加不同的缓动预设或自定义缓动:使用动画编辑器可以添加不同预设、添加多个预设或创建自定义缓动。为补间属性添加缓动是模拟对象真实行为的简便方式。
- 合成曲线:可以对单个属性应用缓动,然后使用合成曲线在单个属性图上查看缓动的效果。合成曲线表示实际的补间。
- 锚点和控制点:可以使用锚点和控制点隔离补间的关键部分并进行编辑。
- 动画的精细调整:动画编辑器是制作某些种类动画的唯一方式,如对单个属性通过调整其属性曲线来创建弯曲的路径补间。

创建完补间动画后,双击补间动画中的任意一帧即可打开动画编辑器;或者在任意帧上右击,在弹出的快捷菜单中选择"调整补间"命令也可以打开动画编辑器。动画编辑器将在网络上显示属性曲线,如图5-57所示。

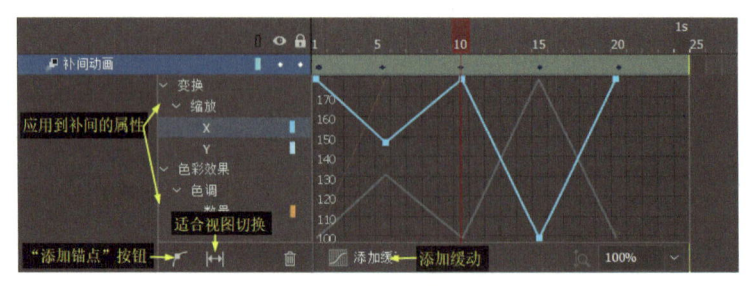

图5-57 动画编辑器

在动画编辑器中,可以进行以下操作:右击曲线,在弹出的快捷菜单中有"复制""粘贴""反转""翻转"等命令。比如选择"反转"命令,可以将曲线呈镜像反转,改变运动轨迹,如图5-58所示。

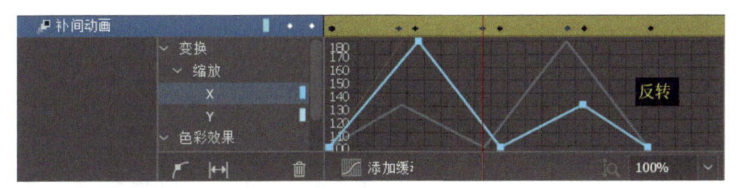

图 5-58 选择"反转"命令

单击"在图形上添加锚点"按钮,可以在曲线上添加锚点来改变运动轨迹,如图 5-59 所示。

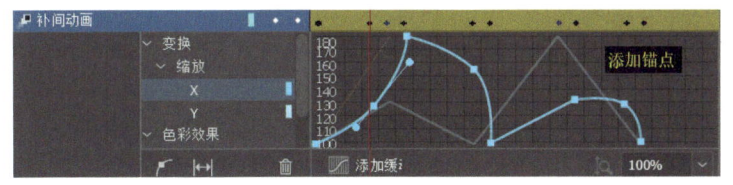

图 5-59 选择"反转"命令

单击"添加缓动"按钮,弹出面板,选择各种缓动选项,也可以添加锚点自定义缓动曲线,如图 5-60 所示。

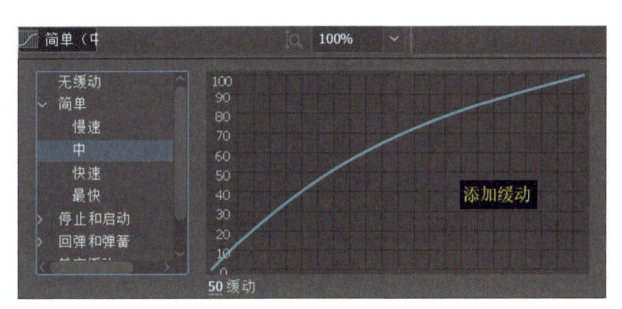

图 5-60 添加缓动

## 5.3 逐帧动画

逐帧动画(Frame By Frame)是一种常见的动画形式,其原理是在"连续的关键帧"中分解动画动作,也就是在时间轴的每帧上逐帧绘制不同内容,使其连续播放而形成动画。因为逐帧动画的帧序列内容不一样,不但给制作增加了负担,而且最终输出的文件量也很大,但它的优势也很明显,逐帧动画具有非常大的灵活性,几乎可以表现任何想表现的内容,适合于表现细腻的动画。

### 5.3.1 基础模式——骏马奔驰在草原

> 任务描述

通过导入序列图像实现逐帧动画。

视频:骏马奔驰在草原

## 任务效果图（图 5-61）

## 任务实现

**Step 01** 打开素材中的"素材 - 骏马奔驰在草原 .fla"文件，文件中已将草原背景图片放在当前图层作为背景，草原图层已延长至第 80 帧。

图 5-61　骏马奔驰在草原效果图

**Step 02** 新建影片剪辑元件"马"，选择"文件"→"导入"→"导入到舞台"命令，在打开的"导入"窗口中找到逐帧序列图片位置，如图 5-62 所示，单击"打开"按钮，出现如图 5-63 所示的提示框，单击"是"按钮，即可将序列图像导入舞台。这时会在时间轴自动生成 20 个关键帧，每个帧上都有一幅静态图片，连续播放就形成马奔跑的逐帧动画，如图 5-64 所示。

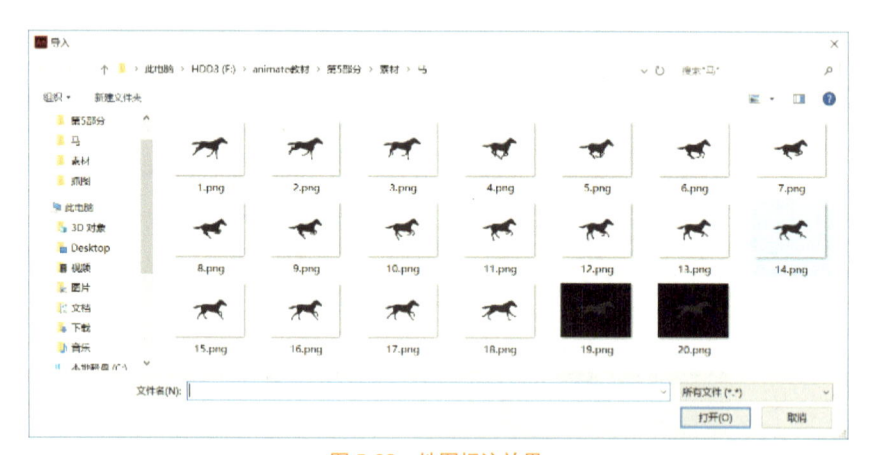

图 5-62　地图标注效果

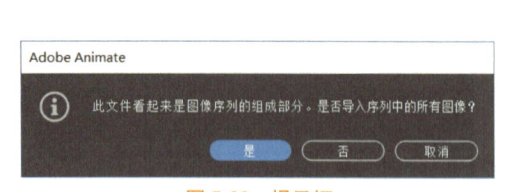

图 5-63　提示框

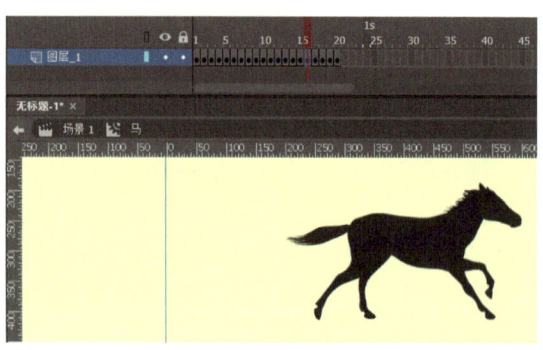

图 5-64　马奔跑逐帧动画

注意：外部逐帧图片的命名必须是一个统一格式的序列，这样系统才能识别出它们是一个序列图像，如"c201、c202、c203、c204、c205""小鸟1、小鸟2、小鸟3、小鸟4"等。

**Step 03** 回到场景 1，新建图层"马"，创建如图 5-65 所示的补间动画。

第 5 部分　基本动画制作

图 5-65　马奔跑补间动画

## 5.3.2 基础模式——林中飞翔的小鸟

### 任务描述

通过绘制矢量图形或对图片进行处理得到逐帧动画。

### 任务效果图（图 5-66）

图 5-66　林中飞翔的小鸟效果图

### 任务实现

**Step 01** 打开素材中的"素材 - 林中飞翔的小鸟 .fla"文件，文件中已创建一个树林图片从左向右移动的传统补间动画。

**Step 02** 新建影片剪辑元件"小鸟逐帧"。将库中的"小鸟 .png"文件拖到舞台中，并将其转换为矢量图。将小鸟的两个翅膀和尾巴拖出，将背部缺失的部分画上线并填充颜色，如图 5-67 所示，然后将各个部位分别进行组合。

**Step 03** 将组合的各部位放回到小鸟身体原位置，这时左边翅膀在身体上层，使用【Ctrl+Shift+↑】组合键调整一下排列。在第 5 帧处创建关键帧，将两个翅膀压缩变形为如图 5-68 所示，并将尾巴向下旋转。在第 10 帧处创建关键帧，将两个翅膀进行垂直方向翻转并放到合适位置，注意为增加真实感里面的翅膀要露出一部分，如图 5-69 所示。

图 5-67　林中飞翔的小鸟　　　图 5-68　第 5 帧小鸟状态　　　图 5-69　第 10 帧小鸟状态

**Step 04** 新建影片剪辑元件"小鸟飞翔"。在第 100 帧处创建普通帧，在第 1 帧到第

100 帧之间创建补间动画。单击第 1 帧,将库中的"小鸟逐帧"元件拖到舞台中,调整大小,在第 1 帧到第 50 帧之间创建小鸟运动的路径,如图 5-70 所示。再在后 50 帧创建小鸟向后运动的路径,如图 5-71 所示。为了使整个补间中的运动速度保持一致,可以将关键帧切换为浮动关键帧,方法是,将光标放在时间轴中任意位置,右击,在弹出的快捷菜单中选择"运动路径"→"将关键帧切为浮动"命令。

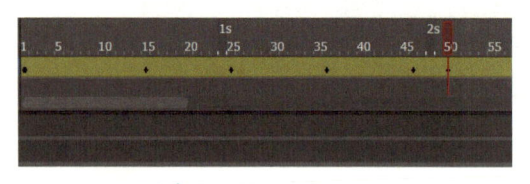

图 5-70  前 50 帧小鸟补间路径

图 5-71  后 50 帧小鸟补间路径

**Step 05** 回到场景 1,在当前图层的上方新建图层"小鸟",将"小鸟飞翔"元件拖到舞台中。在第 100 帧处插入普通帧。

视频:《弟子规》手写文字动画

### 5.3.3  拓展模式——《弟子规》手写文字动画

**任务效果图**(图 5-72)

**关键步骤**

**Step 01** 打开素材中的"素材 - 弟子规手写文字动画 .fla"文件,文件中已将背景图片放在当前图层作为背景。

**Step 02** 新建"弟子规手写效果"

图 5-72  《弟子规》手写文字动画效果图

影片剪辑元件。使用"文本工具"创建文本,内容为"弟子规",字体为"方正舒体",大小为"120 磅",颜色为"#796321"。

**Step 03** 选中文本,按两次【Ctrl+B】组合键将文本打散。接下来就要创建一个模仿文字手写过程的逐帧动画,方法是:依次创建关键帧,每个关键帧上的文字都会少一点笔画,直到文字消失,然后再将帧翻转,这样就实现了手写文字效果。

①单击第 2 帧,按【F6】键创建关键帧,按【E】键切换到"橡皮擦工具",在"属性"面板中调整一下橡皮擦大小,然后将"规"字的末笔画擦掉一部分。重复上面的操作,直到所有笔画被擦完。如图 5-73 所示为擦除"规"字期间的效果,如图 5-74 所示为擦除完所有文字时时间轴的效果。

注意:每帧上擦掉的笔画尽量均匀,如果想呈现的手写效果比较细腻和流畅,那么就要尽量少的擦掉每帧的笔画部分。擦除顺序一定按照笔画的书写(这里是逆书写)顺序。另外,建议写完一个字,停留一点时间再开始下一个字。擦除笔画时应根据需要选择切换不同的橡皮擦大小。

图 5-73　擦除"规"字期间的效果　　　　图 5-74　擦除完文字时时间轴的效果

②单击图层左侧图层名称位置 图层_1，选中该图层的所有帧，将光标移至任意帧上右击，在弹出的快捷菜单中选择"翻转帧"命令，即可将帧翻转，这样就能按照文字书写的顺序逐帧播放了。

③为了让该影片剪辑元件只播放一次，需要在最后一个关键帧上添加"stop();"语句。单击最后一个关键帧，按【F9】键，在打开的"动作"面板右侧代码编辑区中输入"stop();"语句。

**Step 04** 回到场景 1，新建一个图层，将制作好的"弟子规手写效果"元件拖到舞台合适位置。

## 5.3.4　拓展模式——线条逐帧动画

**任务效果图**（图 5-75）

**关键步骤**

任务分析：线条逐帧动画是逐帧动画的一种应用，一般用于片头或引导页动画中。其实现原理跟 5.3.3 节中的逐帧动画相似。此任务中又添加了烟花跟随动画。

**Step 01** 打开素材中的"素材 - 线条逐帧动画 .fla"文件，已将动态图片文件"烟花动图 .gif"和"龙 logo.jpg"文件导入到库中。

图 5-75　线条逐帧动画效果图

**Step 02** 新建影片剪辑元件"线条逐帧动画"。将库中的"龙 logo.jpg"文件拖到舞台中，首先根据本书第 3 部分介绍的方法对龙图案进行临摹，得出龙图案线条。原图案和线条图案如图 5-76 所示。

**Step 03** 将多余图层删除，只保留线条图案图层，并为图层命名为"龙线条"。

**Step 04** 利用上面制作手写文字逐帧动画的方法（手写文字逐帧动画是笔画的逐帧，这里是线条的逐帧），制作一个线条逐帧动画。制作过程中可适当放大显示比例。

此时遇到一个问题：因为后面要用到的烟花动图的背景是黑色的，所以要进行滤色处理，而白色背景对滤色效果不明显，需要换为黑色背景。但所有帧上的线条都是黑色的，黑色背景＋黑色线条显然不行，这就需要将所有帧上线条的颜色都换成白色。一帧帧地改显然太麻烦，下面介绍使用"查找替换"功能实现所有帧上线条颜色的替换修改：选中所有帧，选择"编辑"→"查找和替换"命令，打开"查找和替换"对话框，在"搜索"选项下选择"颜色",设置"查找"选项为"黑色","替换"选项为"白色","关联"选项下选择"当前文档",勾选"笔触"复选框,如图5-77所示,然后单击"全部替换"按钮即可。

图5-76 原图案与线条效果

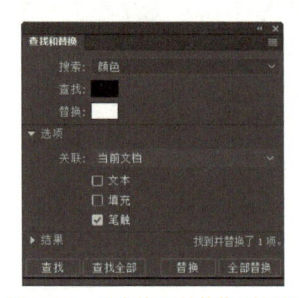

图5-77 "查找和替换"对话框

**Step 05** 锁定"龙线条"图层,在其上面新建一个图层"烟花"。将库中的"烟花"元件拖到舞台中,在"属性"面板中对其进行滤色处理。下面制作烟花跟随逐帧动画:在"烟花"图层创建与"龙线条"图层对应的关键帧,使得线条走到了哪里烟花就跟到哪里,如图5-78所示为烟花跟随逐帧效果。

**Step 06** 回到场景1,把库中的"线条逐帧动画"元件拖到舞台中。

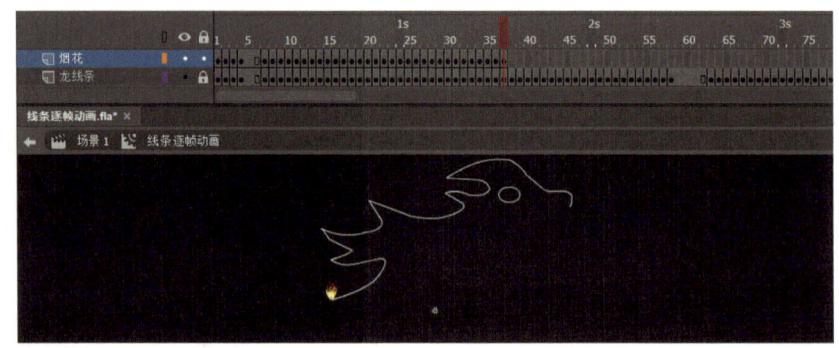

图5-78 烟花跟随逐帧动画

## 5.3.5 应用模式——企业网站引导页动画

### 任务效果图(图5-79)

### 重点提示

《企业网站引导页动画》动画小剧本:

第1幕 黑色背景,"龙线条"逐帧动画,第1帧到第145帧。

第2幕 黑色背景,"龙图案"通过变化颜色实现闪动效果,闪动三次,第145帧到第154帧。

图5-79 企业网站引导页动画效果图

说明:"龙图案"指填充颜色去掉边线的"龙线条"。

第3幕 "龙图案"从大变小,同时背景图片从无到有渐现,第154帧到第180帧。

第 4 幕　背景为背景图片，"logo 圆"从无到有出现在"龙图案"的下方，第 180 帧到第 205 帧。

第 5 幕　背景为背景图片，"logo 圆"和"龙图案"同时向上移动一段距离，第 205 帧到第 225 帧。

第 6 幕　背景为背景图片，"公司名称"图片从无到有、从小到大渐现。

动画中相关对象如图 5-80 所示，根据小剧本完成动画。

图 5-80　各对象图示

## 5.3.6　应用模式——片头动画

**任务效果图**（图 5-81）

图 5-81　片头动画效果图

**重点提示**

《片头动画》动画小剧本：

整个动画的背景：一幅霞光四射的图片，左侧为公司 Logo。

整个动画的背景音乐：mu.wav。

第 1 幕　"人物"从左侧屏幕外部叠影效果跑到右侧，然后停顿并做变色闪动效果，然后变色（从白到黑）跑出。动画持续 25 帧。人物叠影动画动作分解如图 5-82 所示。

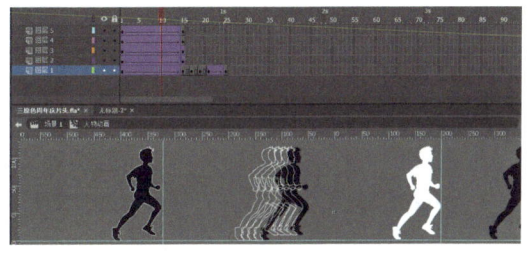

图 5-82　人物叠影动画动作分解

第 2 幕　"激情超越，共创明天"文字从无到有，然后从有到无渐隐渐现显示。动画持续 10 帧。文字渐隐渐现效果如图 5-83 所示。

第 3 幕　逐帧显示出文字"2001-2021 三原色二十周年"，停顿一段时间，再做一个整体文字的变色闪动效果。动画持续 35 帧，如图 5-84 所示。

图 5-83　文字渐隐渐现效果

图 5-84　文字效果

第 4 幕　画面停止在图 5-84 所示整体文字显示状态，背景音乐持续播放。如何控制背景音乐的播放，参见"相关知识"。

## 5.3.7　相关知识

### 1. 创建逐帧动画

在时间帧上逐帧绘制帧内容称为逐帧动画，由于是一帧一帧地画，所以逐帧动画具有非常大的灵活性，几乎可以表现任何想表现的内容。创建方法如下。

（1）用导入的静态图片建立逐帧动画。将 jpg、png 等格式的静态图片连续导入 An 中，就会建立一段逐帧动画。

（2）绘制矢量逐帧动画。用鼠标或压感笔在场景中一帧一帧地画出帧内容。

（3）文字逐帧动画。用文字作帧中的元件，实现文字跳跃、旋转等特效。

（4）导入序列图像。可以导入 gif 序列图像、swf 动画文件或者利用第三方软件（如 swish、swift 3D 等）产生的动画序列。

### 2."库"面板管理

（1）在另一个 An 文件中打开库。在当前文档中选择"文件"→"导入"→"打开外部库"命令，定位到要打开的库所属的 An 文件，然后单击"打开"按钮。这样所选文件的库在当前文档中打开，并在"库"面板顶部显示文件名。若要在当前文档中使用所选文件的库中项目，将这些项目拖到当前文档的"库"面板或舞台中即可。打开的外部库和当前库状态如图 5-85 所示。

（2）在"库"面板中使用文件夹来组织项目。当创建一个元件时，它会存储在选定的文件夹中。如果没有选定文件夹，该元件就会存储在库的根目录下。使用文件夹可以更好地管理库中项目。如图 5-86 所示，单击"库"面板左下方的"新建文件夹"按钮，创建文件夹"烟花"，将所有烟花相关的位图都存放其下，更便于管理。

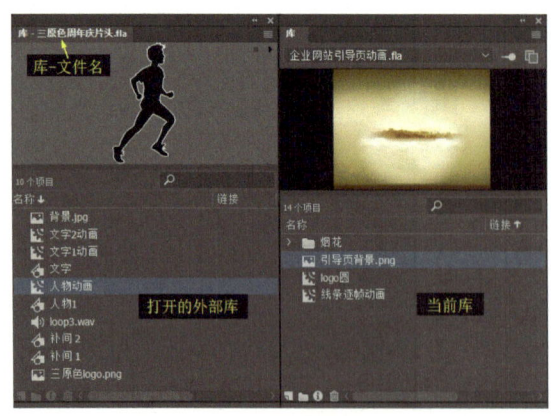

图 5-85　打开的外部库和当前库　　　　　图 5-86　"库"面板中的文件夹

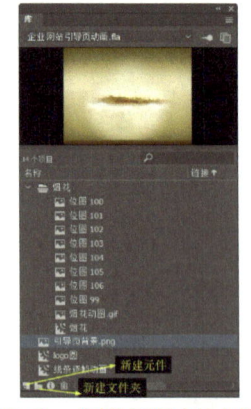

### 3. 声音同步设置

将声音添加到时间轴后，影片测试时就可以播放声音了。为了控制声音的播放，可以通过其"属性"面板下的"同步"选项实现，如图 5-87 所示。声音同步设置有 4 个选项"事件""开始""停止""数据流"。

- 事件：将声音和一个事件的发生过程同步起来。当事件声音的开始关键帧首次显示时，事件声音将播放，并且将完整播放，而不管播放头在时间轴上的位置如何，即使 SWF 文件停止仍会继续播放。当发布的 SWF 文件时，事件声音混合在一起。如果事件声音正播放时声音被再次实例化，那么声音的第一个实例继续播放，而同一声音的另一个实例同时开始播放。

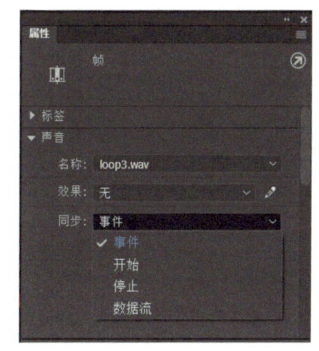

图 5-87 "同步"选项

- 开始：与"事件"选项的功能相近，但是如果声音已经在播放，则新声音实例就不会播放。
- 停止：使指定的声音静音。
- 数据流：同步声音，以便在网站上播放。An 会强制动画和音频流同步。如果 An 绘制动画帧的速度不够快，它就会跳过帧。与事件声音不同，音频流随着 SWF 文件停止而停止。而且，音频流的播放时间绝对不会比帧的播放时间长。当发布 SWF 文件时，音频流混合在一起。音频流的一个示例就是动画中一个人物的声音在多个帧中播放。

### 思政点滴

"工欲善其事，必先利其器"，做任何事情在确定行动目标后，必须先准备好工具和方法。同样，动画制作在确定了创意后，必须准备好各种制作方法，方能有效地实现和表达这个创意。补间动画、逐帧动画、引导层动画、遮罩层动画等虽然都是基本的动画制作方法，但其应用却是千变万化的，特别是不同方法相结合的综合运用更会达到令人惊叹的效果。动画创作者要熟练掌握不同的制作方法，同时懂得综合运用，才能制作出更加优秀的作品。

# 第 6 部分
# 引导层动画制作

## 课程概述

本部分课程将学习以下内容:
- 引导层动画的基本原理;
- 引导层的作用,引导层的建立方法;
- 引导线绘制要求,绘制引导线的方法,以及路径引导选项的设置;
- 引导层动画制作的一般步骤。

通过学习本部分内容可以掌握以下知识与技能:
- 掌握创建引导路径动画的方法;
- 掌握基于笔触和颜色的引导动画的制作方法;
- 能够灵活运用引导层制作出各种特殊效果的动画。

# 第 6 部分　引导层动画制作

　　前面介绍的传统补间动画制作中,传统补间的轨迹都是系统自动生成的,但这种轨迹往往很难达到动画创作的要求。很多情况下,需要给定动画运动的路线,做出很多特殊的效果。Animate 提供了引导层功能,使用引导层可以创建物体沿给定路径运动的动画效果。

## 6.1 基础模式

### 6.1.1 轨迹动画——山地骑车

视频：山地骑车

**任务描述**

本任务通过引导层实现沿山地轨迹骑车的动画，初步了解引导层动画。

**任务效果图**（图 6-1）

图 6-1 山地骑车动画效果图

**任务实现**

**Step 01** 打开素材中的"素材 - 山地骑车动画 .fla"文件，文件中已导入"山地背景 .jpg"和"骑车图片 .png"图片。

**Step 02** 将当前图层命名为"背景"，将库中的"山地背景 .jpg"图片拖到舞台中并对齐舞台。选中图片，选择"修改"→"位图"→"转换位图为矢量图"命令将图片转换为矢量图。转换为矢量图之后，使用"选择工具"调整图片中路面的弯曲度，调整前后对比如图 6-2 所示。单击第 100 帧，按【F5】键插入普通帧，使帧延长至第 100 帧，锁定该图层。

图 6-2 调整路面弯曲度前后对比

**Step 03** 在"背景"图层上面新建图层"骑车"。将库中的"骑车图片 .png"文件拖到舞台左侧并进行水平翻转，按【F8】键将其转换为图形元件"骑车"。在第 100 帧处插入关键帧，将图片拖到舞台外右侧位置。在第 1 帧到第 100 帧之间创建传统补间。

**Step 04** 将光标放在"骑车"图层名称位置，右击，在弹出的快捷菜单中选择"添加传统运动引导层"命令，则会在当前图层上面自动创建一个引导图层，将引导图层命名为"路线"，如图 6-3 所示。

**Step 05** 绘制引导线。单击"路线"引导层第 1 帧，使用"钢笔工具"（笔触颜色为红色，笔触值为"5 像素"）绘制路线的轮廓，然后再使用"选择工具"进行线段曲度的调整，得到如图 6-4 所示的引导线。单击第 100 帧插入一个关键帧。

**Step 06** 下面是关键的一步，将被引导层对象的中心控点放置在引导线上。单击"骑车"图层的第 1 帧，按【Q】键切换到"任意变形工具"，将"骑车"元件实例的中心控点放置在红色线条上。同样也将第 100 帧上的元件实例的中心控点放置在红色线条上，如图 6-5 所示。这时测试影片效果，发现自行车并没有完全贴合地按照路线行驶，如图 6-6 所示。

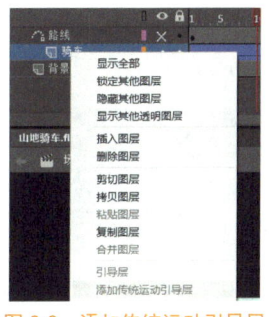

图 6-3 添加传统运动引导层　　　　　图 6-4 绘制的红色路线条

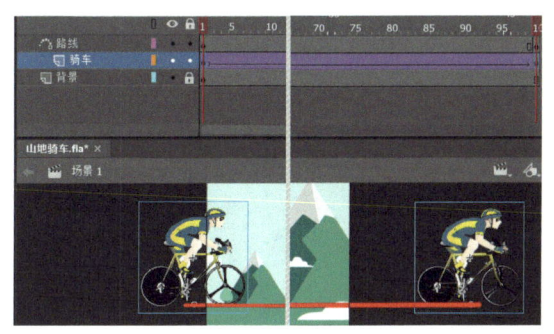

图 6-5 将中心控点放在线条上　　　　图 6-6 测试影片效果

**Step07** 单击"骑车"图层中的任意一帧，勾选"属性"面板→"补间"→"调整到路径"复选框，这样可以将被引导层中对象的基线调整到路径上，使得对象与引导线在运动过程中更加贴合，如图6-7所示。这样一个基本的引导层动画就制作完成了。

**Step08** 单击"骑车"图层的第48帧，右击，在弹出的快捷菜单中选择"转换为关键帧"命令，将第48帧转换为关键帧。然后将引导线的后半部分线条颜色改为绿色，如图6-8所示。

图 6-7 设置"调整到路径"后效果　　　图 6-8 将部分线条改为绿色

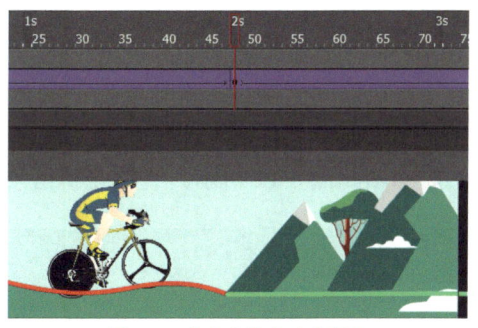

**Step09** 单击第1帧到第48帧补间中的任意位置，勾选"属性"面板→"补间"→"沿路径着色"复选框，如图6-9所示。在第48帧到第100帧进行同样操作。测试影片时会发现被引导对象会根据路径颜色自动进行颜色转换，如图6-10所示。

**Step10** 单击第48帧，将该帧绿色引导线笔触值修改为"3像素"，勾选"属性"面板→"补间"→"缩放"复选框，保证"沿路径缩放"也是勾选状态。测试影片时会发现对象运动到绿色引导线部分时会变小。

图 6-9 设置"沿路径着色"

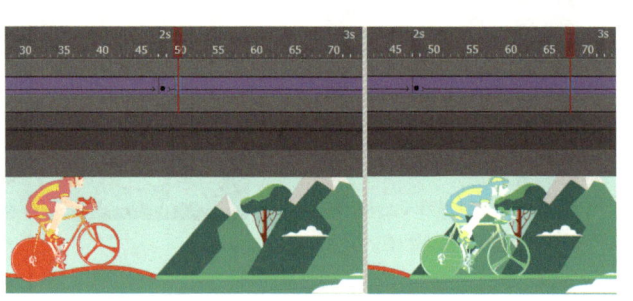

图 6-10 设置"沿路径着色"后效果

## 6.1.2 飘落引导线动画——樱花飘落

**任务效果图**（图 6-11）

**任务实现**

**Step 01** 打开素材中的"素材 - 樱花飘落动画 .fla"文件，文件中已将"樱花背景 .jpg"放在"背景"图层并对齐舞台。

图 6-11 樱花飘落效果图

**Step 02** 新建图形元件"樱花飘落动画"，将当前图层命名为"花瓣"。将库中的"hb.png"文件拖到舞台中，调整大小并将其转换为元件。在第 80 帧处插入关键帧，将花瓣元件实例拖到下方。创建传统补间，并设置樱花下落时顺时针旋转 2 次。

**Step 03** 在"花瓣"图层上方创建引导层并命名为"飘落引导线"。使用"铅笔工具"绘制一个樱花飘落的路线，将帧延长到第 80 帧。

**Step 04** 分别将"花瓣"图层的第 1 帧和第 80 帧上花瓣元件实例的中心控点套在引导线上，时间轴如图 6-12 所示。"樱花飘落动画"元件制作完成。

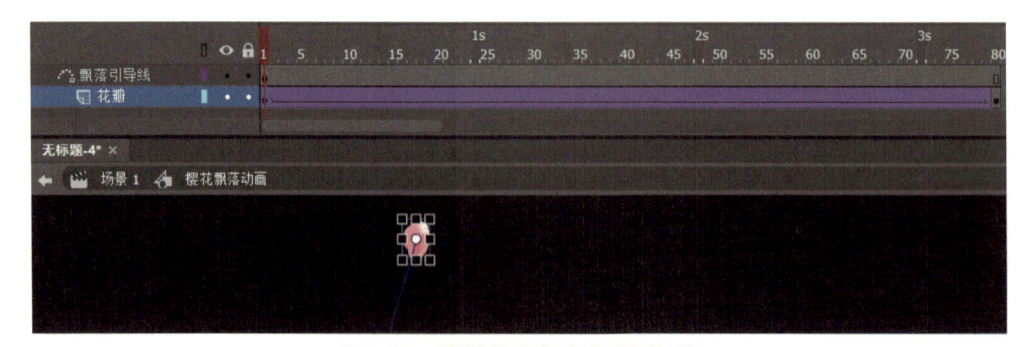

图 6-12 "樱花飘落动画"元件时间轴

# 第6部分  引导层动画制作

**Step 05** 回到场景1，在"背景"图层上面新建图层"樱花"，锁定"背景"图层。单击"樱花"图层的第1帧，重复将库中的"樱花飘落动画"元件拖到舞台中，使得舞台上有足够数量的樱花。

**Step 06** 调整各樱花元件实例的大小，使其大小不同。对每个樱花元件实例设置不同的第一帧开始的帧数，如图6-13所示。对部分樱花元件实例进行水平翻转，将帧延长到第80帧。

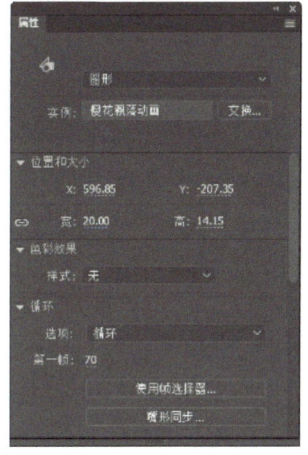

图6-13　设置第一帧开始的帧数

视频：浓烟滚滚动画

## 6.2 拓展模式

### 6.2.1 浓烟滚滚动画

**任务效果图**（图6-14）

**关键步骤**

**Step 01** 打开素材中的"素材 - 浓烟滚滚动画.fla"文件，文件中已将"天空背景.jpg"放在"背景"图层并对齐舞台。

图6-14　浓烟滚滚动画效果图

**Step 02** 新建图形元件"一团烟"。绘制一个"烟"形状的图形并将其转换为元件，创建第1帧到第100帧的传统补间动画，动画中的"烟"从小到大，从有到无，顺时针旋转1次。添加引导层，绘制烟飘散的路径，将"烟"元件实例的中心控点套在路径线条上。"一团烟"元件的时间轴如图6-15所示。

**Step 03** 新建两个图层"烟囱"和"烟"，将3个图层的帧都延长到第100帧。将库中的"建筑1""建筑2""建筑3"等图片拖到"烟囱"图层第1帧的合适位置。

**Step 04** 单击"烟"图层的第1帧，将"一团烟"元件拖到烟囱口部位置（放置到口部靠下些位置），如图6-16所示。

**Step 05** 选中舞台上的"一团烟"元件实例，按【Alt】键的同时向右下方拖动，复制另一团烟，从"属性"面板中设置其从第5帧开始播放，如图6-17所示。重复上面操作，得到第3团烟，设置其从第10帧开始播放。重复以上操作，依次设置每团烟的第一帧开始帧数+5（即5、10、15、20、25、30……100），直到加到100为止，此时效果如图6-18所示。

· 129 ·

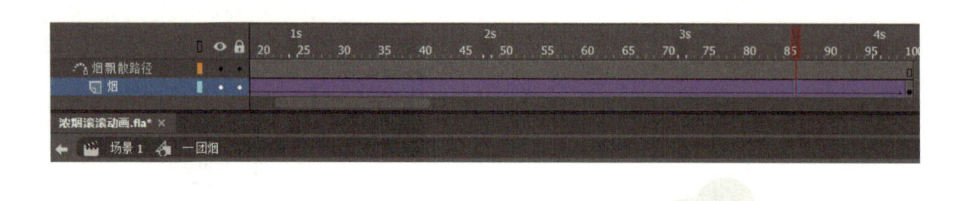

烟开始冒出时的这段路线要有一定
向上的弧度

图 6-15 "一团烟"元件的时间轴

图 6-16 放置第 1 团烟

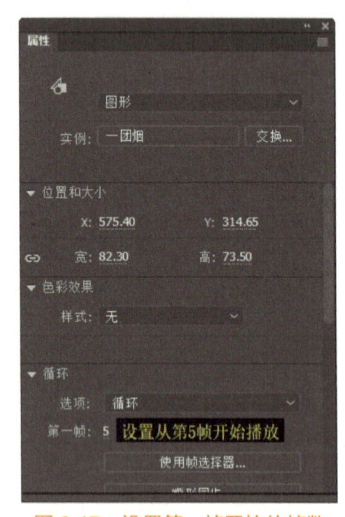

图 6-17 设置第一帧开始的帧数

图 6-18 浓烟效果

**Step 06** 将"烟囱"图层放在"烟"图层上面。测试影片看一下效果，调整烟的位置和大小。

## 6.2.2 绽放的花朵动画

◎ **任务效果图**（图 6-19）

◎ **关键步骤**

**Step 01** 打开素材中的"素材 - 绽放的花朵 .fla"文件，文件中已将前面制作的三个花朵元件导入到库中。

**Step 02** 新建"花朵 1 引导"图形元件，将当前图层命名为"花朵"。将库中的"花朵 1"图形元件拖到舞台中，调整大小。在第 80 帧处创建关键帧，在第 1 帧和第 80 帧之间创建传统补间。

**Step 03** 为"花朵"图层添加传统运动引导层。绘制一个蓝色边线、无填充的椭圆，使用"橡皮擦工具"擦除一部分椭圆顶部的边线，保证运动路线不闭合，将帧延长至第 80 帧，如图 6-20 所示。

**Step 04** 将"花朵"图层第 1 帧中的花朵元件实例的中心控点套在图 6-20 中的 A 点位置，将第 80 帧花朵元件实例的中心控点套在 B 点位置。"花朵 1 引导"元件制作完成。

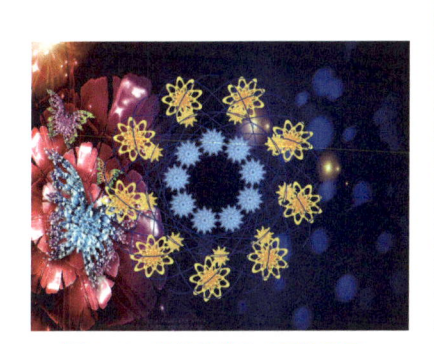

图 6-19 绽放的花朵动画效果图 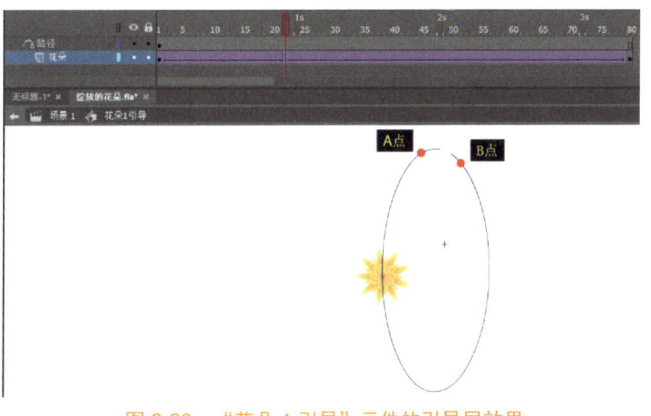　　图 6-20 "花朵 1 引导"元件的引导层效果

**Step 05** 回到场景 1，新建图层"花朵 1"。将库中的"花朵 1 引导"元件拖到舞台中，将元件实例的中心控点拖到如图 6-21 所示的位置，然后在"变形"面板中设置旋转"40°"，单击右下方"重制选区和变形"按钮对元件进行复制变形，效果如图 6-21 所示。

将当前两个图层都延长至第 100 帧，测试影片看一下效果。如果希望播放时显示花朵的运动路径（如图 6-22 所示），可以打开"花朵 1 引导"元件，在最上面新建一个图层，将椭圆线条复制到新图层即可。

**Step 06** 使用同样的方法，制作其他两个花朵的引导动画。制作过程中做到图 6-21 步骤时，可以尝试将花朵的中心控点拖到不同的位置，会得到不同的效果。比如，将花朵 2 中心控点拖到右侧路线中间位置，将花朵 3 中心控点拖到右侧路线中下方位置，复制变形后就会得到不同的路线效果，如图 6-23 和图 6-24 所示。

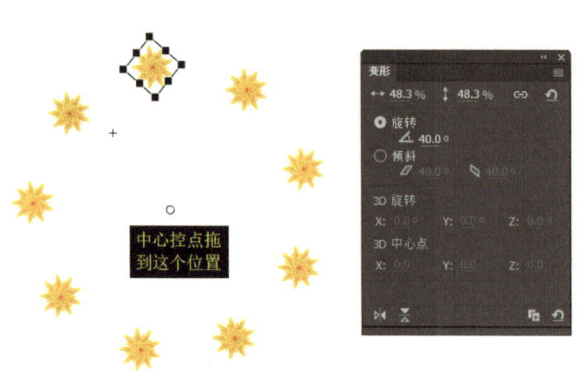

图 6-21　对"花朵 1 引导"元件进行复制变形

图 6-22　显示花朵运动路线效果

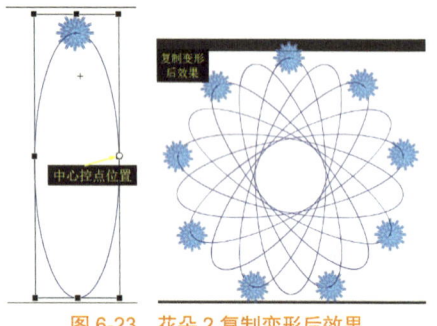

图 6-23　花朵 2 复制变形后效果

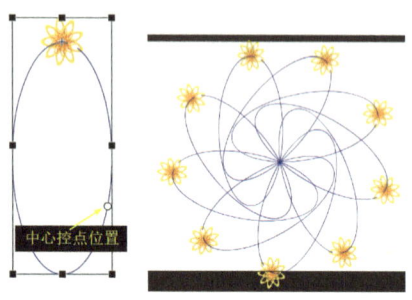

图 6-24　花朵 3 复制变形后效果

**Step 07** 此时场景 1 中的图层和各层对象的状态如图 6-25 所示。下面需要将 3 个花朵图层中的对象对齐，方法是：分别单击"对齐"面板中的"水平中齐"和"垂直中齐"按钮。对齐后效果如图 6-26 所示。

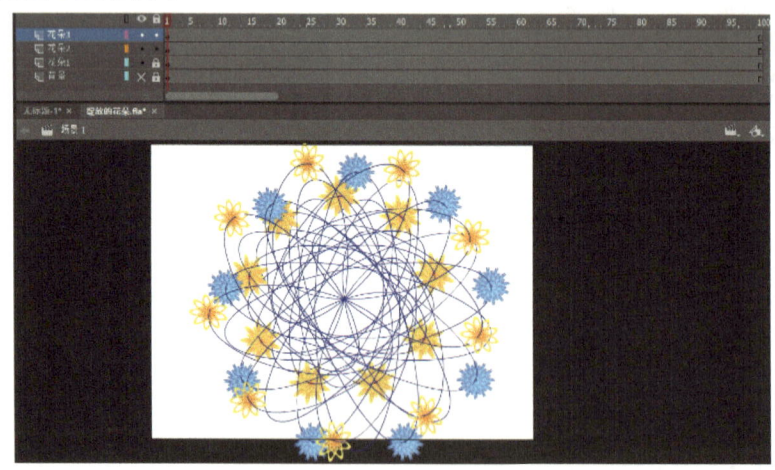

图 6-25　没对齐前效果

另外，还可以调节图层中花朵的大小，使它们更加有层次感，如图 6-27 所示。

**Step 08** 动画制作完成后，如果希望播放时不再显示运动路线，可以进入"花朵 1 引导"元件的编辑状态，将光标放在最上面的图层上，右击，在弹出的快捷菜单中选择"引导层"或"遮罩层"命令，将该图层转换为引导层或遮罩层即可，如图 6-28 所示。

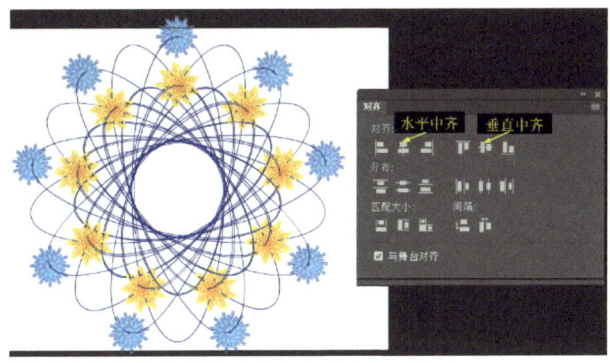

图 6-26 对齐后效果

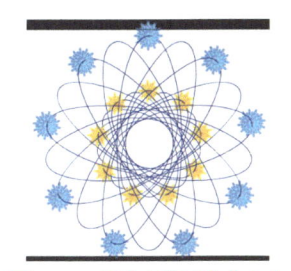

图 6-27 调节各图层花朵大小

图 6-28 隐藏显示路径线条的图层

## 6.3 相关知识

**1. 引导层与运动引导层的区别**

（1）引导层的应用。引导层起到辅助其他图层静态对象定位的作用，单独使用（无须使用被引导层），引导层上的内容不会输出，性质和辅助线差不多。为了在绘制时帮助对齐对象，可创建引导层，然后将其他图层上的对象与引导层上创建的对象对齐。引导层不会导出，因此不会显示在发布的 SWF 文件中，任何图层都可以作为引导层。图层名称左侧的辅助线图标表明该层是引导层。

（2）运动引导层的应用。要控制传统补间动画图层（即被引导图层）中对象的移动，可使用运动引导层。被引导图层可以有多个。

创建被引导层（创建内容及动画）时，内容可以使用影片剪辑、图形元件、按钮、文字等，但不能应用形状（矢量图）。被引导层最常用的动画形式是补间动画。

创建引导层时，内容可以是用钢笔、铅笔、线条、椭圆工具、矩形工具或画笔工具等绘制出的线段，在导出的影片中此层不可见。

**2. 路径引导选项设置**

为了更加细致地设置引导层动画，可以为已创建的"被引导层"设置一些属性选项，主要有：贴紧、调整到路径、沿路径着色、沿路径缩放等选项，如图 6-29 所示。
- 贴紧：选中该项，可以将动画对象吸附在引导路径上，与按下工具箱中的"贴紧至对象"按钮功能相同。
- 调整到路径：被引导层对象可以沿着路径的曲度变化改变方向。
- 沿路径着色：被引导层的颜色随路径的颜色变化而变化。
- 沿路径缩放：被引导层的大小根据路径的笔触粗细变化进行相应的缩放。

### 3. 基于笔触和颜色的引导动画

使用如图 6-29 所示的传统补间帧"属性"面板中的"沿路径着色"和"沿路径缩放"选项，还可以制作基于可变宽度路径和不同颜色路径的引导动画，创建出奇妙的动画效果。

**Step01** 创建一个简单的引导路径动画，如图 6-30 所示。选择引导图层中的路径线条，在"属性"面板中的"宽度"下拉列表中选择一种可变宽度配置文件，如图 6-31 所示。

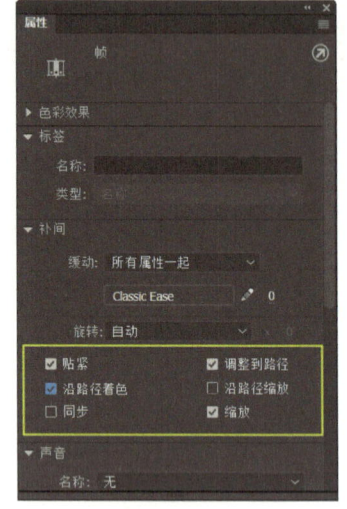

图 6-29　选项设置

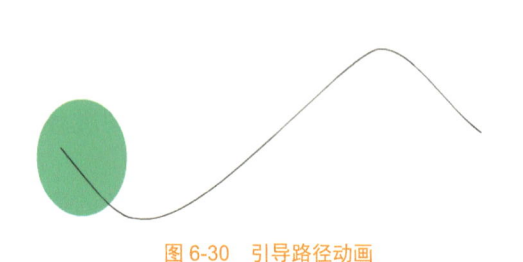

图 6-30　引导路径动画　　　　图 6-31　可变宽度配置文件和笔触颜色设置

**Step02** 使用选择工具框选不同的路径段并填充不同的颜色，如图 6-32 所示。

**Step03** 选中被引导图层的起始关键帧，在对应的"属性"面板上勾选"贴紧""沿路径着色""沿路径缩放""缩放"选项，如图 6-33 所示。

**Step04** 按【Enter】键观看动画效果，可以看到圆形在沿路径运动时，基于路径的宽度和颜色进行缩放和着色。

## 第 6 部分　引导层动画制作

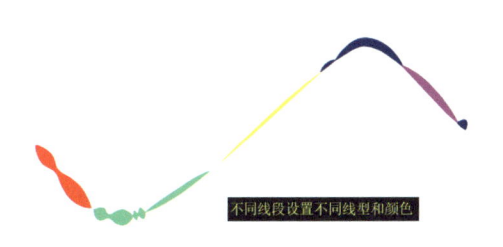

图 6-32　可变宽度路径

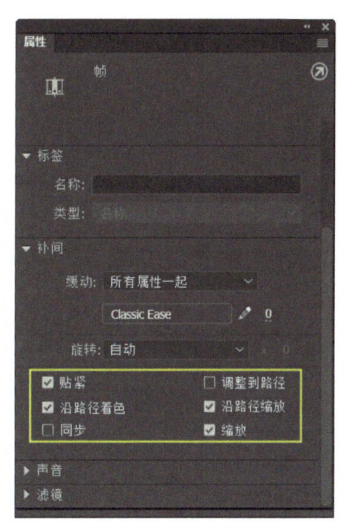

图 6-33　设置补间属性

# 6.4 常见问题

**问题 1**：运动对象不能按照引导路线运动。
**原因 1**：运动对象的中心控点没有套在引导线上。
**原因 2**：引导线是闭合的。
**解决方法**：保证运动对象的中心控点在引导线上。如果引导线是闭合的，需要截断。
**问题 2**：运动对象不能贴合地在引导线上运动。
**解决方法**：勾选"属性"面板→"补间"→"调整到路径"复选框，这样可以将被引导层中对象的基线调整到路径上，使得对象与引导线在运动过程中更加贴合。

---

### 思政点滴

对于一个复杂的动画，动画制作技术的分析能力非常重要。要想提升这种分析能力，需要从加强对复杂动画的分析入手，运用理论与实践相结合的方式，通过大量观摩经典动画，以及多思考、多练习、多应用，来提高复杂动画的分析和研究能力，进而提升动画制作水平。

# 第 7 部分
# 遮罩动画制作

**课程概述**

本部分课程将学习以下内容：
- 遮罩动画产生的原理；
- 遮罩层与被遮罩层的概念；
- 遮罩层与被遮罩层之间的关系；
- 遮罩动画的制作方法。

通过学习本部分内容可以掌握以下知识与技能：
- 能够根据需要选择元件类型并创建元件；
- 能够对元件实例设置其属性；
- 掌握使用遮罩原理制作动画的方法和技巧；
- 能够根据需求设计遮罩动画效果，具备表达和创造意识。

# 第 7 部分　遮罩动画制作

遮罩动画是 An 中一个很重要的动画类型，很多效果丰富的动画都是通过遮罩动画来实现的，使用遮罩技术可以得到许多意想不到的动画效果。在 An 的图层中有一个遮罩层类型，为了得到特殊的显示效果，可以在遮罩层上创建一个任意形状的"视窗"，遮罩层下方的对象可以通过该"视窗"显示出来，而"视窗"之外的对象将不会显示。在 An 动画中，"遮罩"主要有两种用途，一种是用在整个场景或一个特定区域，使场景外的对象或特定区域外的对象不可见；另一种是用来遮罩住某一元件的一部分，从而实现一些特殊效果。

# 7.1 基础模式

## 7.1.1 旋转球体动画

### 任务描述

本任务通过制作一个旋转球体的图片展示动画，了解遮罩动画的实现原理，掌握制作遮罩动画的基本方法，初步感受遮罩动画的动画效果。

视频：旋转球体动画

### 任务效果图（图7-1）

### 任务实现

图7-1 旋转球体动画效果图

☆ 基础操作

①创建遮罩层。要创建遮罩动画，首先要创建遮罩层。在"时间轴"面板中右击要转换遮罩层的图层，在弹出的快捷菜单中选择"遮罩层"命令，如图7-2所示，此时选中的图层转换为遮罩层，其下方的图层自动转换为被遮罩层，并且它们都自动被锁定，如图7-3所示。
如果想将图7-3中的"普通图层"图层转换为被遮罩层，只需将其拖到被遮罩层下方即可，如图7-4所示。

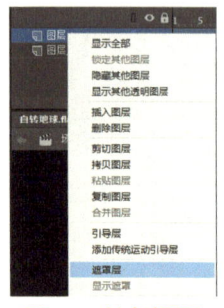

图7-2 创建遮罩层 　　图7-3 遮罩层与被遮罩层 　　图7-4 普通图层转换为被遮罩层

②将遮罩层转换为普通图层。在"时间轴"面板中右击要转换的遮罩层，在弹出的快捷菜单中选择"遮罩层"命令，即可将遮罩层转换为普通图层。

**Step 01** 打开素材中的"素材-旋转球体动画.fla"文件，文件中已导入"传统文化图片.jpg""背景.jpg""文字动态背景.jpg"图片到库中，将背景图片放在"背景"图层并对齐舞台。

开始之前，向后翻到7.4节相关知识部分了解遮罩动画原理的内容。根据你所了解到的遮罩原理，分析如何实现地球自转的遮罩动画：首先地球是圆形的，所以遮罩要使用一个圆形。又因为要表现地球自转的动画，所以需要设置两个动画：一个是地球图片向左运动的动画，一个是向右运动的动画。另外还需要一个半透明圆形放在地球图片之间，突出前后旋转的立体效果，如图7-5所示。下面就按照分析的结果进行制作。

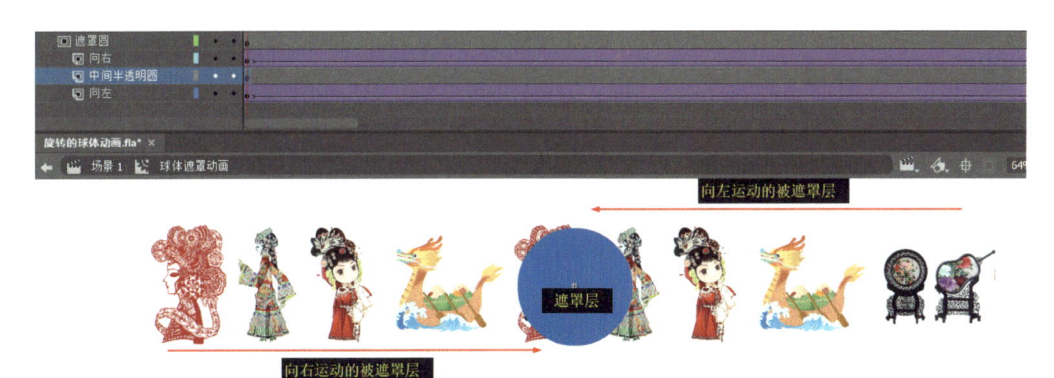

图7-5 "球体遮罩动画"元件中图层及各对象设置

**Step 02** 新建影片剪辑元件"球体遮罩动画"。创建图7-5中的4个图层并分别命名，将最上面的图层设置为遮罩层，下面3个图层设置为被遮罩层。

**Step 03** 单击"遮罩圆"图层的第1帧，绘制一个无边线、蓝色填充、高度和宽度均为190像素的圆形。将帧延长至第200帧。

**Step 04** 单击"向右"图层的第1帧，将库中的"传统文化图片.jpg"图片拖到舞台中并转换为元件，调整大小比遮罩圆稍大，调整其位置与遮罩圆右对齐。在第200帧处创建关键帧，按【Shift】键将地球图片拖到与遮罩圆左对齐的位置。在第1帧到第200帧之间创建传统补间。

**Step 05** 使用同样的方法创建"向左"图层补间动画，不同之处是这个图层中的传统文化图片是向左运动的。

**Step 06** 复制"遮罩圆"图层中的蓝色圆形，然后单击"中间半透明圆"图层的第1帧，按【Ctrl+Shift+V】组合键将蓝色圆形粘贴到当前位置，将蓝色圆形填充为径向渐变颜色，颜色和透明度设置如图7-6所示。将帧延长至第200帧。"球体遮罩动画"元件制作完成。

**Step 07** 新建影片剪辑元件"文字遮罩动画"。将库中的"文字动态背景.jpg"文件拖到舞台中，按【Ctrl+D】组合键复制一个图片并水平翻转。将两个图片对接成一个图片并转换成元件。在当前图层上面新建"文字"图层，设置文本"薪薪相传　生生不息"。

**Step 08** 将"文字"图层设置为遮罩层，则其下面的图层为被遮罩层。在两个图层的第50帧处都创建关键帧。在"背景"图层创建一个图片向左移动的传统补间。"文字遮罩动画"元件制作完成。

**Step 09** 回到场景1，在"背景"图层上面新建图层"球体和文字"，将库中的"文字遮罩动画"元件和"球体遮罩动画"元件拖到舞台中。

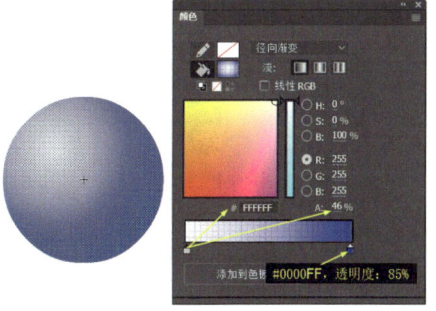

图7-6 半透明圆形颜色设置

**Step 10** 选中舞台上的"球体遮罩动画"元件实例,按【Alt】键的同时拖动鼠标向下复制一个元件实例,改变其透明度使其半透明,制作出球体旋转的阴影效果。

## 7.1.2 手机滑屏切换动画

◎ 任务效果图(图 7-7)

◎ 任务分析与素材处理

动画包括两部分:一是手机屏幕滑动动画(遮罩实现),二是手指滑动动画。时间轴效果如图 7-8 所示。

图 7-7 手机滑屏切换动画效果图

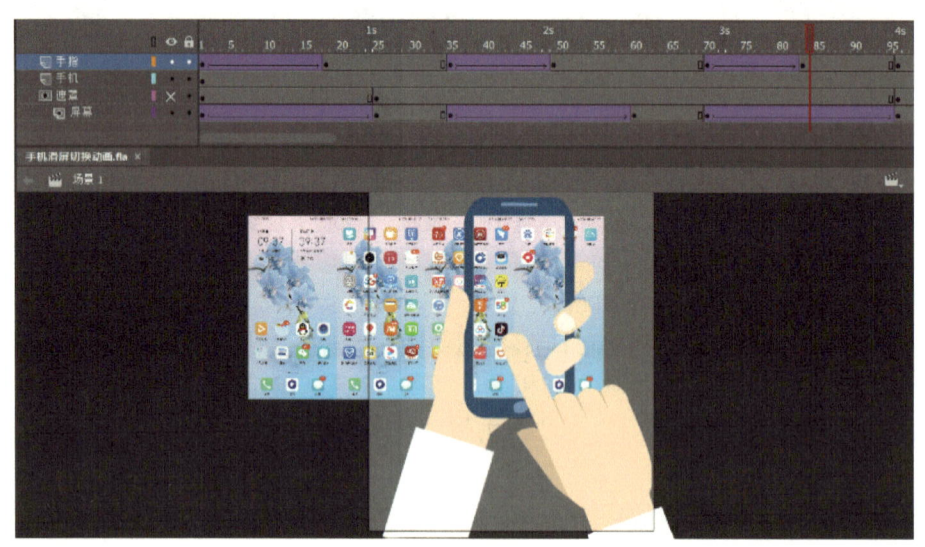

图 7-8 时间轴效果

素材处理:如图 7-9 所示,左图为原素材图片,根据动画需要,需将手指分离出来,抠除手机屏幕内容(白色部分)。处理过程如下:

**Step 01** 打开素材中的"素材 - 手机滑屏切换动画 .fla"文件,将库中素材"手机 .png"拖到舞台中,选择"修改"→"位图"→"转换位图为矢量图"命令将图片转换为矢量图。按【Shift】键选择右手图形并拖出,单击选中手机屏幕白色部分并按【Delete】键删除,此时状态如图 7-10 所示。

图 7-9 素材处理    图 7-10 处理过程

**Step 02** 使用"钢笔工具"将手机缺失的部分补全，然后使用"滴管工具"吸色和上色。

**Step 03** 将右手图形转换为元件"右手"，将其余部分图形转换为位图或元件。

说明：图形转换为位图的方法是选中图形，右击，在弹出的快捷菜单中选择"转换为位图"命令，即可将选中图形转换为位图。

**Step 04** 新建图形元件"屏幕组图"，将库中4张屏幕图片拖到舞台中，锁定宽高比的状态下，设置其宽度、高度均为200像素。

经过以上操作，当前库中包含的元件和图片文件等如图7-11所示。

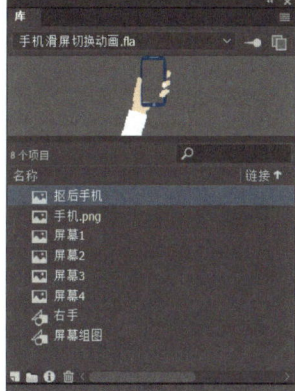

图7-11 库中元素

### 任务实现

**Step 01** 创建图7-8中所示的4个图层，并设置遮罩层和被遮罩层。

**Step 02** 将库中的"抠后手机"位图拖到"手机"图层，延长帧到第115帧，锁定该图层。

**Step 03** 单击"遮罩"图层的第1帧，绘制一个比手机内屏幕稍大的绿色填充矩形，延长帧到第115帧，锁定该图层。

**Step 04** 单击"屏幕"图层的第1帧，将库中的"屏幕组图"元件拖到手机屏幕显示位置，在第25帧处创建关键帧，将图片向左拖动至正好显示第2个屏幕图，在关键帧之间创建传统补间。使用同样的方法，依次创建第35帧到第60帧、第70帧到第96帧的传统补间，实现依次显示4个屏幕图片的效果，如图7-12所示。

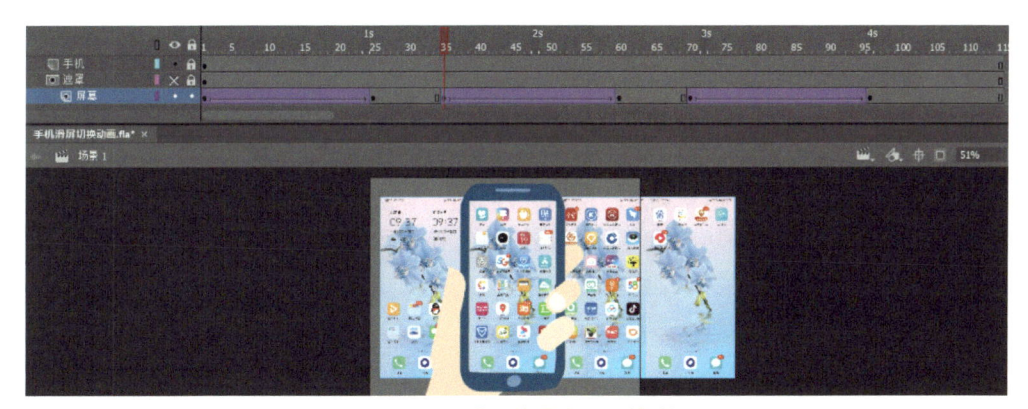

图7-12 屏幕图片滑动展示时间轴

**Step 05** 在"手指"图层创建手指向左滑动的动画，时间轴如图7-13所示。

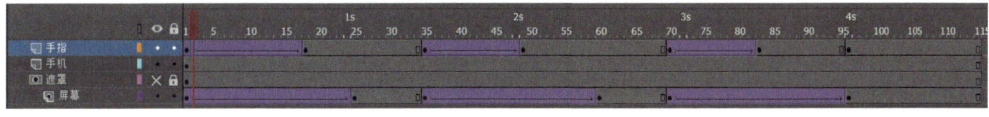

图7-13 时间轴效果

# 7.2 拓展模式

视频：水波荡漾动画

## 7.2.1 水波荡漾动画

◎ 任务效果图（图 7-14）

◎ 关键步骤

动画描述：湖面波光粼粼，层层微波随风而起，伴随着温暖的阳光，一片湖光山色好景象。

图 7-14　水波荡漾动画效果图

任务分析：本任务主要利用遮罩技术实现静态湖面变为湖面水波荡漾的动画。这个遮罩的使用不太明显，遮罩层使用了层层线条移动的动画以实现微波效果；被遮罩层是图片中有湖水的部分，并对其位置稍做移动。以下是完成本任务的关键步骤。

**Step 01** 打开素材中的"素材 - 水波荡漾动画.fla"文件，文件中已设置好背景图片。

**Step 02** 抠出图片中有湖水的图形（作为被遮罩内容）。复制"背景"图层，将复制的图层改名为"湖水"，锁定"背景"图层。将图片打散，使用"钢笔工具"将有湖水的部分和小船圈出（小船可适当圈大一些），删除小船和其余部分，如图 7-15 所示，将抠出部分向下和向右移动一点距离（这一步非常重要）。

图 7-15　抠出湖水部分和小船

**Step 03** 为"湖水"图层创建一个遮罩层"条形遮罩"，如图 7-16 所示。

**Step 04** 新建图形元件"遮罩条"，使用"线条工具"绘制如图 7-17 所示的线条组。选中线条组，选择"修改"→"形状"→"将线条转换为填充"命令将线条转换为填充，这一步非常重要，否则将不能实现遮罩效果。

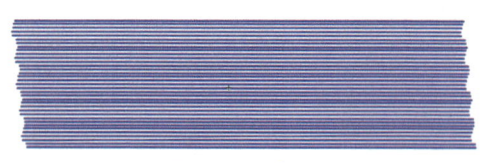

图 7-16　条形遮罩

图 7-17　线条组

**Step 05** 回到场景 1，将库中的"遮罩条"元件拖到"条形遮罩"图层的第 1 帧，调整位置使其覆盖湖面。在第 65 帧处创建关键帧，向下拖动线条组，创建第 1 帧到第 65 帧之间的传统补间。动态湖面制作完成。

## 头脑风暴

上面任务中，如果想让水波大一些或水流快一些，应该怎样修改？

### 7.2.2 卷轴动画

📍 **任务效果图**（图 7-18）

视频：卷轴动画

📍 **关键步骤**

卷轴从中间徐徐向两边打开，然后屏幕出现手写效果文字"弟子规"。

图 7-18 卷轴动画效果图

**Step 01** 打开素材中的"素材 - 卷轴动画 .fla"文件，文件中已设置好背景图片（设置背景图片比舞台稍小）。

**Step 02** 新建图形元件"卷轴"，使用"钢笔工具"绘制轴头，并填充颜色（#21191A），如图 7-19 所示，去掉边线。绘制如图 7-20 所示的轴杆，设置填充颜色为黑白色线性渐变。复制轴头并垂直翻转，放置到轴杆两端。按【Ctrl+G】组合键将轴头和轴杆组合得到卷轴，设置卷轴的宽度为 37 像素，高度为 422 像素，效果如图 7-21 所示。

**Step 03** 创建如图 7-22 所示的图层，其中"遮罩"图层是遮罩层，"背景"图层是被遮罩层。单击"左卷轴"图层的第 1 帧，将库中的"卷轴"元件拖到舞台中线偏左位置，同样将"卷轴"元件拖到"左卷轴"图层中线偏右位置，如图 7-23 所示。

图 7-19 轴头 　　图 7-20 轴杆　　图 7-21 卷轴 　　图 7-22 创建图层

**Step 04** 单击"遮罩"图层的第 1 帧，绘制一个有填充的矩形，使之正好能覆盖中间两个卷轴，如图 7-24 所示。在第 70 帧处创建关键帧，将此帧上的矩形拉宽，使其与背景图片等宽。在第 1 帧到第 70 帧之间创建形状补间。

图 7-23 左右卷轴位置 　　　　图 7-24 遮罩矩形位置

**Step 05** 在"左卷轴"图层的第 70 帧处创建关键帧，将卷轴元件实例拖到左侧与背景

图片左对齐位置，如图 7-25 所示。在第 1 帧到第 70 帧之间创建传统补间。使用同样的方法设置"右卷轴"图层中卷轴元件实例向右运动的补间动画。

**Step 06** 将前面制作的"弟子规手写文字动画"放到卷轴动画中，卷轴展开后显示手写文字动画。选择"文件"→"导入"→"打开外部库"命令，在打开的窗口中找到"弟子规手写文字动画.fla"文件，单击"打开"按钮将文件中的库导入当前文件，如图 7-26 所示。将外部库中的"弟子规手写效果"元件拖到当前库中。

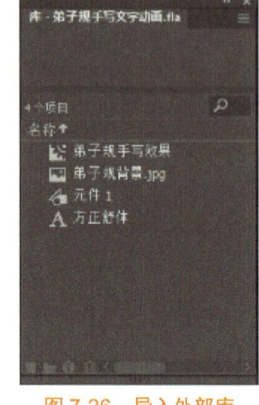

图 7-25　卷轴位置　　图 7-26　导入外部库

**Step 07** 在"右卷轴"图层上面新建图层"手写文字"。在第 70 帧处插入空白关键帧，将库中的"弟子规手写效果"元件拖到舞台中间位置。因为"弟子规手写效果"元件包含的动画共 108 帧，所以将当前所有图层的帧都延长至第 178 帧。

说明：导入进来的外部库是单独存在的，可以将外部库中的元件、图片等对象拖到当前库中编辑和使用。

### 7.2.3　电影序幕效果动画

**任务效果图**（图 7-27）

图 7-27　电影序幕效果动画效果图

**关键步骤**

动画描述：使用遮罩技术实现的一个简单的电影序幕动画，动画由 4 个画面组成。

画面一：主页动画。逐字显示电影名称"摩登思语"，然后渐隐渐现显示"三棵树出品"文字。

画面二：导演文字出现动画。首先出现两个图片交叉出现的动画效果，然后渐隐渐现显示导演文字。

画面三和画面四跟画面二相似，只是出现的文字不同。

# 第 7 部分　遮罩动画制作

任务分析：本任务的设计目的是为了进一步灵活地使用和理解遮罩技术，利用遮罩技术实现图片交叉出现的动画效果，巧妙地利用线条交错进行图片之间的切换。画面之间的切换使用了多场景。

**Step01** 打开素材中的"素材 - 电影序幕效果动画 .fla"文件，库中已导入"图片 1"至"图片 4""主页图片"等图片文件。

**Step02** 在"库"面板中新建 4 个文件夹"场景 1"至"场景 4"。将"主页图片"拖到"场景 1"文件夹，"图片 1"和"图片 2"文件拖到"场景 2"文件夹，"图片 2"和"图片 3"文件拖到"场景 3"文件夹，"图片 3"和"图片 4"文件拖到"场景 4"文件夹。

**Step03** 选择"插入"→"场景"命令创建一个新场景"场景 2"，使用同样的方法依次创建"场景 3"和"场景 4"，按【Shift+F2】组合键显示出"场景"窗口，如图 7-28 所示。

说明：切换场景可以通过"场景"窗口实现，也可以单击舞台上方的菜单"编辑场景"实现，如图 7-29 所示。

**Step04** 切换到"场景 1"，在"主页"图层上面新建一个图层"背景音乐"，将两个图层的帧都延长至第 80 帧。单击"背景音乐"图层的第 1 帧，将库中的"片头 .mp3"文件拖到舞台中。单击"背景音乐"图层时间轴上的任意位置，选择"属性"面板→"声音"→"同步"→"开始"选项。

**Step05** 新建影片剪辑元件"文字显示"，创建如图 7-30 所示的图层。将所有图层的帧都延长至第 75 帧。单击"摩登思语文字"图层的第 1 帧，创建文本"摩登思语"，设置其字体为"方正行楷简体"，大小为"80 磅"，颜色为灰色"#CCCCCC"。

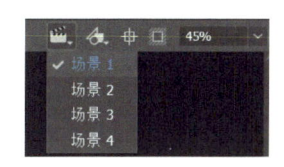

图 7-28　"场景"窗口　　　图 7-29　编辑场景　　　图 7-30　"文字显示"元件中的图层

**Step06** 单击"遮罩"图层的第 1 帧，绘制一个能覆盖下层文字的蓝色填充矩形，将矩形拖到下层文字左侧。在第 40 帧处创建关键帧，将矩形水平拖到能覆盖下层文字的位置。在第 1 帧到第 40 帧之间创建形状补间。

**Step07** 单击"出品文字"图层的第 55 帧，创建一个空白关键帧。创建文本"三棵树出品"（方正古隶简体，40 磅，黑色），将其转换为元件，在第 75 帧处创建关键帧，将第 55 帧上元件实例的透明度设置为 0，创建第 55 帧到第 75 帧之间的传统补间。将库中制作好的"文字显示"元件拖到"场景 1"文件夹。

**Step08** 回到"场景 1"，单击"主页"图层的第 1 帧，将库中的"文字显示"元件拖到舞台中部位置。场景 1 制作完成。

**Step09** 切换到"场景 2"，创建如图 7-31 所示的图层，将所有图层的帧延长到第 80 帧。单击"图片 1"图层的第 1 帧，将库中"图片 1.jpg"文件拖到舞台中并对齐舞台。

**Step10** 单击"左边线"图层的第 1 帧，绘制一条黑白色线性渐变的竖直线条，将其转

· 145 ·

换为元件，放置到舞台最左侧位置。在第 30 帧处创建关键帧，将线条拖到舞台最右侧位置，在第 1 帧到第 30 帧之间创建传统补间。

Step 11 复制"左边线"图层，将复制的图层命名为"右边线"，对"右边线"图层中的帧进行翻转，得到如图 7-32 所示的时间轴效果。

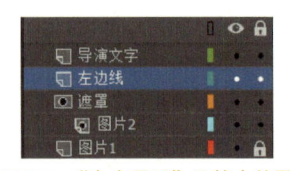

图 7-31 "文字显示"元件中的图层　　　图 7-32 左右边线图层时间轴

Step 12 在"遮罩"图层的第 19 帧处创建一个空白关键帧，在两条竖直线条之间绘制一个蓝色填充的矩形，作为遮罩，如图 7-33 所示。在第 30 帧处创建关键帧，将矩形放大到和舞台同大小。在第 19 帧到第 30 帧之间创建形状补间。

Step 13 在"图片 2"图层的第 19 帧处创建一个空白关键帧，将库中的"图片 2.jpg"文件拖到舞台中，并对齐舞台。

Step 14 新建图形元件"导演文字"，在第 1 帧中创建文本"导演：陈洁"，设置其字体、大小和颜色，将其转换为元件。在第 20 帧处创建关键帧，在第 1 帧到第 20 帧之间创建传统补间。将第 1 帧中文本元件实例的透明度设置为 0。

Step 15 回到场景 2，在"导演文字"图层的第 50 帧处创建一个空白关键帧，将库中的"导演文字"元件拖到舞台合适位置。单击"导演文字"元件实例，选择"属性"面板→"循环"→"选项"→"播放一次"选项，如图 7-34 所示，使得元件中动画只播放一次。场景 2 制作完成。

Step 16 在图 7-28"场景窗口"中选中"场景 2"，单击窗口左下方"重置场景"按钮对场景 2 进行复制，将复制的场景名称改为"场景 3"。

Step 17 场景 3 的制作和场景 2 相似，只要稍做修改即可。切换到场景 3，按照图 7-35 所示修改图层名称。右击"图片 2"图层第 1 帧上的图片，在弹出的快捷菜单中选择"交换位图"命令，打开如图 7-36 所示的"交换位图"对话框，选择"场景 3"文件夹下的"图片 2.jpg"文件，将当前图片更换为"图片 2.jpg"。使用同样的方法将"图片 3"图层中的图片更换为"图片 3.jpg"。

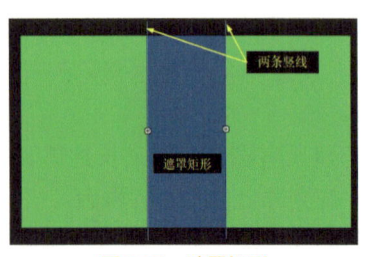

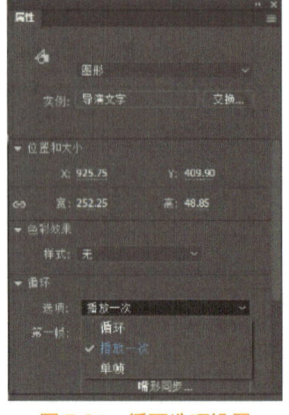

图 7-33 遮罩矩形　　　图 7-34 循环选项设置　　　图 7-35 修改图层名称

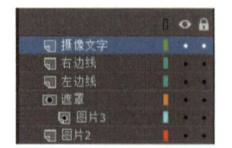

# 第 7 部分　遮罩动画制作

**Step 18** 使用同样的方法创建"摄像文字"图形元件。单击"摄像文字"图层的第 50 帧，右击元件实例，在弹出的快捷菜单中选择"交换元件"命令，打开如图 7-37 所示的"交换元件"对话框，选择"场景 3"文件夹下的"摄像文字"元件。场景 3 制作完成。

图 7-36　"交换位图"对话框　　　　图 7-37　"交换元件"对话框

**Step 19** 使用同样的方法制作场景 4，此处不再讲述。

## 7.2.4　科技片头动画

◎ 任务效果图（图 7-38）

◎ 关键步骤

视频：科技片头动画

图 7-38　科技片头动画效果图

**Step 01** 打开素材中的"素材 - 科技片头动画 .fla"文件。

**Step 02** 新建图形元件"遮罩图形"。绘制一个宽为 600 像素、高为 28 像素、七色线性渐变填充的矩形，渐变色设置如图 7-39 所示。保证矩形是打散分离状态，使用直线将其对角分隔，如图 7-40 所示，保留下方的三角图形，删除其余图形。将保留的三角图形转换为元件"三角形"。

说明：将三角图形转换为元件，是方便后面想修改整个图形时，只修改这个三角形元件即可。

图 7-39　设置渐变色　　　　图 7-40　分隔矩形得到三角图形

**Step 03** 按【Q】键切换到"任意变形工具"，将三角图形的中心控点移到右上角位置，如图 7-41 所示。按【Ctrl+T】组合键打开"变形"面板，设置"旋转"角度为"15°"，如图 7-42 所示。多次单击右下方的"重制选区和变形"按钮，直到复制生成一圈三角形为止，效果如图 7-43 所示。选中所有图形并将其转换为元件。

· 147 ·

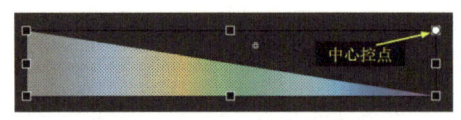

图 7-41 设置中心控点位置 1 　　图 7-42 复制变形 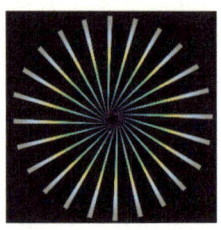　　图 7-43 复制变形效果 1

**Step04** 在第 30 帧处创建关键帧，在第 1 帧到第 30 帧之间创建传统补间。单击时间轴任意帧位置，在"属性"面板中设置该补间为顺时针旋转 1 周。

**Step05** 新建图形元件"背景图形"，将库中的元件"三角形"拖到舞台中，将三角形的中心控点拖到图 7-44 所示的位置。在图 7-42 中设置"旋转"角度为"-15°"，多次单击右下方的"重制选区和变形"按钮，直到复制生成一圈三角形为止，效果如图 7-45 所示。选中所有图形并将其转换为元件。

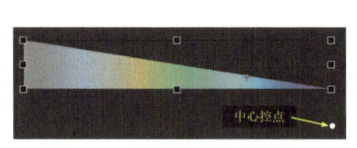

图 7-44 设置中心控点位置 2 　　图 7-45 复制变形效果 2

**Step06** 在第 30 帧处创建关键帧，在第 1 帧到第 30 帧之间创建传统补间。单击时间轴上任意帧位置，在"属性"面板中设置该补间为逆时针旋转 1 周。

**Step07** 新建图形元件"文字"。创建文本"创新研发，科技助力"，设置字体、大小和颜色，并将其转换为元件"wz"。在第 30 帧处创建关键帧，将第 1 帧中元件实例的透明度设置为 0。创建第 1 帧到第 30 帧之间的传统补间。

**Step08** 回到场景 1，创建如图 7-46 所示的图层。单击"背景"图层的第 1 帧，将库中的"背景图形"元件拖到舞台中，使用"对齐"面板设置其相对舞台"水平中齐"和"垂直中齐"。

**Step09** 同样方法，将"遮罩图形"元件拖到"遮罩"图层中，设置其相对舞台"水平中齐"和"垂直中齐"。此时效果如图 7-47 所示，遮罩后效果如图 7-48 所示。

图 7-46 创建图层 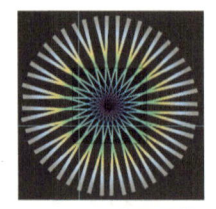　　图 7-47 两个图层效果 　　图 7-48 遮罩后效果

**Step10** 单击"文字"图层的第 1 帧，将库中的"文字"元件拖到舞台下方位置。在第 30 帧处创建一个空白关键帧，将库中"wz"元件拖到舞台中（位置与第 1 帧上的元件实例相同）。单击第 30 帧，按【F9】键调出"动作"面板，输入代码"stop();"。本任务制作完成。

> **头脑风暴**

上面任务中，如果想将向外发散的遮罩动画速度变慢，想想怎样修改实现。

## 7.2.5 遮罩技术在场景和人物绘制中的应用

本任务包含两个案例，一个是遮罩技术在场景绘制中的应用，一个是遮罩技术在人物绘制中的应用。

◎ 案例1效果图 （图7-49）

◎ 关键步骤

利用滤镜和遮罩技术制作小船在湖水中的倒影效果。

图7-49 水中倒影效果图

**Step 01** 打开素材中的"素材-遮罩在场景中的应用.fla"文件，文件中已将湖水图片设置为背景并对齐舞台。

**Step 02** 创建如图7-50所示的图层。单击"小船"图层的第1帧，将库中"小船.png"文件拖到舞台中间位置。选中小船图片，按住【Shift+Alt】组合键的同时向下拖动鼠标，在垂直方向得到复制的小船图片。对复制的图片进行垂直翻转，并放置在小船图片正下方位置，如图7-51所示。

**Step 03** 选中小船倒影图片，按【Ctrl+X】组合键进行剪切。单击"倒影"图层的第1帧，按【Ctrl+Shift+V】组合键粘贴到当前位置。

**Step 04** 将"倒影"图层中的小船倒影图片转换为影片剪辑元件"小船倒影"。选中该元件实例，选择"属性"面板→"色彩效果"→"样式"→"亮度"选项，将亮度设置为"-50%"。单击"滤镜"选项下的"添加滤镜"按钮，在菜单中选择"模糊"命令，设置"模糊X"和"模糊Y"都为"8像素"，如图7-52所示。设置后效果如图7-53所示。

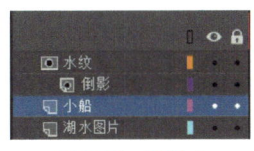

图7-50 图层1　　　　图7-51 小船倒影　　　　图7-52 属性设置

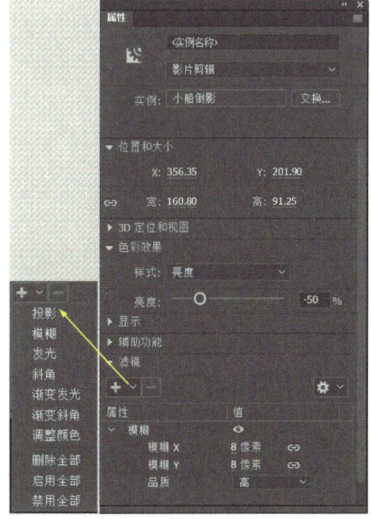

Step05 单击"水纹"图层的第 1 帧，使用"画笔工具"绘制如图 7-54 所示水纹图形，保证水纹图形是打散状态，将水纹图形放置在能覆盖小船倒影的位置。

图 7-53　倒影效果　　　　　　　　　　　　　　图 7-54　水纹

## 案例 2 效果图（图 7-55）

## 关键步骤

利用滤镜和遮罩技术制作卡通人物光线效果。

Step01 打开素材中的"素材 - 遮罩在人物中的应用 .fla"文件。

Step02 创建如图 7-56 所示的图层。单击"原图"图层的第 1 帧，将库中"卡通人物 .png"文件拖到舞台中并对齐舞台。

图 7-55　卡通人物光线效果图

选中图片，按【Ctrl+B】组合键将其打散，单击并按住"套索工具"，访问其下的隐藏工具，选择"魔术棒工具"，然后单击图像之外的区域并按【Delete】键，将除图像之外的区域删除，多次操作直到仅剩图像，如图 7-57 所示。这一步实际是将图片中的图像抠出。

Step03 锁定"原图"图层，单击"暗光"图层的第 1 帧。使用"钢笔工具"将左侧边部区域圈起来，如图 7-58 所示中的绿色线条。调整区域边线的弧度，使其更加贴合人物线条，如图 7-59 所示。

图 7-56　图层 2　　　　图 7-57　删除图像之外的区域　　　　图 7-58　圈出暗光区域

Step04 双击图 7-59 中的绿色线条，选中所有绿色线条。按【Ctrl+X】组合键将其剪切，解锁"原图"图层并单击第 1 帧，按【Ctrl+Shift+V】组合键将绿色线条粘贴到当前位置。按【Shift】键的同时单击选中绿色线条内的区域，如图 7-60 所示。复制选中的部分，回到"暗光"图层的第 1 帧，按【Ctrl+Shift+V】组合键将复制的部分粘贴到当前位置。隐藏"原图"图层，效果如图 7-61 所示。

说明：假设当前光源方向是右上方侧面光，所以卡通人物的左侧边部区域是暗光区域，将这部分区域亮度调暗。同理右侧部分为亮光区域，将其亮度调亮。

第 7 部分　遮罩动画制作

图 7-59　绿色线条　　　　图 7-60　选中绿色线条内区域　　　　图 7-61　单独复制出来的区域

**Step 05** 按【Ctrl+A】组合键选中图 7-61 中的所有图形，将其转换为影片剪辑元件"暗光区域"。在"属性"面板中设置如图 7-62 所示的滤镜效果，得到如图 7-63 所示的效果。

**Step 06** 使用同样的方法对"亮光"区域进行编辑处理，效果如图 7-64 所示。

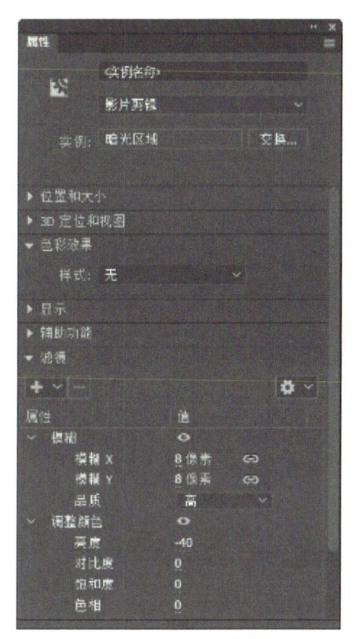

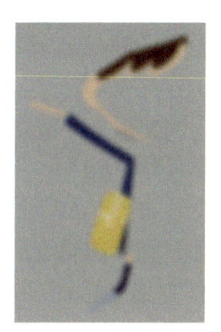

图 7-62　设置滤镜效果　　　　图 7-63　滤镜效果　　　　图 7-64　亮光区域编辑处理

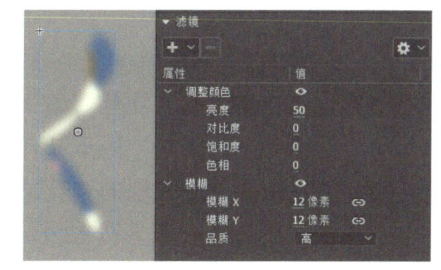

**Step 07** 将"原图"图层中的图片复制并粘贴到"遮罩"图层第 1 帧的相同位置。这个遮罩的作用是能够使最后状态保持原轮廓效果。前后对比如图 7-65 所示。

图 7-65　前后对比效果图

## 7.3 应用模式——服装节目包装片头动画

**任务效果图**（图 7-66）

**重点提示**

通过完成服装节目包装片头制作，掌握遮罩技术的应用。

动画描述：在充满古典气息的背景画面中，花开朵朵。银色相框从上方落下，紧接着模特 1 逐渐出现然后逐渐消失，依次出现模特 2 和模特 3 进行展示。单个模特展示完成后，出现晃动的镜头效果展示不同画面，然后进行整体展示，最后出现片头文字。时间轴如图 7-67 所示。库中已导入的素材如图 7-68 所示。制作动画前需要先对素材进行处理。

图 7-66　服装节目包装片头效果图

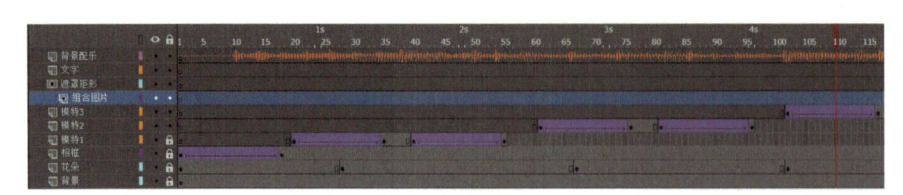

图 7-67　时间轴

（1）将"模特 1""模特 2""模特 3"3 个图片文件转换为图形元件"mt1""mt2""mt3"。
（2）将"花朵 .png"文件转换为图形元件"hd"。
（3）创建"组合图片"图形元件，效果如图 7-69 所示。
（4）创建花朵逐渐显现的"花朵动画"剪片剪辑元件，如图 7-70 所示。

素材处理后的库如图 7-71 所示。制作完成后的时间轴如图 7-72 所示。

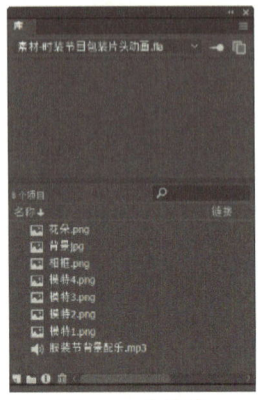

图 7-68　初始库

图 7-69　"组合图片"元件

## 第 7 部分　遮罩动画制作

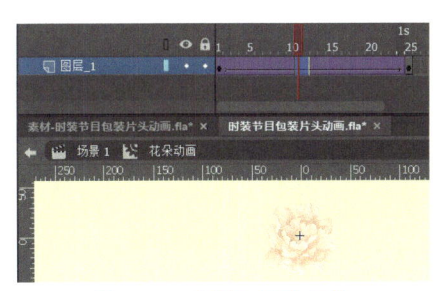

图 7-70　"花朵动画"元件

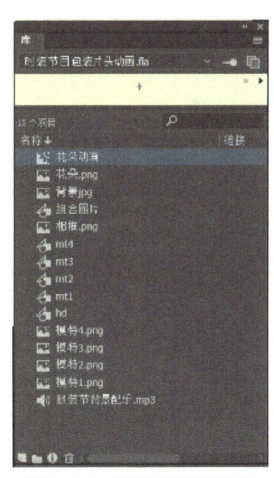

图 7-71　素材处理后的库

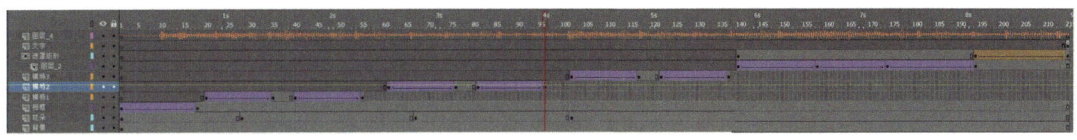

图 7-72　完整时间轴

该片头动画主要包括：模特图片显示动画、遮罩实现的镜头晃动展示不同画面然后整体展示效果动画。

模特图片显示动画：主要是图片开始状态时剪影效果的设置，不同颜色的剪影效果通过设置图片元件实例的色调实现，如图 7-73 所示。

镜头晃动展示不同画面然后整体展示效果动画如图 7-74 所示。

图 7-73　剪影效果设置

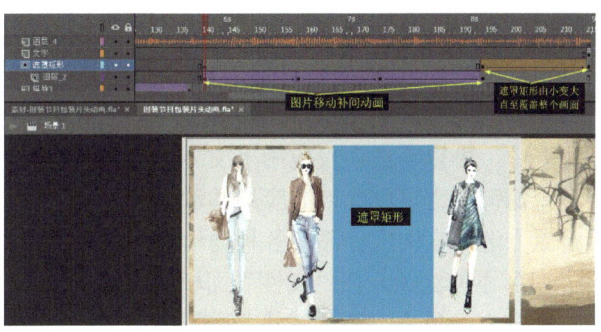

图 7-74　遮罩动画的时间轴效果

## 7.4　相关知识

### 1. 遮罩动画原理

遮罩层包含用作遮罩的对象，这些对象用于隐藏其下方的选定图层部分。被遮罩层中只有未被遮罩覆盖的部分才可见。举例说明：在图 7-75 中，蓝色八边形（窗户形状）是遮罩层，下面的图片是被遮罩层，遮罩后的效果如图 7-76 所示，只显示遮罩层覆盖的画面，其他画面则不显示。

图 7-75　遮罩层与被遮罩层　　　　　　图 7-76　遮罩后效果

**２．遮罩层的特点**

（1）一个遮罩层可以遮罩其下的多个图层。

（2）遮罩层中的对象可以是文字、填充的形状、元件实例等。笔触也就是线条不能作为遮罩层中对象，可以将线条转换为填充后作为遮罩层对象。

说明：遮罩可以是任意的填充形状，填充的颜色无关紧要，重要的是形状的大小、位置和轮廓。

（3）An 不会识别在时间轴上创建的遮罩的不同 Alpha 值，所以遮罩图层的半透明填充和不透明填充的效果是一样的，而边界将总是保持实心的。在 ActionScript3.0 文档中，可以使用 ActionScript 代码动态创建具有透明度的遮罩。

（4）要查看遮罩图层置于被遮罩图层上的效果，要锁定所有遮罩图层和被遮罩图层。

**３．滤镜**

使用滤镜（图形效果），可以为文本、按钮和影片剪辑增添丰富的视觉效果。另外，An 所独有的一个功能是可以使用补间动画让应用的滤镜动起来。

对象每添加一个新的滤镜，在属性检查器中，就会将其添加到该对象所应用的滤镜的列表中，可以将滤镜仅应用于文本、按钮、影片剪辑、组件等对象。可以对一个对象应用多个滤镜，也可删除以前应用的滤镜，使用"属性"面板中的"滤镜""色彩效果""显示设置"选项来向组件添加各种滤镜。

（1）添加滤镜。在"属性"面板的"滤镜"部分中，单击"添加滤镜" 按钮的下拉列表，如图 7-77 所示，选择一种滤镜，然后对任一需要的属性进行修改或设置相应的值，如模糊、强度、阴影等，效果将同时反映在对象上。

（2）删除滤镜。从已添加滤镜的列表中选择要删除的滤镜，然后单击"删除滤镜"按钮即可，如图 7-78 所示。

（3）复制和粘贴滤镜。选择要复制的

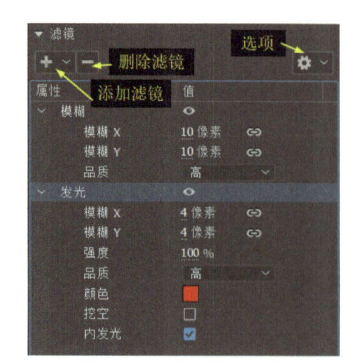

图 7-77　滤镜选项　　　　图 7-78　"滤镜"面板

滤镜，单击图 7-78 中的"选项"按钮，在下拉列表中选择"复制选定的滤镜"选项（若要复制所有滤镜，选择"复制所有滤镜"选项）。选择要对其应用滤镜的对象，单击"选项"按钮，在下拉列表中选择"粘贴滤镜"选项。

（4）启用或禁用应用于对象的滤镜。所有滤镜默认为启用状态。在滤镜列表中，单击滤镜名称旁边的 👁 图标可禁用滤镜，单击滤镜旁边的 ✕ 图标将启用选定滤镜。

（5）创建预设滤镜库。可以将滤镜设置保存为预设库，以便轻松应用到影片剪辑和文本对象中。通过向其他用户提供滤镜配置文件，就可以与其他用户共享你的滤镜预设。

**4. 混合模式**

使用 An 混合模式，可以创建复合图像。复合是改变两个或两个以上重叠对象的透明度或者颜色相互关系的过程。混合模式也为对象和图像的不透明度增添了控制尺度，可以使用 An 混合模式来创建用于透显下层图像细节的加亮效果或阴影，或者对不饱和的图像涂色，从而创造独特的效果。

混合模式包含以下元素。

- 混合颜色：应用于混合模式的颜色。
- 不透明度：应用于混合模式的透明度。
- 基准颜色：混合颜色下面的像素的颜色。
- 结果颜色：基准颜色上混合效果的结果。

混合模式不仅取决于要应用混合的对象的颜色，还取决于基础颜色。Adobe 建议试验不同的混合模式，以获得所需效果。

- 正常：正常应用颜色，不与基准颜色发生交互。
- 图层：可以层叠各个影片剪辑，而不影响其颜色。
- 变暗：只替换比混合颜色亮的区域，比混合颜色暗的区域将保持不变。
- 色彩增殖：将基准颜色与混合颜色复合，从而产生较暗的颜色。
- 变亮：只替换比混合颜色暗的区域，比混合颜色亮的区域将保持不变。
- 滤色：将混合颜色的反色与基准颜色复合，从而产生漂白效果。
- 叠加：复合或过滤颜色，具体操作需取决于基准颜色。
- 强光：复合或过滤颜色，具体操作需取决于混合模式颜色。该效果类似于用点光源照射对象。
- 差异：从基色减去混合色或从混合色减去基色，具体取决于哪一种的亮度值较大。该效果类似于彩色底片。
- 加色：通常用于在两个图像之间创建动画的变亮分解效果。
- 减色：通常用于在两个图像之间创建动画的变暗分解效果。
- 反色：反转基准颜色。
- Alpha：应用 Alpha 遮罩层。
- 擦除：删除所有基准颜色像素，包括背景图像中的基准颜色像素。

注意："擦除"和"Alpha"混合模式要求将"图层"混合模式应用于父级影片剪辑。不能将背景剪辑更改为"擦除"混合模式并应用它，因为该对象将是不可见的。

## 7.5 常见问题

**问题 1**：如果不能实现遮罩效果，可能原因是遮罩层对象为线条。

**解决办法**：将线条转换为填充。

**问题 2**：在"水波荡漾动画"任务中，如果没有将抠出部分向下和向右移动一点距离，则不能实现水波波动效果。

---

**思政点滴**

随着时代的发展，动画已经涉及各个领域，譬如游戏、电影、广告等。动画在各方面的广泛应用使得其功能不断延伸，特别是商业动画，它的制作工艺和流程是庞大而复杂的，需要团队合作完成。想要做出好的动画作品，一个人的力量是有限的，必须依靠团队中每个成员发挥专长，合心同力。

# 第 8 部分

# 文字特效动画

## 课程概述

本部分课程将学习以下内容：

- 补间文字特效；
- 遮罩文字特效；
- 逐帧文字特效。

通过学习本部分内容可以掌握以下知识与技能：

- 能够根据实际需要使用补间、遮罩、逐帧技术制作各种文字特效。

一部好的 Animate 动画，文字特效占据着举足轻重的位置。在动画制作过程中，适当运用独具风格的文字动画效果，能为动画增色不少。Animate CC 的文本编辑功能和动画制作功能非常强大，可以运用补间、引导层、遮罩、逐帧等技术制作出异彩纷呈的文字特效。

## 8.1 补间文字特效

视频：文字翻转效果动画

### 8.1.1 应用模式——文字翻转效果动画

利用前面学过的补间动画制作各种文字特效动画。文字层叠翻转逐渐消失，然后从小到大变色出现在舞台中央，同时一段光束从文字下方自左向右穿过。

**任务效果图**（图8-1）

**任务实现**

**Step 01** 打开素材中的"素材 - 文字翻转效果动画"文件，文件中已将背景图片放置到舞台中并对齐舞台。

**Step 02** 新建图形元件"文字"，使用"文本工具"创建文本"Animate"，设置字体为"方正综艺简体"，大小为"100 磅"，颜色任意。按两次【Ctrl+B】

图 8-1 文字翻转效果动画效果图

组合键将文本打散，使用"墨水瓶工具"为文本添加边线（设置一定笔触高度），如图 8-2 所示。按【Delete】键将文本内部有颜色部分删除，得到如图 8-3 所示的效果文本。

图 8-2 添加边线后效果 　　　　图 8-3 只留边线效果

**Step 03** 新建影片剪辑元件"光束"，使用"线条工具"绘制一条黑白色径向渐变填充的线条，颜色设置如图 8-4 所示（注意透明度的设置）。

**Step 04** 在"背景"图层上面新建图层"文字"，将库中的"文字"元件拖到舞台中间位置。在第 30 帧处创建关键帧，将此帧上的元件实例缩小并设置透明度为"6%"，在两个关键帧之间创建传统补间，设置该补间为顺时针旋转 1 次。

**Step 05** 复制两次"文字"图层，分别命名为"文

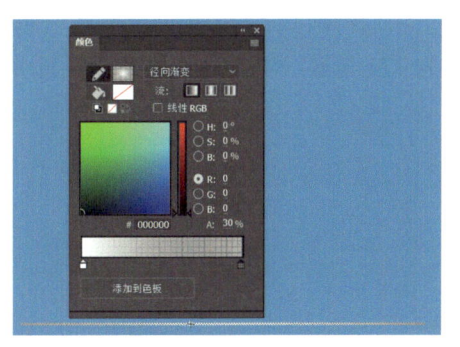

图 8-4 光束颜色设置

字复制 1"和"文字复制 2"。将复制的两个图层时间轴上的帧向后移动一段距离，如图 8-5 所示。这个操作可以实现文字有层次地翻转效果。

**Step 06** 在"文字复制 2"图层上面新建两个图层"文字出现"和"光束"。单击"文字出现"图层的第 1 帧，将库中的"文字"元件拖到舞台上部中间位置，并适当进行缩小，设置透

明度为"6%"。在第 65 帧处创建关键帧,将当前帧上的元件实例向下拖到舞台中间位置,适当放大尺寸,并将其边线颜色设置为黄色。在两个关键帧之间创建传统补间。在第 65 帧处插入动作并输入代码"stop();"。

**Step07** 在"光束"图层的第 53 帧处插入空白关键帧,将库中的"光束"元件拖到舞台左侧外部位置。在第 65 帧处创建关键帧,按【Shift】键将当前帧上的元件实例向右拖动拖出舞台。此时的时间轴如图 8-6 所示。

层叠翻转效果的文字动画制作完成。

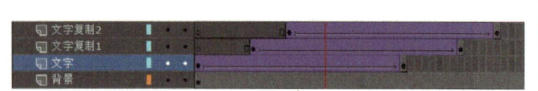

图 8-5  复制两个图层并设置层次

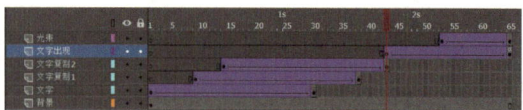

图 8-6  时间轴效果

### 8.1.2  应用模式——折射发光文字特效动画

本任务同前面任务一样也是一个层叠效果的动画,可见补间动画被用于文字特效时层叠效果是一个比较重要的表现手法。该动画结合"LED 照明"这一主题,巧妙利用光线折射效果及层叠显现效果,展现层叠辉映的文字特效动画。

视频:折射发光文字特效动画

◎ **任务效果图**（图 8-7）

◎ **任务实现**

图 8-7  折射发光文字特效动画效果图

**Step01** 打开素材中的"素材 - 折射发光文字特效动画"文件。

**Step02** 新建图形元件"文字",使用"文本工具"创建文本"靓彩 LED 照明",可以适当进行一些美化,如图 8-8 所示。

**Step03** 新建图形元件"光线形状",绘制如图 8-9 所示的形状（可先绘制矩形,打散后扭曲得到）,为形状设置黑白色线性渐变填充,如图 8-10 所示。设置宽为 394 像素、高为 171 像素,填充后效果如图 8-11 所示。

图 8-8  文字效果        图 8-9  光线形状        图 8-10  线性渐变填充

**Step04** 新建影片剪辑元件"光线折射动画"。单击第 1 帧,将库中的"光线形状"元

件拖到舞台，设置如图 8-12 所示的辅助线。在第 10 帧处创建关键帧，按【Q】键切换到"任意变形工具"，按【Alt】键的同时对元件实例进行缩放，效果如图 8-13 所示。

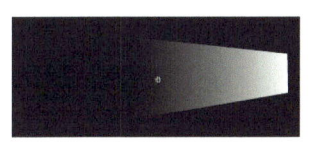

图 8-11　填充后效果 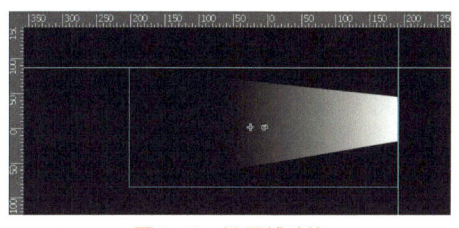　　　　　图 8-12　设置辅助线 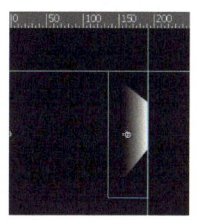　　　　　图 8-13　第 10 帧状态

**Step 05** 在第 11 帧处创建关键帧，将当前帧上的元件实例进行水平翻转，然后按【Shift】键将其拖到垂直辅助线右侧位置，如图 8-14 所示。

**Step 06** 在第 20 帧处创建关键帧，将该帧上的元件实例缩放到第 1 帧时的大小，如图 8-15 所示，设置其完全透明。

**Step 07** 将第 1 帧上元件实例的透明度设置为 0%，完全透明。在第 1 帧到第 10 帧、第 11 帧到第 20 帧之间都创建传统补间。"光线折射动画"元件制作完成。

**Step 08** 回到场景 1，创建如图 8-16 所示的图层。单击"文字"图层的第 1 帧，将库中的"文字"元件拖到舞台中间位置，将帧延长至第 50 帧。

**Step 09** 在"折射 1"图层的第 5 帧处创建空白关键帧，将库中的"光线折射动画"元件拖到舞台左侧外部位置，如图 8-16 所示，将帧延长至第 25 帧。

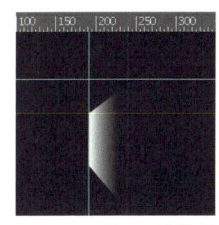

图 8-14　第 11 帧状态 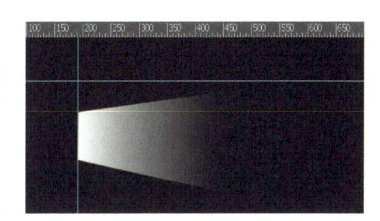　　　图 8-15　第 20 帧位置 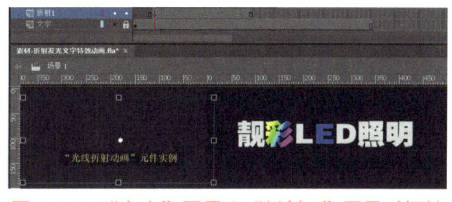　　　图 8-16　"文字"图层和"折射 1"图层时间轴

**Step 10** 复制多个"折射 1"图层，并分别设置如图 8-17 所示层叠效果的时间轴。将"折射 2"图层第 10 帧上的元件实例水平向右拖动一些距离，分别将"折射 3"到"折射 6"中的元件实例拖到水平方向上的不同位置，如图 8-18 所示。

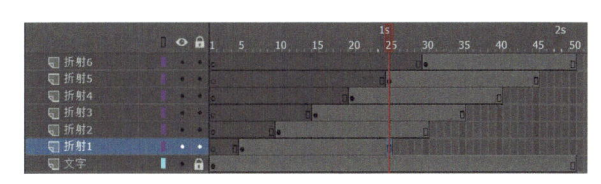

图 8-17　最终时间轴效果 　　　　　　　图 8-18　元件实例在水平方向上的位置

## 8.1.3　应用模式——跳动的镜像文字动画

跳动的镜像文字效果也是补间文字特效中一种常用的表现形式，动画使用文字依次跳动显示及镜像文字对称跳动显示的方法，表现出文字活泼灵动、跃然画面的动画效果。

◎ **任务效果图**（图8-19）

◎ **任务实现**

**Step 01** 打开素材中的"素材-跳动的镜像文字动画"文件，文件中已将背景图片放置到舞台中并对齐舞台。

图8-19　跳动的镜像文字动画效果图

**Step 02** 首先对文本"纯动饮用水"中每个文字创建跳跃效果动画。新建影片剪辑元件"纯"，使用"文本工具"创建文本"纯"，设置字体为"方正综艺简体"，大小为"100磅"，白色（字体等属性设置可按照自己想法设置）。文本定位后，设置如图8-20所示的辅助线，辅助线的作用是帮助后面文字跳动时的定位。将该文本转换为图形元件"chun"。

**Step 03** 分别在第10、第19、第20帧处创建关键帧，将第10帧中的元件实例垂直向上拖动一些距离，在第19帧将元件实例向下拖动到接近下方辅助线位置，在第20帧拖回到第1帧时的位置。在3个关键帧之间创建传统补间。单击"时间轴"面板右上方"绘图纸外观"按钮，然后拖动帧的显示范围，并单击"将所有图层显示为轮廓"选项，这样可以查看帧的运动轨迹，如图8-21所示，将帧延长至第40帧。跳动的文本动画制作完成。

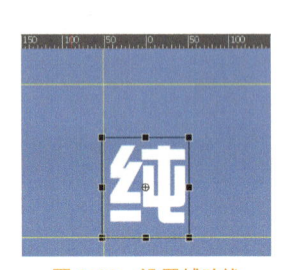

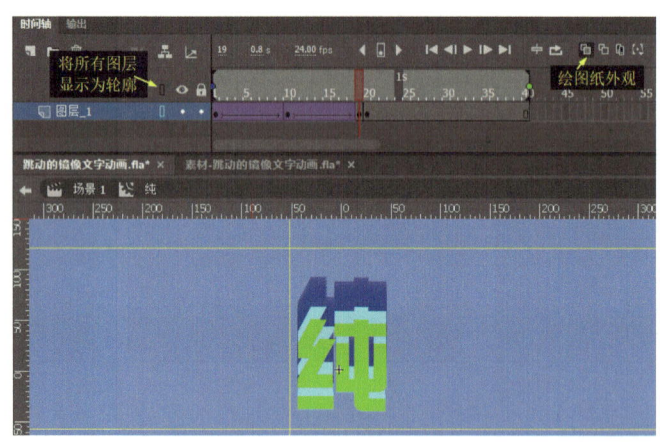

图8-20　设置辅助线　　　　　　　　图8-21　绘图纸外观效果

**Step 04** 右击库中的元件"chun"，在弹出的快捷菜单中选择"直接复制"命令，在打开的"直接复制元件"对话框中输入名称"dong"，这样就得到一个新元件。打开新元件，将文本修改为"动"。

**Step 05** 使用同样的方法对影片剪辑"纯"进行复制得到新元件"动"。打开新元件，将时间轴调整为如图8-22所示。将5处关键帧上的元件实例都替换为元件"dong"。将第12帧中的元件实例稍向上拖动一段距离（为了有跳跃感，后面文字的跳动幅度需要依次稍微调大一些）。

注意：第1帧是有文字的关键帧，不是空白关键帧。如果此处是空白关键帧，后面拖到场景中时将无法显示其位置。

后面经常用到"交换元件"操作，为方便快捷地进行此操作，可以设置此操作的快捷键。选择"编辑"→"快捷键"命令，打开"键盘快捷键"对话框，在搜索框中输入命令关键

第 8 部分　文字特效动画

字"交换元件",在命令框中显示搜索到的命令,在对应"快捷键"选项下输入自定义的快捷键如"Ctrl+J",单击"添加"按钮即可,如图 8-23 所示。后面只要按【Ctrl+J】组合键即可打开"交换元件"对话框,进行元件替换。

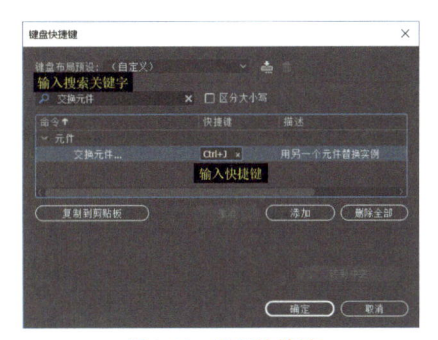

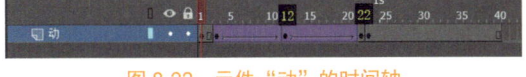

图 8-22　元件"动"的时间轴

图 8-23　设置快捷键

**Step 06** 使用同样的方法得到元件"饮""用""水",时间轴如图 8-24 所示。在"库"面板中新建文件夹"单字",将文字的相关元件拖到文件夹中,效果如图 8-25 所示。

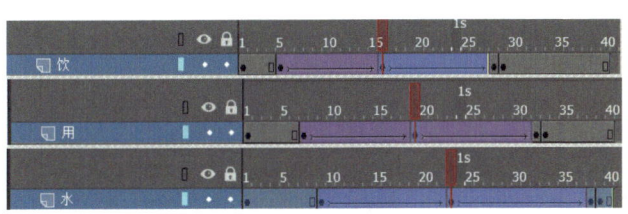

图 8-24　时间轴

图 8-25　单字相关元件

**Step 07** 下面创建对应镜像文字的相关元件。对元件"chun"进行复制得到新元件"chun 镜",对元件中的文字进行垂直翻转。复制元件"纯"得到新元件"纯镜",将所有关键帧上的元件实件替换为元件"chun 镜",将第 10 帧上的元件实例向下移动,后面关键帧也做相应改动。

**Step 08** 使用同样的方法制作其他镜像文字元件,在"库"面板中新建文件夹"镜像字",将镜像文字相关元件拖到该文件夹中,如图 8-26 所示。

**Step 09** 回到场景 1,创建如图 8-27 所示的图层。将对应的文字元件拖到相应图层,效果如图 8-28 所示。

**Step 10** 在"背景"图层绘制一个灰色半透明矩形,放置在文字与镜像文字分界处,如图 8-29 所示。

图 8-26　镜像字相关元件

图 8-27　各图层效果

图 8-28　文字与镜像文字效果

图 8-29　添加灰色半透明矩形后效果

· 163 ·

**Step 11** 单击"背景音效"图层的第 1 帧,将库中的"水滴声 .mp3"文件拖到舞台中。跳动的镜像文字动画制作完成。

## 8.2 遮罩文字特效

遮罩动画是应用比较多的一种动画实现技术,其在文字特效动画中的应用也非常广泛。下面通过介绍几个比较典型的遮罩文字动画,使读者了解和掌握遮罩在文字特效动画中的表达与呈现方法。

### 8.2.1 应用模式——蜂巢过光文字动画

利用遮罩技术实现蜂巢过光效果动画。蜂巢是由一个个小圆组成的,每个小圆都包含一个变大、变色然后变小的动画。使用逐帧动画将小圆逐渐形成文字(An)的形状,然后使用遮罩技术实现蜂巢掠过文字的动画效果。

视频:蜂巢过光文字动画

◎ **任务效果图**(图 8-30)

◎ **任务实现**

**Step 01** 打开素材中的"素材 - 蜂巢过光文字动画"文件。

**Step 02** 新建影片剪辑元件"圆点动画"。单击第 1 帧,绘制一个无边线、绿色填充(#00CC66)

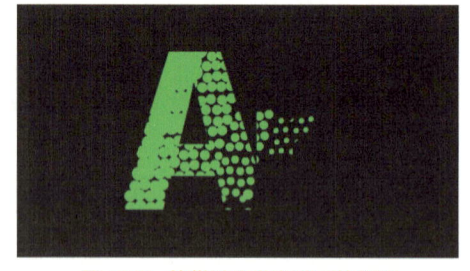

图 8-30 蜂巢过光文字动画效果图

宽高均为 46 像素的圆形,将其转换为元件"圆点"。分别在第 40、第 50、第 70、第 95、第 140 帧处创建关键帧,将第 1 帧中的元件实例大小设置为宽、高均为 5 像素,将第 70 帧中的元件实例调整为黄绿色,将第 140 帧中的元件实例大小设置为宽、高均为 5 像素。

**Step 03** 在第 1 帧到第 40 帧、第 50 帧到第 70 帧、第 95 帧到第 140 帧之间创建传统补间。

**Step 04** 新建图形元件"logo",创建文本"An",为其设置喜欢的字体和颜色。

**Step 05** 新建影片剪辑元件"多点遮罩动画",创建如图 8-31 所示的遮罩和被遮罩图层。单击"文字"图层的第 1 帧,将库中的"logo"元件拖到舞台中。

**Step 06** 在"圆点动画元件"图层创建逐帧动画。单击第 1 帧,将库中的"圆点动画"元件拖到文字左上角位置。将更多的元件实例放在第 2 帧有文字的位置,后面依次设置元件

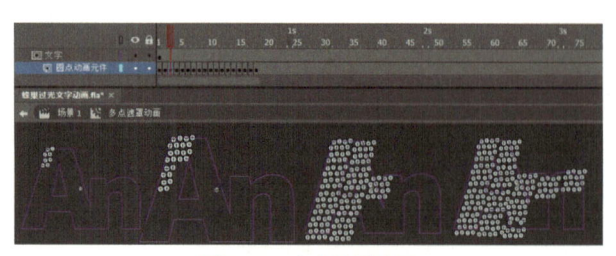

图 8-31 多点遮罩动画

实例到各个帧，使得逐渐覆盖整个 logo 文字，如图 8-31 所示。将两个图层都延长至第 140 帧。

**Step 07** 回到场景 1，将库中的"多点遮罩动画"元件拖到舞台中间位置。

## 8.2.2 应用模式——滚动字幕放大镜动画

视频：滚动字幕放大镜动画

放大镜效果动画也是遮罩技术的一种应用，这种动画可以突出文字变化，增强画面感和层次感。本任务是滚动字幕效果的放大镜动画，动画首先出现放大镜（使用一个实心圆和一个空心圆作为放大镜），然后文字自右向左移动，经过放大镜时文字会放大和变色显示，效果如图 8-32 所示。

**任务效果图**（图 8-32）

**任务实现**

**Step 01** 打开素材中的"素材 - 滚动字幕放大镜动画"文件，文件中已将背景图片放置到舞台中并对齐舞台。

图 8-32 滚动字幕放大镜动画效果图

**Step 02** 新建图形元件"实心圆"，绘制一个宽、高均为 182 像素、无边线、黑色填充的圆形。

**Step 03** 新建图形元件"空心圆，绘制一个黑色边线（笔触高度为 4）、无填充的圆形。放大镜效果如图 8-33 所示。

**Step 04** 新建图形元件"文字"，创建文本"汇聚正能量　实现中国梦"，设置其大小为 40 磅、黑色、方正行楷简体。

**Step 05** 新建影片剪辑元件"放大镜动画"，创建如图 8-34 所示的图层。单击"实心圆"图层的第 1 帧，将库中的元件"实心圆"拖到舞台中，在第 14 帧处创建关键帧，将第 1 帧中的元件实例宽、高均设置为"22 像素"，在两个关键帧之间创建传统补间。

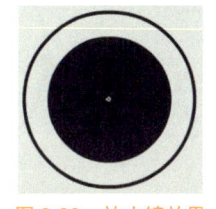

图 8-33　放大镜效果　　图 8-34　图层

**Step 06** 在"空心圆"图层的第 15 帧处创建空白关键帧，将库中的元件"空心圆"拖到舞台中，在第 25 帧处创建关键帧，将第 15 帧中元件实例的透明度设置为 0，在两个关键帧之间创建传统补间。

**Step 07** 在"小文字"图层的第 15 帧处创建空白关键帧，将库中的元件"文字"拖到舞台放大镜右侧位置。在第 80 帧处创建关键帧，将元件实例水平拖到放大镜外部左侧位置，在两个关键帧之间创建传统补间。

**Step 08** 选中"小文字"图层的所有帧，右击，在弹出的快捷菜单中选择"复制帧"命令。选中"大文字"图层的第 1 帧，右击，在弹出的快捷菜单中选择"粘贴帧"命令。对"大文字"图层第 15 帧中的元件实例进行纵向拉长，并设置其色调为白色，如图 8-35 所示。选中并复制该帧中的元件实例，删除第 80 帧中的元件实例，按【Ctrl+Shift+V】组合键将复制的元件实例粘贴到当前帧。大文字效果如图 8-36 所示。

· 165 ·

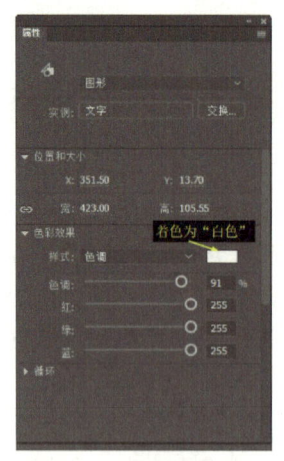

图 8-35　设置色调为"白色"　　　　　　图 8-36　文字纵向拉长后效果

**Step 09** 将"实心圆"图层第 14 帧中的元件实例复制到"圆形遮罩"图层相同位置，将所有图层上的帧都延长至第 80 帧。时间轴效果如图 8-37 所示。

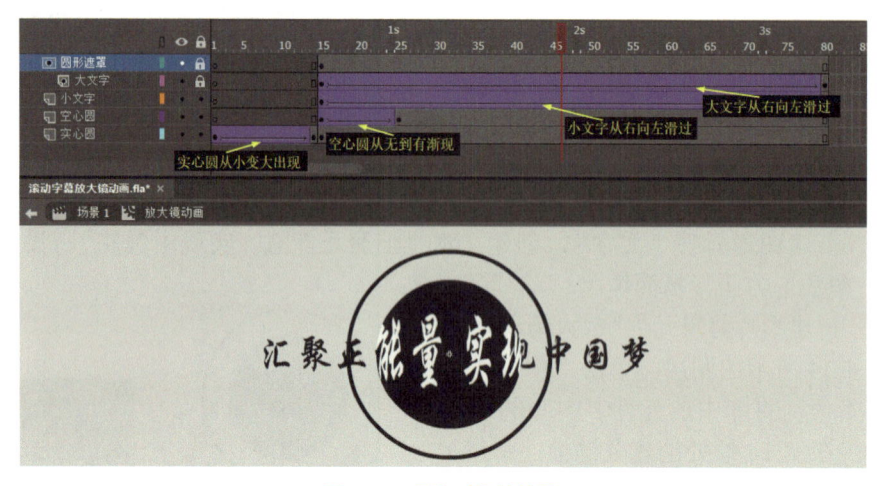

图 8-37　最终时间轴效果

## 8.2.3　应用模式——光影效果文字动画

通过模拟光束略过物体表面引起表面色彩变化的特效称为光影效果，如过光、探照灯等。光影效果一般用于文字动画特效，可以使得文字多姿多态、更加绚丽夺目，在动画中的应用比较广泛。本任务利用不同颜色线条结合遮罩技术制作文字过光效果动画，效果如图 8-38 所示。

◎ **任务效果图**（图 8-38）

◎ **任务实现**

**Step 01** 打开素材中的"素材 - 光影效果

图 8-38　光影效果文字动画效果图

文字动画"文件，创建如图 8-39 所示的图层并设置遮罩和被遮罩图层。

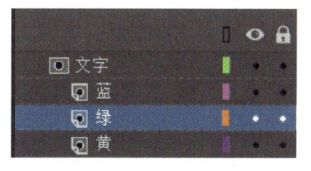

**Step 02** 单击"文字"图层的第 1 帧，创建文本"非常动画"，设置其字体、字号，因为是作为遮罩层所以颜色随意，效果如图 8-40 所示。将帧延长至第 53 帧。

图 8-39　图层

**Step 03** 新建影片剪辑元件"光条"，在第 1 帧中绘制一个宽为 46 像素、高为 300 像素、蓝色填充、无边线的矩形，将矩形转换为元件。在第 35 帧处创建关键帧，选中矩形，切换到"任意变形工具"，按【Alt】键的同时拖动矩形右侧使其扩大成宽为 420 像素、高为 300 像素的矩形。在两个关键帧之间创建传统补间。

**Step 04** 回到场景 1。单击"黄"图层的第 1 帧，将库中的"光条"元件拖到舞台文字左下方位置。单击"属性"面板→"色彩效果"→"样式"→"色调"选项，如图 8-41 所示，单击其右侧"着色"按钮，在颜色面板中选择"黄色"，将帧延长至第 35 帧。

**Step 05** 在"绿"图层的第 10 帧创建空白关键帧，将库中的"光条"元件拖到舞台文字左下方位置。使用同样的方法设置其色调为"绿色"，将帧延长至第 45 帧。

**Step 06** 在"蓝"图层的第 18 帧创建空白关键帧，使用同样的方法设置一个"蓝色"光条，效果如图 8-42 所示，将帧延长至第 53 帧。光影效果文字动画制作完成。

图 8-40　文字效果 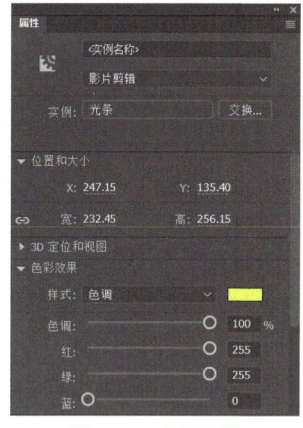　　　　图 8-41　色调设置 　　　　图 8-42　3 个不同颜色的光条效果

## 8.3　逐帧文字特效

视频：毛笔写字动画

### 8.3.1　应用模式——毛笔写字动画

利用逐帧和引导层技术实现毛笔写字动画效果。该任务时间轴和图层如图 8-43 所示，主要由 3 个图层构成：引导层（文字轨迹线条）、被引导层（毛笔）和文字笔画逐帧显现的图层。

· 167 ·

### 任务效果图（图 8-44）

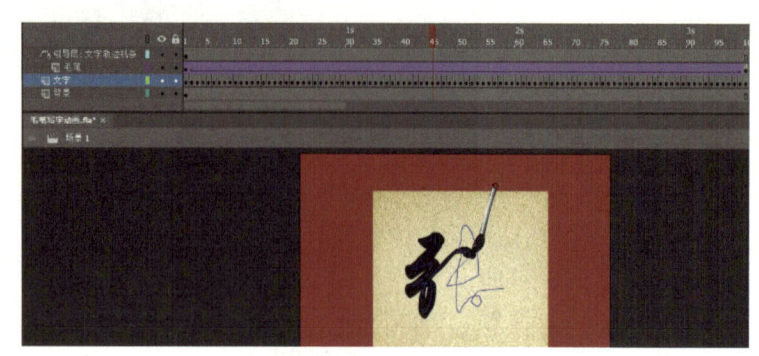

图 8-43　时间轴和图层

图 8-44　毛笔写字动画效果图

### 任务实现

**Step 01** 打开素材中的"素材 - 毛笔写字动画"文件，创建如图 8-43 所示的图层。

**Step 02** 单击"背景"图层的第 1 帧，将库中的"bj"图片拖到舞台中间位置。

**Step 03** 单击"引导层：文字轨迹线条"图层的第 1 帧，使用"铅笔工具"书写"张"字线条，如图 8-45 所示。将当前图层延长至第 100 帧。

**Step 04** 单击"毛笔"图层的第 1 帧，将库中的"mb"元件拖到舞台中并将其移动到"张"字笔画起始位置。在第 100 帧处创建一个关键帧，将该帧中毛笔元件实例拖放到"张"字笔画结束位置，如图 8-46 所示。

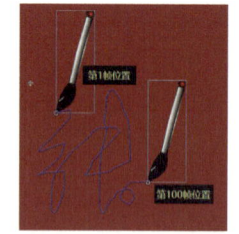

图 8-45　"张"字线条　　图 8-46　被引导层毛笔起止位置

**Step 05** 单击"文字"图层的第 1 帧。单击工具箱中"画笔工具"，在"属性"面板中设置其笔触高度为"15"，笔触颜色为黑色。在"张"字起笔处画一段黑色线段，如图 8-47 最左图所示，然后依次在第 2 帧至第 100 帧对笔画进行涂抹，如图 8-47 所示。文字笔画逐帧显示动画制作完成。

图 8-47　文字笔画逐帧显示动画

## 8.3.2　应用模式——描边字效果动画

### 任务效果图（图 8-48）

## 任务实现

**Step 01** 打开素材中的"素材 - 描边字效果动画"文件，创建如图 8-49 所示的图层。

图 8-48　描边字效果动画效果图

图 8-49　描边

**Step 02** 单击"文本"图层的第 1 帧，使用"文本工具"创建文本"动画制作"，设置字体为"华文细黑"，大小"150 磅"，颜色任意。按两次【Ctrl+B】组合键将文本打散，使用"墨水瓶工具"为文本填上边线（设置一定的笔触高度），如图 8-50 所示。按【Delete】键将文本内部有颜色部分删除，得到如图 8-51 所示的效果文本。将本图层的帧延长至第 80 帧。

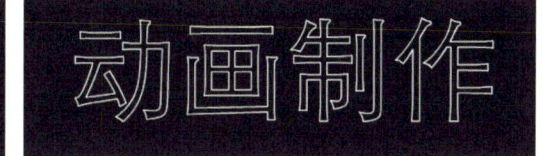

图 8-50　文本

图 8-51　去除内部颜色后效果

**Step 03** 单击"画笔工具"，在其"属性"面板中设置其填充颜色为"黄色"，画笔大小为"15"。单击"遮罩"图层的第 1 帧，使用"画笔工具"进行涂抹，效果如图 8-52 所示。单击第 2 帧，按【F6】键创建关键帧，按照书写顺序继续进行涂抹。按照这个方法对文本进行涂抹，一直涂抹到第 80 帧，涂抹完成，效果如图 8-53 所示。

图 8-52　涂抹

图 8-53　涂抹后效果

**Step 04** 单击"文本"图层的第 1 帧，选中第 1 帧中的所有文本并复制文本。单击"引导层: 粉笔"图层的第 1 帧，按【Ctrl+Shift+V】组合键将复制的文本粘贴到当前位置。使用"橡皮擦工具"（设置一个适合的大小）对文本独立的笔画进行擦除，设置引导层引导线，效果如图 8-54 所示。将本图层的帧延长至第 80 帧。

**Step 05** 单击"粉笔"图层的第 1 帧，将"库"面板中的"粉笔"元件拖放到舞台如图 8-55 所示的位置，并将其中心控点设置到图中位置，按【F6】键在第 2 帧处创建一个关键帧，将粉笔元件实例拖放到这个笔画的结束位置，如图 8-56 所示。

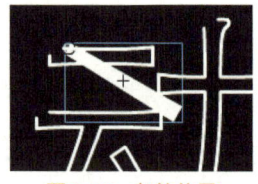

图 8-54　引导层设置　　　图 8-55　起始位置　　　图 8-56　结束位置

**Step 06** 按照 Step05 中方法，依次为各个独立笔画设置粉笔位置，完成效果如图 8-57 所示。在当前图层的第 80 帧处设置动作，输入代码"stop();"。

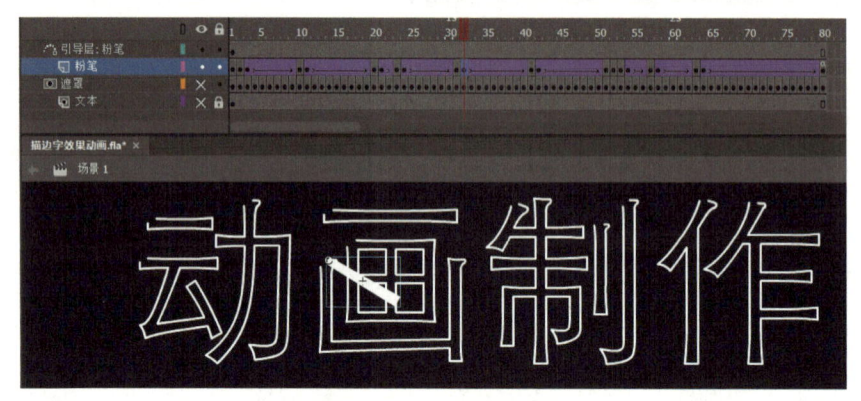

图 8-57　粉笔动画时间轴

### 思政点滴

"中国梦"是国家的梦、民族的梦，也是包括广大青年在内的每个中国人的梦。每个中国青年都应该珍惜韶华、奋发有为，成为走在时代前面的奋进者、开拓者、奉献者。"得其大者可以兼其小"，只有把人生理想融入国家和民族的事业中，才能最终成就一番事业。

做一个成功的追梦人需要有坚持不懈的恒心、挑战困难的力量，以及坚韧不拔的决心，否则将一事无成。

# 第 9 部分

# 角色基本动作制作

## 课程概述

本部分课程将学习以下内容：
- 基本眨眼动画；
- 眨眼口型动画；
- 摆动效果动画；
- 骨骼动画的原理；
- 骨骼工具的使用方法；
- 人物行走动画。

通过学习本部分内容可以掌握以下知识与技能：
- 掌握基本眨眼动画和口型动画的制作方法；
- 掌握头发飘动和衣服摆动等摆动效果动画的制作方法；
- 理解骨骼动画的原理，了解骨骼工具的使用方法，熟练掌握骨骼的添加与骨骼动画的创建。

动画中，为了进行叙事和塑造角色需要，对角色进行肢体动作表现和表情表现显得非常重要。表情的变化很多，也很微妙，并且最能够直接反映人物的内心活动，是人物情绪变化、内心活动的外露表象。所以在学习人的运动规律动画中，就要涉及表情与口型的运动规律，如面部表情、走路、头发和衣服摆动等。

第9部分　角色基本动作制作

# 9.1 眨眼口型动画

剧情要求角色展现故事中人物的情绪，可以通过肢体语言来表现，但是如果只运用肢体语言而忽视表情对情绪的刻画，那么这段剧情可能会是苍白无力的，或者不到位的。五官是展现情绪最为重要的器官，眼睛、眉毛、嘴巴或整张脸都可以通过改变正常形状来体现情绪的变化。本节通过讲解如何制作常用的眨眼和口型动画，了解并掌握动画人物眨眼和口型动画的制作基础。

## 9.1.1 基础模式——基本眨眼动画

视频：基本眨眼动画

### 任务描述

本任务是一个卡通人物眨眼的动画。通过完成本任务，了解基本眨眼动画的动画原理，掌握基本眨眼动画的实现方法。

### 任务效果图（图 9-1）

### 任务分析

眨眼动作主要是眼皮遮挡眼球的动画。如图 9-2 左图所示，使用一个跟眼球等大同位置的圆形作为遮罩层，使用一个下边缘有一定弧度的矩形作为被遮罩层，通过被遮罩层上下移动实现眨眼过程，效果如图 9-2 右图所示。

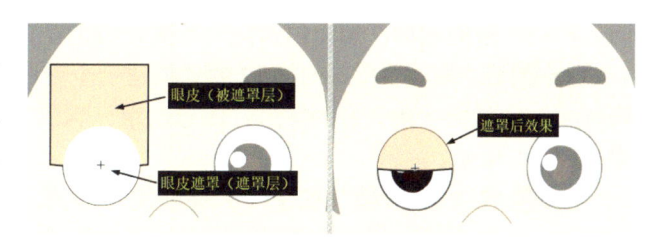

图 9-1　眨眼动画效果图

图 9-2　眨眼动画实现过程

为了更加逼真地表现眨眼时的面部表情，在眨眼过程中应配合眉毛的上下移动。闭眼时眉毛向下移动，睁眼时眉毛上移回到睁眼时位置。

### 任务实现

**Step 01** 打开素材中的"素材 - 基本眨眼动画 .fla"文件。在制作眨眼动画之前，首先绘制出卡通人物面部的各个部件，如头部、眉毛、眼珠、眼睛等五官，并将它们分别保存在元件中。面部各部件绘制效果如图 9-3 所示。

· 173 ·

图 9-3 面部各部件及元件命名

**Step 02** 眨眼动作是此动画的关键部分，使用遮罩来实现，时间轴如图 9-4 所示。新建一个名为"眨眼动作"的图形元件，创建如图 9-4 所示的图层。单击"眼眶（眼睛）"图层的第 1 帧，将库中的"眼睛"元件拖放到舞台合适位置，延长帧至第 70 帧。

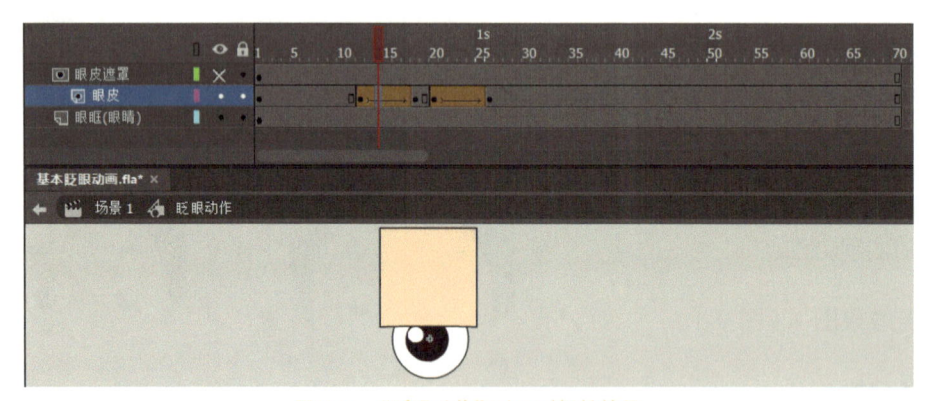

图 9-4 "眨眼动作"动画时间轴效果

**Step 03** 单击"眼皮遮罩"图层的第 1 帧，绘制一个与最下面图层中"眼睛"元件实例同大小同位置的圆形，填充色随意，此处设置的是白色填充。延长帧至第 70 帧。

**Step 04** 在"眼皮"图层的第 12 帧处创建一个空白关键帧，绘制一个宽和高比眼睛稍大、底部有一些弧度（向上）的图形，图形的填充颜色与人物面部颜色相同（#FDD9BB），效果如图 9-5 所示。

**Step 05** 单击第 18 帧，按【F6】键创建关键帧，将眼皮图形垂直向下移动使得其能覆盖图 9-5 中的眼睛实例。改变图形弧度为向下，效果如图 9-6 所示。单击第 12 帧到第 18 帧之间任意位置，右击，在弹出的快捷菜单中选择"创建补间形状"命令，这样就在两个关键帧之间创建了一个形状补间动画，即眼皮的形状变化动画。

**Step 06** 单击第 20 帧，按【F6】键创建关键帧。在第 26 帧处创建空白关键帧。单击第 12 帧，按【Ctrl+C】组合键复制该帧中图形，再单击第 26 帧，按【Ctrl+Shift+V】组合键将前面复制的图形粘贴到相同位置。然后在第 20 帧到第 26 帧之间创建形状补间。这样就完成了眼皮的上下移动和变形。延长帧至第 70 帧。

眼部眨眼动作制作完成，下面制作整个面部动画。

Step 07 新建一个名为"整个面部动画"的图形元件，创建如图9-7所示图层。单击"头"图层的第1帧，将库中的"头部"元件拖到舞台中合适位置。将库中的元件"眨眼动作"分别放到"左眼"和"右眼"图层的相应位置。然后依次将库中其他面部元件拖到相应图层并放置到合适位置。效果如图9-8所示。

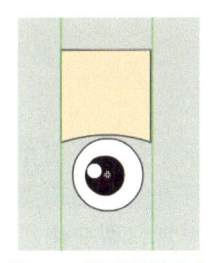

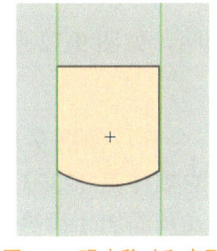

图9-5 被遮罩层眼皮　　图9-6 眼皮移动和变形　　图9-7 所建图层及排列　　图9-8 面部效果

Step 08 在"眉毛"图层的第12帧和第18帧处分别创建关键帧，将第18帧中的眉毛垂直向下移动一定位置，在两个关键帧之间创建传统补间。使用同样的方法，在第20帧和第26帧处分别创建关键帧，将第26帧中的眉毛垂直向上移动恢复到之前位置，在两个关键帧之间创建传统补间。将所有图层的帧都延长至第85帧。

"整个面部动画"元件的时间轴如图9-9所示，与图9-4"眨眼动作"元件的时间轴对比可以看出，眉毛上下移动动画和眼皮上下移动动画是同步的。

将"整个面部动画"元件拖到场景中就可以使用这个眨眼动画了。

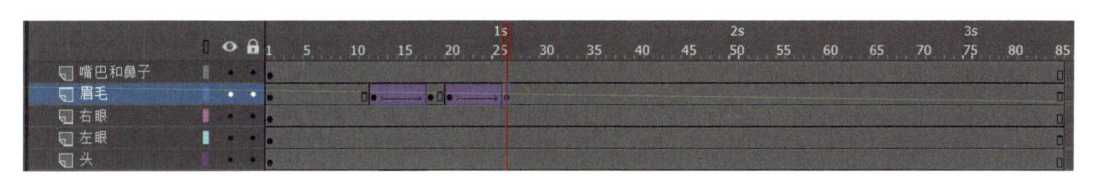

图9-9 "整个面部动画"元件的时间轴效果

## 9.1.2 拓展模式——眨眼口型动画

### 任务效果图 （图9-10）

图9-10 眨眼口型动画效果图

· 175 ·

## 任务分析

### 1. 眨眼动画分析

动画人物的眼睛构成可以分解为眼眶、眼珠和眼白。另外，为了保证做补间时眼珠不会穿帮，使用了复制的眼白作为眼珠的遮罩，所以一共有 4 层，每层都是独立的，自顶至底 4 个图层如图 9-11 所示。

眨眼动作分三个动作完成：正常、半闭眼、闭眼，如图 9-12 所示。

### 2. 口型动画分析

口型动画可以分解为三个动作：闭嘴、半开、全开，如图 9-13 所示，第 3 个口型是第 2 个口型的放大（放大 120% 即可），口型实现的规律是 12323。任何表情下的口型都可以使用这个规律实现，可以通过绘制不同嘴部样式及添加牙齿等方法丰富口型变化。

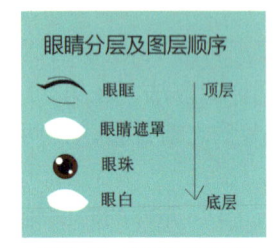

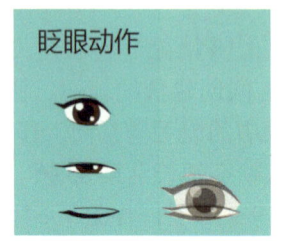

图 9-11　眼睛图层分解　　图 9-12　眨眼动作分解　　图 9-13　口型动画分解

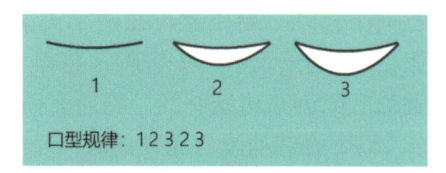

## 关键步骤

**Step 01**　绘制人物各个部件并保存为库中元件，如图 9-14 和图 9-15 所示。

图 9-14　各部件及效果　　图 9-15　各部件在库中命名

动画可以分解为"口型动画"（Step02 至 Step06）、"五官动画"（Step07 至 Step15）和"整体动画"（Step15 至 Step19）。

**Step 02**　新建一个图形元件"口型动画"。将图层 1 命名为"口型"，单击该图层的第 1 帧，绘制如图 9-16 所示的口型。选中所绘制口型，在"对齐"面板中勾选下方的"与舞台对齐"复选框，在"对齐"选项中单击"水平中齐"和"垂直中齐"按钮，使得选中对象放在舞台中央。在"属性"面板"标签"选项下，设置名称为"1"，类型为"名称"，如图 9-17 所示。这样就为第 1 帧设置了一个标签，同时时间轴也变为。

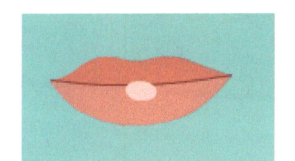

**Step 03** 在第 4 帧处创建空白关键帧，绘制如图 9-18 所示的口型 2，并将其放在舞台中央。设置该帧标签名称为"2"。

图 9-16　口型 1　　　　图 9-17　"标签"设置

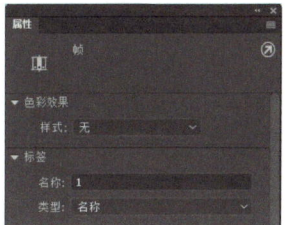

**Step 04** 在第 7 帧处创建关键帧，将当前帧中对象放大，设置该帧标签名称为"3"。

**Step 05** 在第 10 帧处创建关键帧，将当前帧中对象恢复到第 4 帧中对象大小，设置该帧标签名称为"2"。

**Step 06** 在第 13 帧处创建关键帧，将当前帧中对象放大到第 7 帧中对象大小（可放大后对齐），设置该帧标签名称为"3"，将该图层中的帧延长至第 15 帧。

口型逐帧动画制作完成，时间轴如图 9-19 所示，可见口型规律符合"12323"。

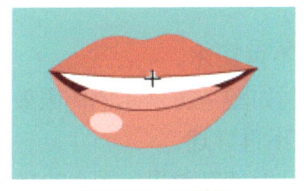

图 9-18　口型 2 　　　　图 9-19　时间轴

五官动画主要包含左右眉毛动画、左右眼眨眼动画和口型动画。其中眉毛动画比较简单，主要是配合眨眼动画进行的上下移动动作；眨眼动画使用遮罩技术实现，左右眼相似；另外就是口型动画，上面已经实现，直接使用即可。

**Step 07** 新建一个图形元件"五官动画"，创建如图 9-20 所示的图层。分别将库中元件拖放到相应图层中的合适位置（其中"闭眼"图层的第 1 帧不放内容，"嘴巴"图层的第 1 帧放置"口型动画"元件），效果如图 9-21 所示。

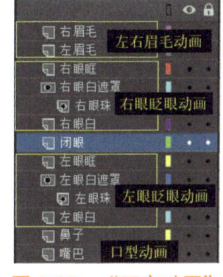

**Step 08** 首先制作右眼眨眼动画。在"右眼眶"图层的第 7 帧和第 11 帧处分别创建关键帧，按【Ctrl+Shift+Alt+R】组合键显示出标尺，拖出如图 9-22 所示的两条白色

图 9-20　"五官动画"图层设置　　　　图 9-21　五官摆放效果

辅助线（交叉点为 A 点眼角位置）。将第 11 帧中的眼眶纵向压扁，压扁后的眼角还是 A 点位置，如图 9-22 所示，在两个关键帧之间创建传统补间。使用同样的方法，在第 14 帧到第 18 帧之间创建相反动作的动画，即睁眼动作动画。

**Step 09** 参照 Step08 创建"右眼白遮罩"图层动画，眼白遮罩变化如图 9-23 所示。眼白大小变化与眼眶相同，效果如图 9-24 所示，时间轴效果如图 9-25 所示。

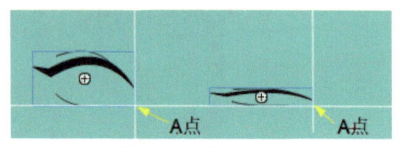

图 9-22　压扁眼眶　　　　　　　　　　　图 9-23　压扁眼白

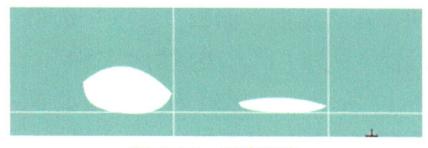

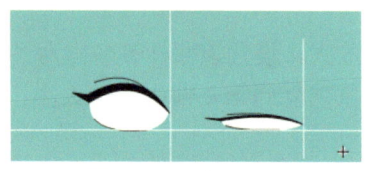

图 9-24　眼白与眼眶　　　　　　　　　　图 9-25　时间轴效果

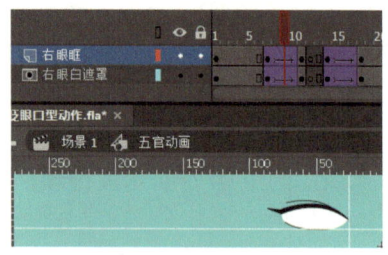

**Step 10**　"右眼白"图层和"右眼白遮罩"图层动画相同,直接复制图层内容即可。

**Step 11**　在"右眼珠"图层的第 12 帧和第 14 帧处分别创建关键帧,将第 12 帧中的眼珠元件实例删除。

左眼眨眼动画和右眼眨眼动画相似,只是左右不同,在此不再详述。

**Step 12**　在"闭眼"图层的第 12 帧处创建一个空白关键帧,绘制如图 9-26 所示的闭眼效果。

**Step 13**　左右眉毛动画在 9.1.1 节基础模式中已有介绍,在此不再详述。

**Step 14**　将所有图层的帧延长至第 30 帧。"五官动画"制作完成,时间轴效果如图 9-27 所示。

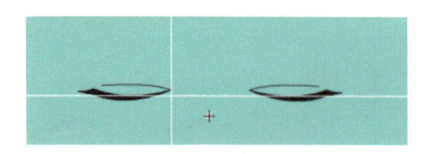

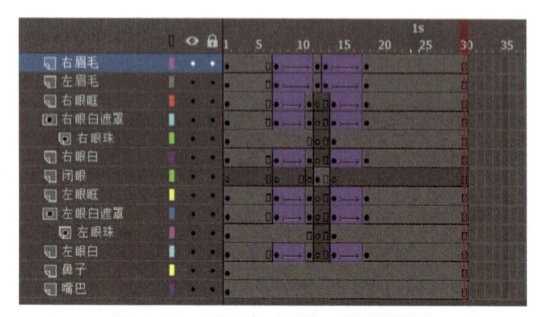

图 9-26　闭眼效果　　　　　　　　　　图 9-27　"五官动画"时间轴效果

整体动画主要是将五官、头发摆动、身体、头部等各部件组合成一个整体动画。

**Step 15**　新建一个图形元件"整体动画",创建如图 9-28 所示的图层。此动画主要包括头发以及鬓发(耳朵前面的一绺头发)的摆动、五官及头部的摆动等动画。

**Step 16**　将库中"头部""身体""五官动画""头发"等元件分别拖到相应图层第 1 帧的合适位置。

**Step 17**　在"头部"图层的第 30 帧和第 38 帧处分别创建关键帧,将第 38 帧中的"头部"元件实例以下巴为轴向右旋转一定角度,如图 9-29 所示,然后在两个关键帧之间创建传统补间。使用同样的方法在第 61 帧到第 67 帧之间创建一个头部向左旋转的动画。

**Step 18**　参照 Step17 创建"五官"图层的旋转动画,五官的旋转幅度和头部一致,效果如图 9-29 所示。

图 9-28　整体动画时间轴效果

图 9-29　头部摆动效果

**Step 19** 参照上面步骤创建"头发"和"鬓发"的摆动动画。

**Step 20** 回到场景 1，创建如图 9-30 所示的图层。将库中的背景图片和"整体动画"元件分别拖放到相应图层的合适位置，将各图层的帧延长至第 65 帧，效果如图 9-30 所示。

眨眼口型动画制作完成。

图 9-30　场景 1 时间轴效果

## 9.2　摆动效果动画：基础模式——风中女孩动画

头发飘动和衣服摆动效果动画在动画制作中也是经常用到的，一般头发的飘动和衣服摆动都应遵循曲线运动的运动规律来设计制作，飘动和摆动的幅度可以根据场景需要具体设计。

### 任务描述

风中的女孩，在春天的阳光里随风摇曳，长发随风飘扬，裙裾摆动。通过完成本任务，掌握飘动和摆动等动画的实现方法。

视频：风中女孩动画

### 任务效果图 (图 9-31)

### 任务分析

摆动和飘扬动画可以使用遮罩或逐帧动画来实现，本任务中的头发飘动和衣服摆动适合使用逐帧动画实现。头发飘动动画分两个部分，一是前端头发飘动的逐帧动画，二是后端头发飘动的逐帧动画，效果如图 9-32 和图 9-33 所示。衣服摆动逐帧动画效果如图 9-34 所示。

图 9-31 风中女孩动画效果图

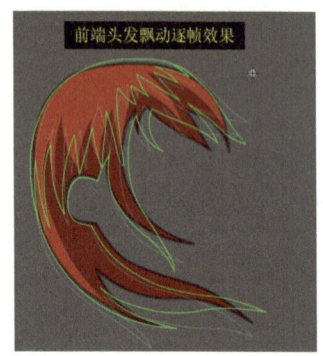

图 9-32 前端头发效果

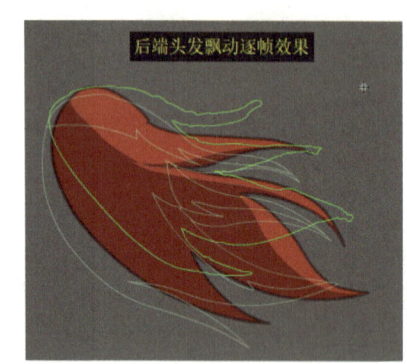

图 9-33 后端头发效果

图 9-34 衣服摆动效果

### 任务实现

**Step 01** 打开素材中的"素材 - 头发飘动和衣服摆动动画 .fla"文件。

**Step 02** 新建图形元件"头部轮廓""眼睛""嘴巴""前端头发""后端头发"，分别绘制如图 9-35 和图 9-36 所示图形保存在上面元件中。

图 9-35 头部部件

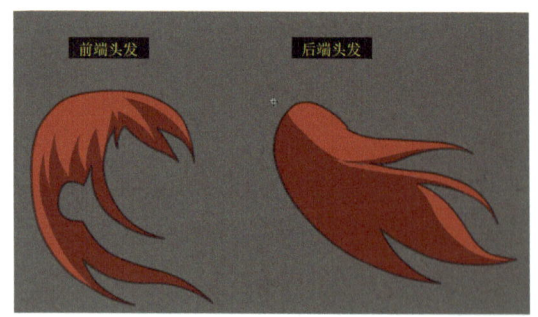

图 9-36 头发

**Step 03** 新建"前端头发飘动"影片剪辑元件。单击图层的第 1 帧，将库中的"前端头发"元件拖到舞台中，在第 4、第 7、第 10 帧处创建关键帧，将帧延长至第 12 帧。

· 180 ·

**Step 04** 单击时间轴最上方右侧的"绘图纸外观"按钮，这时在时间轴标题上出现一个范围，同时在舞台上出现该范围内元件的半透明轨迹。单击时间轴的第 4 帧，对头发形状进行编辑修改，修改后效果如图 9-37 所示的棕红色部分所示，其中，图中蓝紫色部分为第 1 帧中轮廓。使用同样的方法对第 7 帧和第 10 帧中的头发元件进行边线调整，如图 9-38 所示。

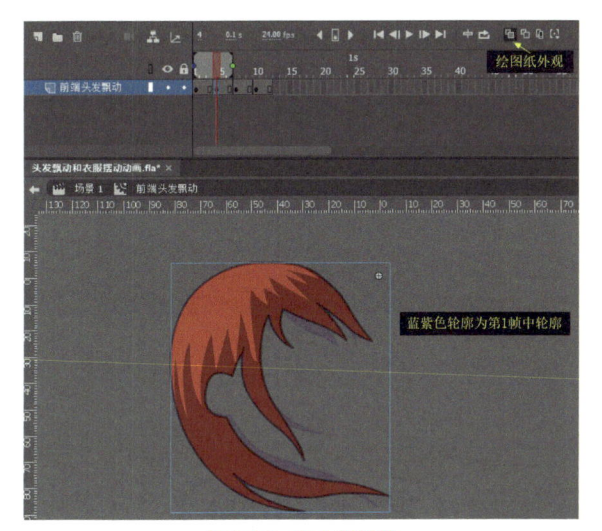

图 9-37　第 4 帧状态 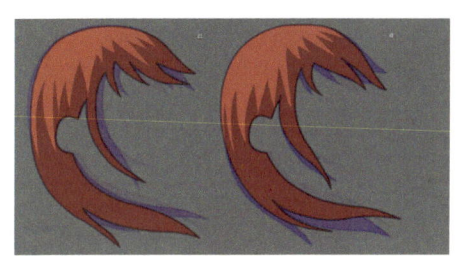　　　　　　　　　图 9-38　第 7 帧和第 10 帧状态

说明：启用绘图纸功能后，播放头下面的帧用全彩显示，其余的帧是暗的，看起来就好像每个帧都是画在一张透明的绘图纸上，而这些绘图纸相互层叠在一起。启用绘图纸外观功能可以同时显示和编辑多个帧中的内容，可以在操作的同时，查看帧的运动轨迹，方便对动画进行调整。

**Step 05** 使用同样的方法创建"后端头发飘动"影片剪辑元件，各帧效果如图 9-39 所示。

**Step 06** 使用同样的方法创建"衣服摆动"影片剪辑元件，各帧效果如图 9-40 所示。

**Step 06** 新建"头发和衣服摆动"影片剪辑元件，创建如图 9-41 所示的图层，将库中的"前端头发飘动""后端头发飘动""衣服摆动"元件分别放置到相应图层合适位置。

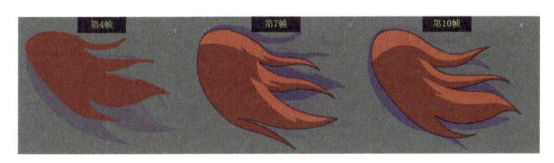

图 9-39　"后端头发飘动"元件各帧效果 　　　　图 9-40　"衣服摆动"元件各帧效果

**Step 07** 回到场景 1，创建如图 9-42 所示的图层，将背景图片、"头发和衣服摆动"元件、花束图片拖到相应图层。

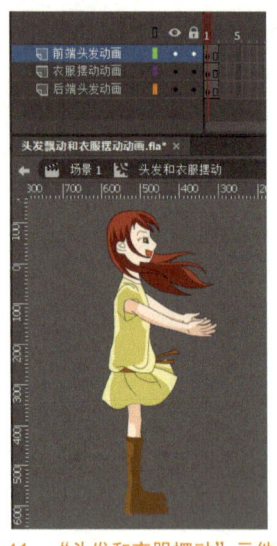

图 9-41 "头发和衣服摆动"元件图层

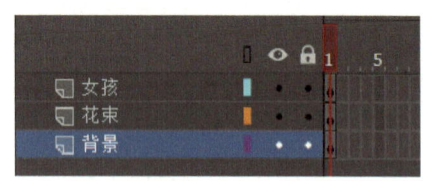

图 9-42 场景 1 图层

## 9.3 人物行走动画（骨骼动画）

骨骼工具提供了对骨骼动力学的有力支持，采用反动力学原理，利用"骨骼工具"可以在短时间里制作出复杂而自然的动画效果。

通过本节学习反向运动学（IK），使用骨骼的关节结构对一个对象或彼此相关的一组对象进行动画处理。使用骨骼、元件实例和形状对象可以按复杂而自然的方式移动，以减少复杂的动画设计工作。例如，通过反向运动可以更加轻松地创建机械类转动、生物类关节等动画。

### 9.3.1 基础模式——游动的章鱼动画（向形状中添加骨骼）

视频：游动的章鱼动画

◎ **任务描述**

使用"骨骼工具"制作章鱼游动的动画，通过制作该动画掌握向形状对象内容添加骨架的方法，通过添加骨骼可以移动形状的各个部分并对其进行动画处理，实现动画对象的移动和弯曲等动作。

◎ **任务效果图**（图 9-43）

◎ **任务分析**

在 An 中可以按两种方式使用 IK，一种是通过添加骨骼将每个实例与其他实例连接在一起，用关节连接这些骨骼，实现关节运动等动作；第二种是向形状对象的内部添加骨骼，实现弯曲和移动等动作。本节中章鱼游动动画属于第二种动画，通过向形状内部添加骨骼实现章鱼触角的弯曲，然后通过添加不同的姿势实现章鱼游动效果，如图9-44所示。

图9-43　游动的章鱼动画效果图　　　　　　　图9-44　向形状添加骨骼

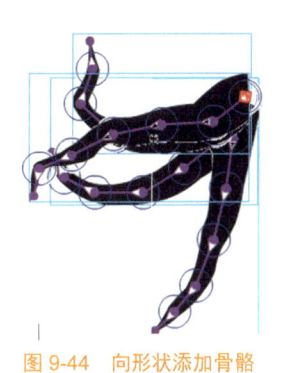

## 任务实现

**Step 01** 打开素材中的"素材-游动的章鱼动画.fla"文件。

**Step 02** 新建一个影片剪辑元件"触角"，在元件中绘制如图9-45所示的章鱼触角形状，设置形状的填充颜色为黑色，去掉边框线。

**Step 03** 单击工具箱中的"骨骼工具"，光标变为，在触角形状中单击并拖动鼠标到形状内的其他位置（在拖动时将显示骨骼），释放鼠标后，在单击的点和释放的点之间将显示一个实心骨骼。按照以上操作，拖动上一个骨骼的尾部到形状内的其他位置即可添加下一个骨骼，如图9-46所示为依次添加多个骨骼的效果。可以看到，每个骨骼都是由头部、线和尾部组成的。添加骨骼后会自动生成一个"骨架"图层，如图9-47所示。此时，可以将下面的原始图层删除。

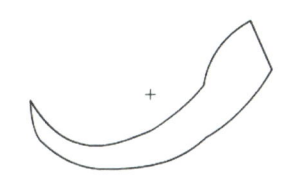

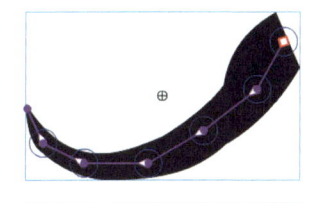

图9-45　触角形状　　　　图9-46　向形状添加骨骼效果　　　　图9-47　生成的"骨架"图层

**Step 04** 选中"骨骼_3"图层的第5帧，右击，在弹出的快捷菜单中选择"插入姿势"命令，如图9-48所示。单击工具箱中的"选择工具"，对第5帧中的触角状态进行调节，效果如图9-49所示。使用同样的方法在第10帧和第15帧中调节触角关节状态，效果分别如图9-50和图9-51所示。按【Enter】键可以查看触角摆动效果。

**Step 05** 创建一个影片剪辑元件"章鱼"，建立如图9-52所示图层，分别在"头""脸""身子"图层上绘制章鱼的头部形状、脸部和身体，如图9-53至图9-55所示。在"触角"图层多次将元件"触角"拖到舞台，并调整各触角的大小、位置和旋转角度，得到如图9-56所示的章鱼触角效果。章鱼整体效果如图9-57所示。

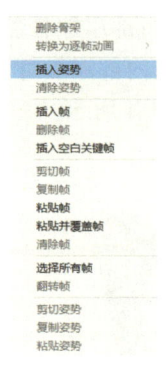

图 9-48　插入姿势 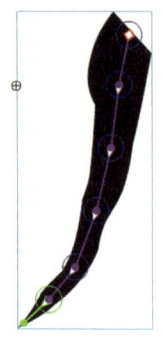　　图 9-49　第 5 帧中的姿势 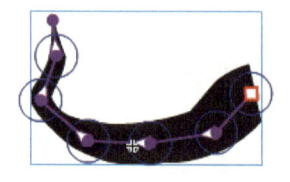　　图 9-50　第 10 帧中姿势 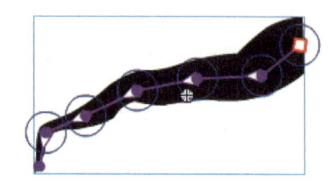　　图 9-51　第 15 帧中姿势

图 9-52　图层　　图 9-53　章鱼头部形状 　　图 9-54　章鱼脸部　　图 9-55　章鱼身体

**Step 06** 回到场景 1，建立如图 9-58 所示的图层。单击"气泡"图层的第 1 帧，选中"库"面板中"timg"文件夹下的所有图片文件（这些图片文件是之前已经导入库中的气泡动图），如图 9-59 所示。将选中的图片文件拖到舞台中并设置与舞台完全重合。选中所有图片文件，右击，在弹出的快捷菜单中选择"分布到关键帧"命令，如图 9-60 所示，这样就将所有图片分布到当前图层的关键帧中，将第 1 帧空帧删除，此时，时间轴如图 9-61 所示。

图 9-56　章鱼触角 　　图 9-57　章鱼整体效果 　　图 9-58　场景 1 图层

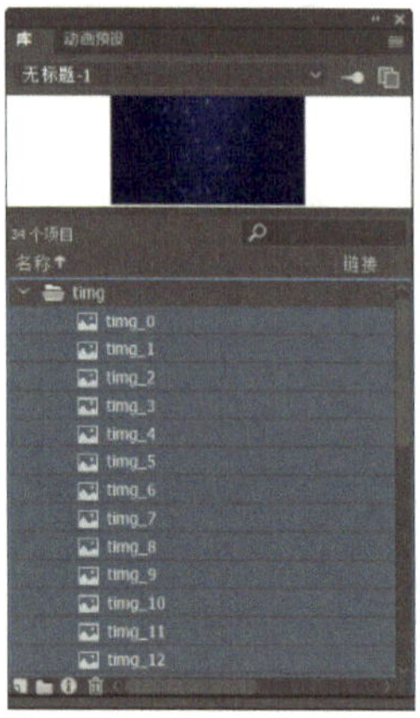

图 9-59　场景 1 图层 　　图 9-60　"分布到关键帧"命令

Step07 单击"章鱼"图层的第 1 帧,将"库"面板中的元件"章鱼"拖到舞台中合适位置,可根据设计将多个章鱼拖到舞台中,调节各元件实例的大小、位置和旋转角度,效果如图 9-62 所示。将帧延长至和"气泡"图层相同位置,游动的章鱼动画制作完成。

图 9-61 分布到关键帧后时间轴

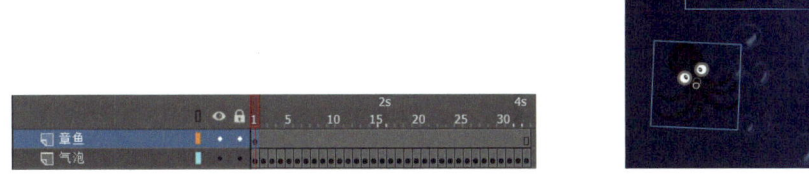

图 9-62 章鱼在水中效果

## 9.3.2 基础模式——人物行走动画(向元件中添加骨骼)

### 任务描述

使用"骨骼工具"制作人物行走的动画,通过"骨骼工具"可以向"影片剪辑"、"图形"和"按钮"元件实例添加反向运动骨骼,将元件和元件连接在一起,共同完成一套动作。

### 任务效果图(图 9-63)

图 9-63 人物行走动画效果图

### 任务分析

人物行走最显著的特征就是手足运动呈交叉反向运动,身体躯干呈现高低起伏的状态,如图 9-64 所示。

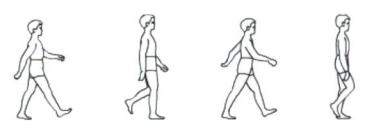

图 9-64 人物行走动作分解图

### 任务实现

Step01 打开素材中的"素材 - 人物基本行走动画.fla"文件,"库"中已经创建动画人物的各个部件并分别以元件的形式保存,各个部件元件如图 9-65 所示。以上操作为之后为各部件元件之间添加骨骼做好了基础。

Step02 新建一个影片剪辑元件"行走动画",将库中动画人物各部件元件拖到舞台中,并使各部件之间留有一定空隙以方便接下来创建骨骼,如图 9-66 所示。

Step03 单击工具箱中的"骨骼工具" ,光标变为 。将光标置于人物腰部位置,分别向头部、四肢、脚部拖动以创建各元件之间的骨骼,效果如图 9-67 所示。单击工具箱中的"任意变形工具",将各部件的元件实例拖到各自合适位置,"骨架"图层第 1 帧的

· 185 ·

姿势如图9-68所示。（注意：此处不要在"选择工具"状态下拖放。）添加骨骼后会自动创建一个"骨架"图层。

**Step 04** 在"骨架_1"图层的第40帧处右击，在弹出的快捷菜单中选择"插入姿势"命令，这时会在第40帧处创建一个和第1帧姿势相同的姿势。

为区分左右腿，进入"左脚"元件，在其上插入内容为"左"的文本框。

**Step 05** 使用同样的方法，在第20帧处创建一个姿势。单击工具箱中的"选择工具"，对当前姿势进行拖拉，使得左右腿互换，调整后效果如图9-69所示。

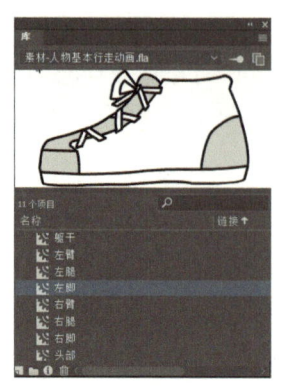

图 9-65　人物各部件元件

图 9-66　元件摆放 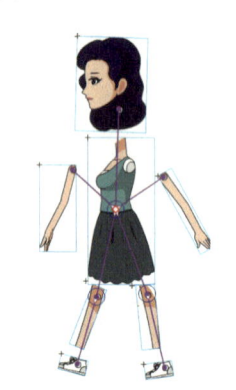　　图 9-67　向元件添加骨骼 　　图 9-68　"骨架"图层第 1 帧姿势 　　图 9-69　第 20 帧姿势

**Step 06** 使用同样的方法，在第10帧处创建一个姿势，调整姿势为如图9-70所示。在第30帧处创建一个姿势，调整姿势为图9-71所示。

**Step 07** 回到场景1，创建如图9-72所示图层。将库中的"街道"影片剪辑元件拖到"背景"图层的第1帧，并对齐舞台，将该图层延长至第135帧。单击"走路"图层的第1帧，将库中的元件"行走动画"拖到舞台右侧外位置。在第135帧处创建关键帧，将元件实例水平平移至舞台左侧外位置，在两个关键帧之间创建传统补间。

图 9-70　第 10 帧姿势 　　图 9-71　第 30 帧姿势 　　图 9-72　第 20 帧姿势

## 9.4 相关知识

### 1. 隔离各个节点的旋转

在拖拉骨架以创建姿势时，可能发现很难控制各个节点的旋转，因为它们是连接在一起的。按住【Shift】键的同时移动单个节点将隔离其转动。下面以调节图9-70所示第10帧姿势为例介绍隔离各个节点的旋转方法：选中第10帧处的姿势，按住【Shift】键的同时拖动相应骨架并旋转，拖动如图9-73所示绿色骨架部分可只调节以"A"节点为轴的旋转，其他节点不会旋转。旋转后效果如图9-74所示。

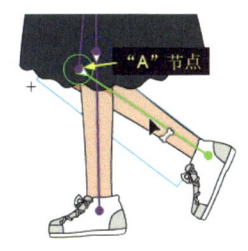

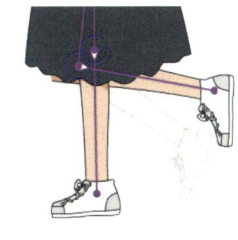

图 9-73　第 20 帧姿势　　　图 9-74　旋转后效果

注意：可以在时间轴上编辑姿势，就像用一个补间动画创建的关键帧。单击一个姿势将其选中，拖动姿势，可以将它沿着时间轴移动到不同位置。按住【Shift】键有助于隔离各个节点的旋转，以便可以根据需要准确地定位姿势。

### 2. 编辑骨骼

可以通过重新定位或删除节点，并添加新的骨骼来编辑骨骼。例如，如果骨骼的节点之一稍微偏离，可以使用"自由变换工具"旋转或移动到一个新位置，但这并不改变骨骼；也可以在按住【Alt】键的同时移动节点到新的位置。如果想删除骨骼，只需选中想要删除的骨骼，然后按【Delete】键，选定的骨骼及链上所有与它连接在一起的子骨骼都将被删除。这时，可以根据需要添加新的骨骼。

# 第 10 部分
# 镜头特效在动画中的应用

## 课程概述

本部分课程将学习以下内容：
- 镜头的推拉摇移特效；
- 创建摄像头动画；
- 摄像头图层深度应用。

通过学习本部分内容可以掌握以下知识与技能：
- 能够根据实际需要使用镜头的推拉摇移特效；
- 能够使用摄像头工具实现镜头特效；
- 能够根据实际需要创建摄像头动画。

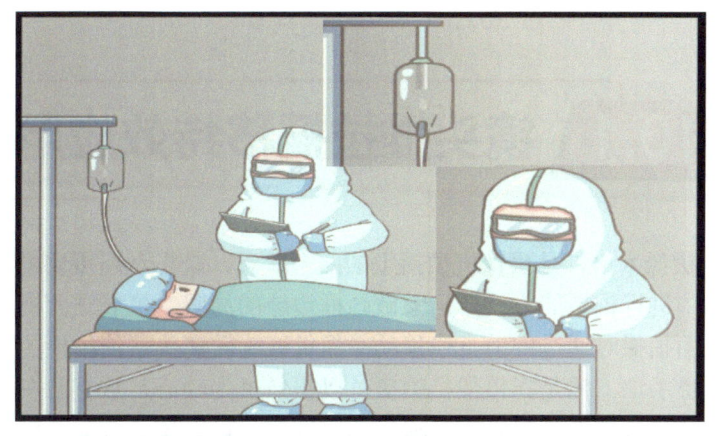

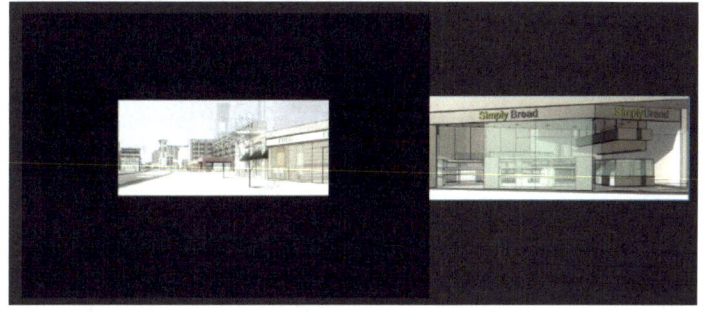

## 第10部分 镜头特效在动画中的应用

　　动画中镜头的推拉摇移是使用动画的方法来模拟摄像机的拍摄方式，其在动画制作中实现比较简单，但作用非常大，在动画制作中应适当使用这些镜头特效以达到一定的表现力。

# 10.1 镜头推拉摇移特效应用

推拉摇移为摄像术语,是摄像机拍摄中的四个状态,是指利用摄像机在推、拉、摇、移等形式的运动中进行拍摄的方式,是突破画框边缘的局限、扩展画面视野的一种方法。推是指摄像机正面拍摄时通过向前直线移动摄像机或旋转镜头,使拍摄的景别从大景别向小景别变化的拍摄手法。摇是指摄像机拍摄时以摄像机为轴心,从左向右或从右向左弧线型移动摄像机来拍摄景物的拍摄手法。移是指摄像机拍摄时镜头方向与摄像机移动方向成直角,而摄像机移动速度相对固定、景别相对不变的拍摄手法。

## 10.1.1 基础模式——镜头推拉在镜头语言中的应用

视频:镜头推拉在镜头语言中的应用

### 任务描述

利用补间动画实现动画场景中的镜头推拉特效。通过完成本任务掌握使用镜头框和补间动画进行镜头推拉的实现方法,感受在动画中使用镜头推拉这种镜头语言的作用。

### 任务效果图(图 10-1)

### 任务实现

**Step 01** 打开"素材 - 镜头推拉在镜头语言中的应用 .fla"文件,库中已导入"医院室内图片 .png"图片文件。

**Step 02** 新建图形元件"滴水动画",创建如图 10-2 所示的图层。在"滴管"图层的第 1 帧绘制滴管形状,将帧延长至第 30 帧。在"水滴"图层创建水滴从上至下滴落的补间动画。

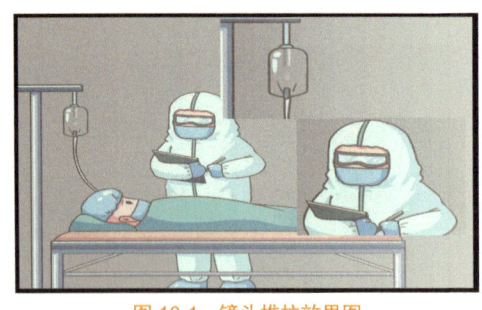

图 10-1 镜头推拉效果图

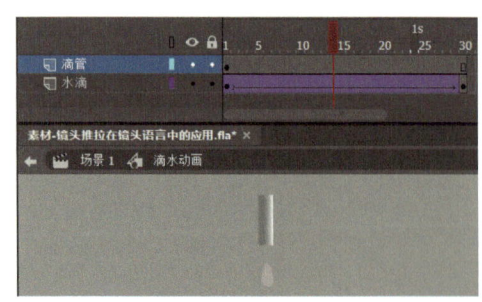

图 10-2 滴水动画

**Step 03** 新建影片剪辑元件"场景动画",创建如图 10-3 所示的图层。单击"室内场景"图层的第 1 帧,将库中的"医院室内图片 .png"文件拖到舞台中,调整到合适大小。单击"滴水动画"图层的第 1 帧,将库中的"滴水动画"元件拖到图 10-3 所示的位置。将两个图层的帧延长至第 50 帧。

第10部分 镜头特效在动画中的应用

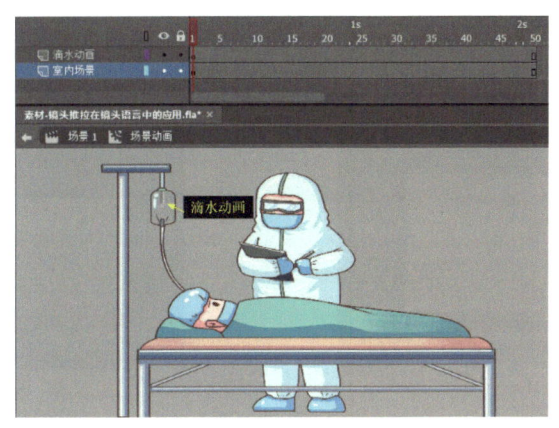

图10-3 场景动画

**Step 04** 回到场景1，创建如图10-4所示的图层。单击"镜头框"图层的第1帧，绘制比舞台稍大的空心黑色边框矩形作为镜头框，所有需要显示的内容都在镜头框中显示。将图层的帧延长至第315帧。

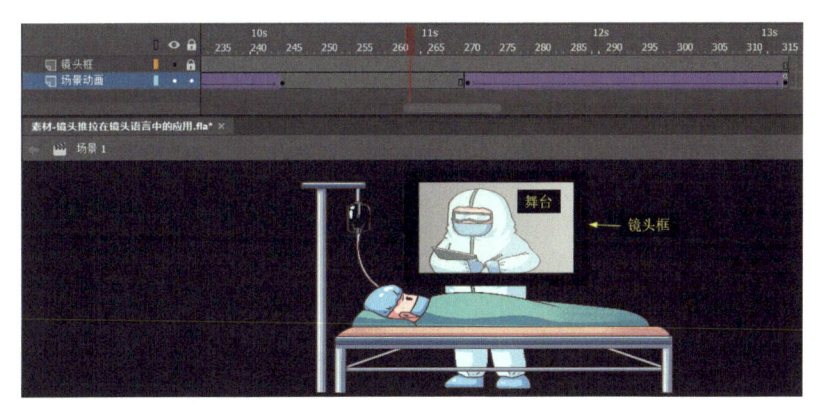

图10-4 场景1中图层与时间轴

**Step 05** 单击"场景动画"图层的第1帧，将库中的"场景动画"影片剪辑元件拖到舞台中，调整元件实例的大小和位置，让滴液瓶显示在镜头框中，如图10-5所示。在第40帧和第120帧处分别创建关键帧，将第120帧中的元件实例调整到如图10-6所示的大小和位置。在两个关键帧之间创建传统补间。

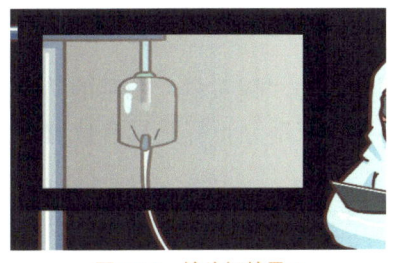

图10-5 镜头框效果1　　　　　图10-6 镜头框效果2

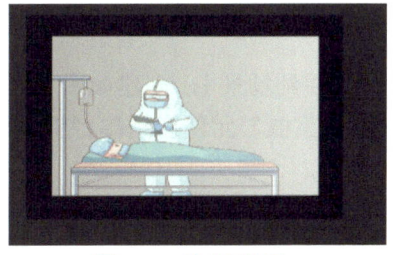

**Step 06** 在第160帧和第244帧处分别创建关键帧，将第244帧中的元件实例调整到如图10-7所示的镜头框中的大小和位置。在两个关键帧之间创建传统补间。

**Step 07** 在第 270 帧和第 315 帧处分别创建关键帧，将第 315 帧中的元件实例调整到如图 10-8 所示的镜头框中的大小和位置。在两个关键帧之间创建传统补间。

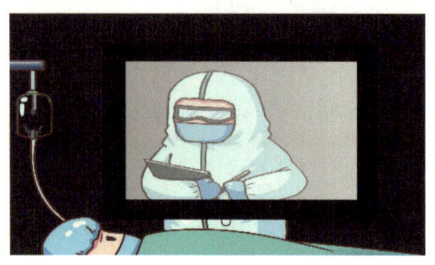

图 10-7　镜头框效果 3　　　　　　　图 10-8　镜头框效果 4

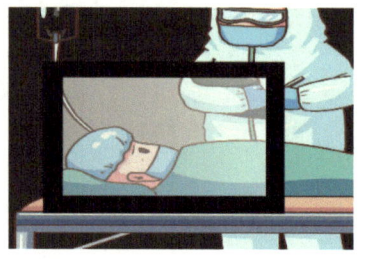

**Step 08** 单击第 315 帧，按【F9】功能键调出"动作"面板，输入"stop();"语句。推拉镜头动画制作完成。

> **头脑风暴**
>
> 镜头推拉特效可以应用于镜头语言的表现，不同的镜头需要不同的表现方式。针对以上任务，试设计不同的场景，并使用不同的推拉效果进行表现。

### 10.1.2　基础模式——镜头摇移在镜头语言中的应用

视频：镜头摇移在镜头语言中的应用

#### 任务描述

利用补间动画实现动画场景中的镜头摇移特效。通过完成本任务掌握使用镜头框和补间动画进行镜头摇移的实现方法，感受在动画中使用镜头摇移这种镜头语言的作用。

#### 任务效果图（图 10-9）

#### 任务实现

图 10-9　镜头摇移效果图

**Step 01** 打开"素材 - 镜头摇移 .fla"文件，库中已导入"街景图片 .png"图片文件。

**Step 02** 创建图形元件"镜头框"，绘制一个边框为黑色、内部镂空的矩形，如图 10-10 所示。

**Step 03** 回到场景 1，创建如图 10-11 所示的图层。单击"镜头框"图层的第 1 帧，将库中的"镜头框"元件拖到舞台中，调整大小使得其镂空部分正好是舞台位置。延长帧至第 368 帧。

**Step 04** 单击"街景"图层的第 1 帧，将库中的"街景图片"文件拖到舞台中，调整其大小和位置如图 10-9 所示。在第 170 帧处创建关键帧，将街景图片水平向右平移，如图 10-12 所示。在两个关键帧之间创建传统补间。

**Step 05** 在第 200 帧和第 368 帧处创建关键帧，将第 368 帧中的街景图片水平向右平移，移到想停留的位置。在两个关键帧之间创建传统补间。

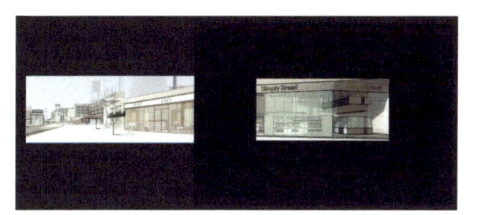

图 10-10 镜头框　　　　　图 10-11 图层　　　　　图 10-12 向左平移后效果

### 10.1.3 应用模式——大鱼海棠经典片段动画

在一些内容展示的动画中经常会用到镜头特效，下面的这个动画是学生在学习本节内容基础上制作的一个作品，动画中适当地运用了镜头的推拉摇移，使得画面感更加丰富，带入感更强。

**任务效果图**（图 10-13）

图 10-13 大鱼海棠经典片段动画效果图

**重点提示**

该场景主要由"砖墙""房屋""楼梯"等元件构成。

## 10.2 摄像头基础应用

动画场景设计是除角色以外一切对象的造型设计，是塑造角色和影片风格的关键创作环境。动画场景的制作过程，通常从研究分镜头开始。动画场景设计师要根据分镜头台本所设定的构图内容，画出动画场景的草稿，再经过上色、刻画细节完成整个制作过程。

## 10.2.1 基础模式——使用摄像头工具实现镜头特效

### 📍 任务描述

利用 An 提供的摄像头工具,可以模拟真实的摄像机,可以对动画进行镜头平移、放大或缩小对象、修改焦点、旋转摄像头,以及对场景应用色彩效果等。

### 📍 任务效果图 (图 10-14)

### 📍 任务实现

#### ☆ 基础操作

① 摄像头在启用后才可以使用。启用摄像头一般有两种方法:单击工具箱中的"摄像头"图标🎥,单击"时间轴"面板中的"添加/删除摄像头"按钮🎥。启用摄像头后,舞台边界的颜色将与摄像头图层的颜色相同。

摄像头启用后,当前文档将置于摄像头模式,舞台变为摄像头,舞台边界可以看到摄像头边框,摄像头图层处于选中状态。启用摄像头后,摄像头图层颜色和舞台边界颜色变化如图 10-15 所示,摄像头启用状态下的工作环境如图 10-16 所示。

② 缩放、放置或平移摄像头。

图 10-14 摄像头应用效果图

图 10-15 图层和舞台边界颜色变化

图 10-16 摄像头启用后的工作环境

缩放摄像头:
- 使用屏幕上的缩放控件可缩放对象,或设置摄像头属性面板中的"缩放"值。
- 需要放大场景时,修改"缩放"值或拖动舞台底部的滑动条。
- 需要放大内容时,将滑块向"+"侧移动;要缩小内容时,将滑块向"-"侧移动。

- 要想朝两边能无限缩放，可松开滑块，使其迅速回至中间位置。

旋转摄像头：
- 使用屏幕上的旋转控件可旋转对象，或设置摄像头属性面板中的"旋转"值。
- 要指定每个图层上的旋转效果，需要修改旋转值，或使用旋转滑块控件操作旋转。
- 要想朝两边能无限旋转，可松开滑块，使其迅速回至停驻位置。控件中间的数字表示当前应用的旋转角度。

平移摄像头：
- 在舞台摄像头图层中的任意位置，单击摄像头定界框并拖动。
- 要平移所选对象，向上或向下滚动或使用【Shift】键水平或垂直平移，无须任何倾斜。
- 摄像头工具处于活动状态时，在摄像头边界内的任何拖动动作都是平移操作。

摄像头效果的重置选项：
- 当需要返回到原始设置时，可以重置使用摄像头时对平移、缩放、旋转和色彩效果所做的更改。要保留先前的属性值，单击每个属性旁边的重置图标即可。

对摄像头图层应用色调：
- 选择"摄像头"→"属性"面板，要启用或禁用色调效果，选择"色调"前面的"应用色调至摄像头" 按钮，然后设置色调值即可。下方的"调整颜色"也是同样操作。

**Step 01** 打开"素材 - 摄像头应用 .fla"文件，文档中已建立"小狗走路"和"小狗正面"元件，库中已导入"街景图片"图片文件。

**Step 02** 创建"小狗"和"街景"图层。将库中的"小狗正面"元件和"街景图片"分别拖到相应图层的第 1 帧，将小狗元件放在街景的右侧位置。将两个图层的帧都延长至第 228 帧。

**Step 03** 单击工具箱中的"摄像头"工具启动摄像头，进入摄像头模式，最上面图层自动增加一个"Camera"图层，如图 10-17 所示。

**Step 04** 单击"Camera"图层的第 1 帧，单击舞台底部的缩放按钮 ，然后向右拖动滑块放大其下面图层中的对象，使得小狗的脚部放置在摄像头中（舞台蓝色框中），如图 10-18 所示。

图 10-17 "Camera"图层　　　　　图 10-18 放大对象

**Step 05** 在"Camera"图层的第 34 帧处创建关键帧，按住鼠标左键并向上拖动使得摄像头向上平移至小狗头部位置，效果如图 10-19 所示，在第 1 帧到第 34 帧之间创建传统补间。

**Step 06** 在"Camera"图层和"小狗"图层的第 62 帧处分别创建关键帧。将"小狗"图层第 62 帧中的元件实例替换为"小狗走路"元件。单击"Camera"图层的第 62 帧，缩小摄像头，使得当前摄像头下的对象为全景，效果如图 10-20 所示。在第 34 帧到第 62 帧之间创建传统补间。

图 10-19　平移对象

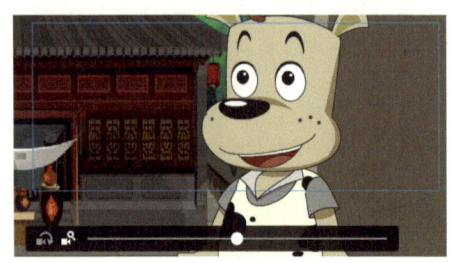

图 10-20　缩小对象

**Step 07** 在"小狗"图层的第 160 帧处创建关键帧，将该帧中的小狗元件实例拖到街景中央位置，如图 10-21 所示，在第 62 帧到第 160 帧之间创建传统补间。在第 162 帧处创建关键帧，将该帧中的小狗元件实例替换为"小狗正面"元件。

**Step 08** 在"Camera"图层的第 62 帧和第 230 帧处创建关键帧。单击第 230 帧，放大摄像头，使得当前摄像头下的对象为小狗头部特写。单击一下舞台，打开"属性"面板，在"色彩效果"选项下单击"色调"左侧的"应用色调至摄像头"按钮，然后设置着色为黑色，色调百分比为"60"，如图 10-22 所示。

**Step 09** 在"小狗"图层的第 230 帧处创建关键帧，打开"动作"面板，输入"stop;"语句。

图 10-21　拖入小狗元件实例

图 10-22　色彩效果设置

## 10.2.2　拓展模式——摄像头图层深度应用

**任务效果图**（图 10-23）

**关键步骤**

**Step 01** 打开"素材 - 摄像头图层深度应用.fla"文件，文件中已创建"白鹭飞翔""人物"等元件，以及"山谷河流"图片文件。

**Step 02** 创建如图 10-24 所示的图层，启用摄像头。

**Step 03** 单击"山谷河流和人"图层的第 1 帧，将库中的"山谷河流"图片和"人物"元件拖到舞台中合适位置，调整其位置和大小，效

图 10-23　摄像头图层深度应用效果图

果如图 10-25 所示。在第 323 帧处创建关键帧，选择"窗口"→"图层深度"命令打开"图层深度"面板，如图 10-26 所示。单击"山谷河流和人"图层，然后拖动对应颜色的杠杆设置当前图层的深度，效果如图 10-26 所示。

图 10-24　图层

图 10-25　初始效果

图 10-26　设置图层深度

**Step 04** 单击"白鹭"图层的第 1 帧，将库中的"白鹭飞翔"元件拖到舞台右上方位置，如图 10-27 所示。在第 232 帧处创建关键帧，将"白鹭飞翔"元件实例移动到左上方位置，如图 10-28 所示。在两个关键帧之间创建传统补间。

图 10-27　添加"白鹭飞翔"元件

图 10-28　改变白鹭飞翔元件位置

**Step 05** 在"Camera"图层的第 1 帧到第 232 帧之间创建传统补间。

**Step 06** 单击"山谷河流和人"图层的第 232 帧，打开"动作"面板，输入"stop;"语句。

## 10.3　相关知识

### 1. 摄像头图层

在"工具"面板上选择"摄像头"工具，或者在"时间轴"面板上单击"添加摄像头"

按钮■，将会在时间轴顶部添加一个摄像头图层"Camera"，舞台上出现摄像头控制台，如图10-29所示。

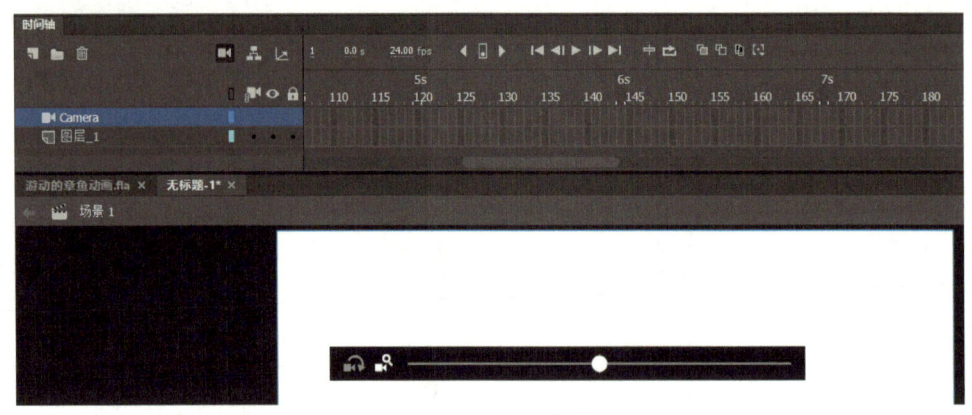

图10-29 添加摄像头

摄像头图层的操作方法与普通图层有所不同，其主要特点如下。
- 舞台的大小变为摄像头视角的框架。
- 只能有一个摄像头图层，它始终位于所有其他图层的顶部。
- 无法重命名摄像头图层。
- 无法在摄像头图层中添加或绘制对象，但可以向图层内添加传统补间或补间动画，这样就能为摄像头运动和摄像头滤镜设置动画了。
- 当摄像头图层处于活动状态时，无法移动或编辑其他图层中的对象。

**2. 创建摄像头动画**

使用舞台上的摄像头控制台，可以方便地创建摄像头动画。

（1）缩放和旋转摄像头视图。创建摄像头图层后，显示的控制台有两种模式：一种用来缩放，一种用来旋转。要缩放摄像头视图，首先单击控制台上的■按钮，将滑块向右拖动，摄像头视图将会放大，释放鼠标后，滑块回到中心，允许用户继续向右拖动放大视图，如图10-30所示。将滑块向左拖动，摄像头视图将会缩小。

要旋转摄像头视图，首先单击控制台上的■按钮，将滑块向右拖动，摄像头视图将会逆时针旋转，释放鼠标后，滑块回到中心，允许用户继续逆时针旋转视图，如图10-31所示。

此外，还可以打开摄像头的"属性"面板，在"摄像头属性"选项组中设置缩放和旋转的数值，如图10-32所示。

图10-30 放大摄像头视图　　图10-31 旋转摄像头视图　　图10-32 摄像头属性

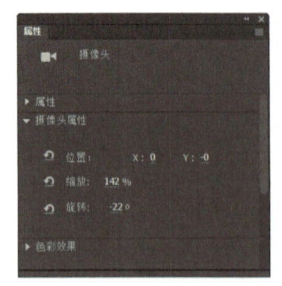

（2）移动摄像头。要移动摄像头，可以将光标放在舞台上，将摄像头向左拖动，因为这是移动摄像头而不是移动舞台内容，此时舞台的内容向右移动，如图 10-33 所示。相反，将摄像头向右拖动，则舞台的内容向左移动。

使用类似方法，将摄像头向上拖动，则舞台的内容向下移动；将摄像头向下拖动，则舞台的内容向上移动。

（3）摄像头色彩效果。用户可以使用摄影头色彩效果来创建色调或更改整个视图的对比度、饱和度、亮度及色相等。

图 10-33　摄像头向左移动

打开摄像头的"属性"面板，单击"应用色调至摄像头"按钮，可以更改色调、红、绿、蓝的数值，如图 10-34 所示。单击"应用颜色滤镜至摄像头"按钮，可以更改亮度、对比度、饱和度、色相的数值，如图 10-35 所示。单击"重置"按钮即可返回初始属性。

图 10-34　应用色调至摄像头 　　　　图 10-35　应用颜色滤镜至摄像头

### 思政点滴

动画制作操作性强、实践性强，软件版本更新较快，新技术新功能不断涌现，这就需要我们拥有良好的自主学习能力，这样才能适应科学技术的发展，适应职业转换和知识更新频率加快的要求。

自主学习是与传统的被动接受学习相对应的一种现代化学习方式，学习者通过独立地分析、探索、实践、质疑、创造等方法来实现学习目标，即以学习者为学习主体，不受他人支配，不受外界干扰，培养学习者搜集和处理信息的能力、获取新知识的能力、分析和解决问题的能力，以及交流与合作的能力。当代大学生不仅要学好专业知识，提高专业能力，更应该促进自主学习能力的发展。

# 第 11 部分
# 交互式动画制作

**课程概述**

本部分课程将学习以下内容：
- 使用"动作"面板和"代码片段"面板添加动作；
- 创建交互操作；
- 认识动画组件；
- 使用用户界面组件。

通过学习本部分内容可以掌握以下知识与技能：
- 能够创建动画的交互式操作；
- 能够使用动画组件创建用户界面。
- 掌握通过代码片断为动画添加交互的方法。

# 第11部分　交互式动画制作

交互性是动画和观众之间的纽带。交互动画是指在作品播放过程中支持事件响应和交互功能的一种动画，也就是说，动画播放时能够受到某种控制，而不是像普通动画一样从头到尾进行播放。这种控制可以是动画播放者的操作，如触发某个事件，也可以是在动画制作时预先设置的事件等。

## 11.1 交互式动画

### 11.1.1 基础模式——交互控制动画

#### 任务描述

本任务是一个控制人物走停的交互式动画，用户通过单击走停按钮控制人物的行走。本任务的学习目的是让用户使用按钮元件和 ActionScript 创建出用户驱动式的交互体验。

#### 任务效果图（图 11-1）

#### 任务实现

**Step01** 打开素材中的"素材 - 交互控制动画 .fla"文件，文件中已制作好人物行走动画，导入了相关素材。

**Step02** 选择"插入"→"新建元件"命令打开"创建新元件"对话框，在"名称"框中输入元件名称，在"类型"列表中选择"按钮"选项，单击"确定"按钮即可创建一个按钮元件，如图 11-2 所示。

图 11-1　交互控制动画效果图　　　　图 11-2　"创建新元件"对话框

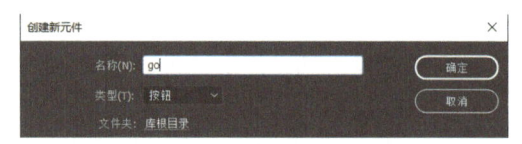

**Step03** 单击图层第 1 帧的"弹起"，创建如图 11-3 所示的圆形按钮，分别在"指针经过""按下""点击"3 个帧状态处按【F6】创建关键帧，对应时间轴如图 11-3 所示。

**Step04** 使用同样的方法创建如图 11-4 所示的 3 个按钮元件。

下面需要把前面创建的按钮放置在舞台上，并在"属性"面板中为其命名，以便使用 ActionScript 代码控制交互。

**Step05** 回到场景 1，将当前图层重命名为"控制按钮"。将"库"面板中的 3 个按钮元件移动到舞台中，可设置为一列对齐位置。

**Step06** 为实例命名。单击舞台上的"go"按钮实例，在其"属性"面板中的"实例名称"文本框内输入"btn_go"，如图 11-5 所示。单击其余两个按钮实例，依次命名为"btn_stop""btn_ctn"。

## 第11部分 交互式动画制作

图11-3 创建按钮元件

图11-4 创建的3个按钮元件

**Step 07** 将舞台上的"行走"元件实例命名为"walk"。确保都是小写字母，没有空格，并且检查是否有拼写错误。

**Step 08** 交互控制。在当前图层上面新建一个图层"行走"，将"库"面板中的影片剪辑元件"行走"拖到舞台中按钮的左侧位置。

**Step 09** 单击舞台中的"go"元件实例，选择"窗口"→"代码片段"命令，打开"代码片段"窗口，如图11-6所示。选择"ActionScript"→"事件处理函数"→"Mouse Click事件"命令，打开"动作"面板，在窗口中输入如图11-7所示的代码。当前时间轴如图11-8所示。

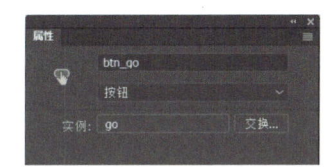

图11-5 为实例命名

图11-6 "代码片段"窗口

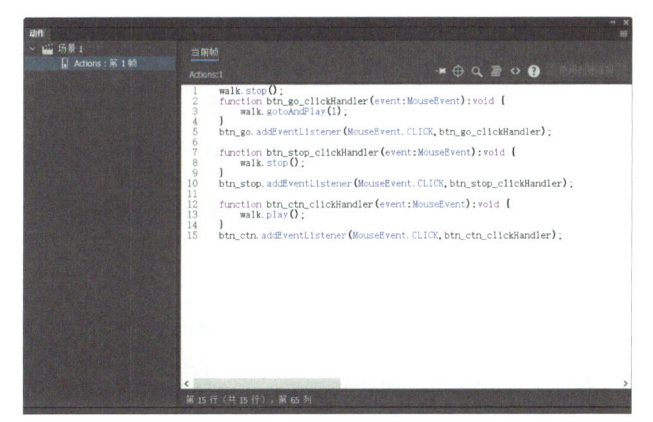

```
walk.stop();
function btn_go_clickHandler(event:MouseEvent):void {
    walk.gotoAndPlay(1);
}
btn_go.addEventListener(MouseEvent.CLICK, btn_go_clickHandler);

function btn_stop_clickHandler(event:MouseEvent):void {
    walk.stop();
}
btn_stop.addEventListener(MouseEvent.CLICK, btn_stop_clickHandler);

function btn_ctn_clickHandler(event:MouseEvent):void {
    walk.play();
}
btn_ctn.addEventListener(MouseEvent.CLICK, btn_ctn_clickHandler);
```

图11-7 "动作"面板及代码

图11-8 时间轴

· 203 ·

代码解析：

| | |
|---|---|
| walk.stop(); | 停止影片剪辑中的播放头，即停止播放"walk"影片剪辑。 |
| walk.gotoAndPlay(1); | 播放头跳转到第 1 帧，开始播放"walk"元件实例。 |
| walk.play(); | 在影片剪辑的时间轴中移动播放头，即开始播放"walk"影片剪辑。 |

### 11.1.2 基础模式——游戏界面切换动画

视频：游戏界面切换动画

#### 任务描述

本任务是模拟游戏界面切换的动画，通过界面顶部的导航按钮可以切换到不同界面。本任务的学习目的是让用户使用按钮元件和 ActionScript 实现多界面切换的交互动画。

#### 任务效果图（图 11-9）

#### 任务实现

**Step01** 打开素材中的"素材 - 游戏界面切换 .fla"文件。文件中已将游戏界面"游戏大厅""个性化""赛季""商店""设置"以元件的形式放置到"库"面板中。

**Step02** 创建一个名为"cast"的按钮元件，在其"弹起""指针经过""按下""点击"4 个帧状态中分别创建如图 11-10 所示的图形。

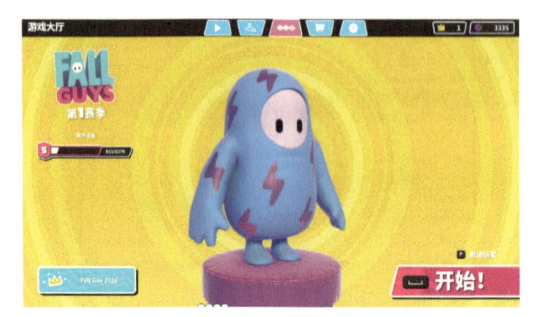

图 11-9　游戏界面切换动画效果图

图 11-10　"cast"按钮元件 4 个帧状态

**Step03** 依次创建名为"cj""set""shoppcar""start"的按钮元件，在其"弹起""指针经过""按下""点击"4 个帧状态中分别创建如图 11-11 至图 11-14 所示的图形。

图 11-11　"cj"按钮元件 4 个帧状态

图 11-12　"set"按钮元件 4 个帧状态

图 11-13　"shoppcar"按钮元件 4 个帧状态

图 11-14　"start"按钮元件 4 个帧状态

**Step 04** 回到场景 1，创建如图 11-15 所示的图层，分别将"库"面板中的元件"游戏大厅""个性化""赛季""商店""设置"放在相同名称图层的第 1 帧、第 2 帧、第 3 帧、第 4 帧、第 5 帧上，并对齐舞台。

**Step 05** 单击"按钮"图层的第 1 帧，将"库"面板中的按钮元件"cast""cj""set""shoppcar""start"拖到舞台的顶部中间位置，如图 11-15 所示。

图 11-15　图层与时间轴

**Step 06** 在"属性"面板中分别将按钮元件"cast""cj""set""shoppcar""start"命名为"bt1""bt2""bt3""bt4""bt5"。

**Step 07** 在图层上方新建一个名为"动作"的图层，选中第 1 帧并右击，在弹出的快捷菜单中选择"动作"命令，打开"动作"面板，在右侧代码编辑区中输入命令"stop();"。

**Step 08** 单击"按钮"图层上的"cast"按钮元件实例，选择"窗口"→"代码片段"命令，打开"代码片段"窗口；选择"ActionScript"→"事件处理函数"→"Mouse Click 事件"命令，打开"动作"面板，在窗口中输入如图 11-16 所示的代码。

时间轴效果如图 11-17 所示。

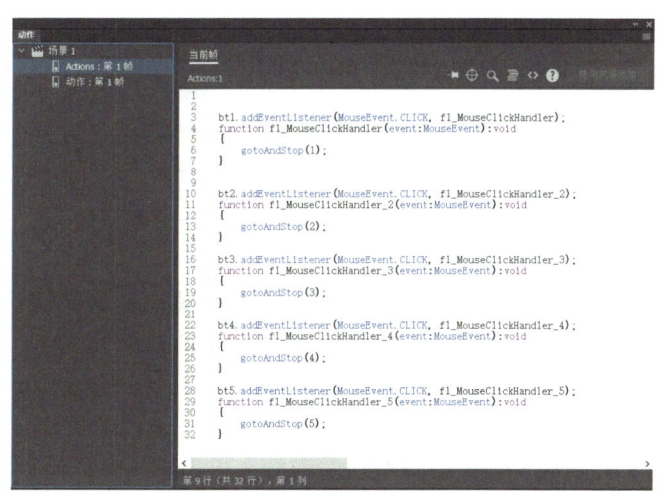

图 11-16　"动作"面板及代码　　　　图 11-17　时间轴效果

代码解析：

gotoAndStop(2);　　　　　播放头跳转到第 1 帧并停止在那里。

## 11.1.3 拓展模式——单词拼写小游戏

**任务效果图**（图 11-18）

图 11-18　单词拼写小游戏效果图

**关键步骤**

**Step01** 打开素材中的"素材 - 单词拼写小游戏 .fla"文件，库中已存在所需素材，包括"开始""下一个""确认""结束"等按钮元件，"苹果""蛋糕""鱼"图形元件，以及背景图片等。

**Step02** 创建如图 11-19 所示的图层。在"主页面"图层的第 1 帧，将"库"面板中的"苹果""蛋糕""鱼"图形元件拖到舞台中合适位置，如图 11-20 所示。在第 5 帧处创建空白关键帧，延长帧至第 35 帧。

图 11-19　图层

图 11-20　将元件拖放到舞台中

**Step03** 在"物品"图层的第 1、第 5、第 15 和第 25 帧处创建空白关键帧，分别把"库"面板中的"苹果""蛋糕""鱼"图形元件放到第 5、第 15 和第 25 帧的舞台中间位置，延长帧至第 35 帧。

**Step04** 在"按钮"图层的第 1、第 5、第 15 和第 25 帧处创建空白关键帧。单击"按钮"图层的第 1 帧，将"库"面板中的"标题"影片剪辑元件拖到舞台上方位置；将"确认""下一个"按钮元件拖到第 5 帧中舞台右下方位置；第 15 帧和第 5 帧内容相同；将"确认""结束"按钮拖到第 25 帧中舞台右下方位置。延长帧至第 35 帧。

**Step05** 在"文本框"图层的第 1 帧和第 5 帧处创建空白关键帧。单击第 5 帧，绘制如图 11-21 所示的绿色形状，使用"工具箱"中的"文本工具"在其上方设置一个文本框。延长帧至第 35 帧。

**Step06** 在"确认结果"图层的第 1、第 6、第 8、第 10、第 16、第 18、第 20、第 26、第 28 帧处创建空白关键帧。将"库"面板中的"good"元件分别拖到第 6、第 16、第 26 帧的舞台右上方位置。将"库"面板中的"bad"元件分别拖到第 8、第 18、第 28 帧舞台的右上方位置。

**Step 07** 为各元件实例命名，如图 11-22 所示。

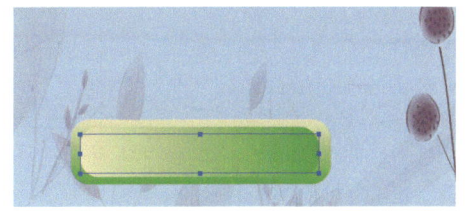

图 11-21　创建文本框　　　　　　　　　图 11-22　为元件实例命名

**Step 08** 新建图层"AS"。单击第 1 帧并右击，在弹出的快捷菜单中选择"动作"命令打开"动作"面板，在窗口右侧编辑区输入如图 11-23 所示的代码。

图 11-23　第 1 帧代码

**Step 09** 使用同样的方法在第 5、第 15、第 25 帧创建"动作"，输入如图 11-24 至图 11-26 所示的代码。

图 11-24　第 5 帧代码

图 11-25　第 15 帧代码

```
stop();           //播放头停在此帧
txt.text="";      //将文本框清空
function confirm3_btn_clickHandler(event:MouseEvent):void {
    if (txt.text=="fish"||txt.text=="FISH") {   //如果文本框中输入的是"fish"或"FISH"
        gotoAndStop(26);     //跳转并停止到第26帧位置,即显示"good"的页面
    } else {
        gotoAndStop(28);     //跳转并停止到第18帧位置,即显示"bad"的页面
    }
}
confirm3_btn.addEventListener(MouseEvent.CLICK,confirm3_btn_clickHandler);
function end_btn_clickHandler(event:MouseEvent):void {
    fscommand("quit");      //关闭当前播放器
}
end_btn.addEventListener(MouseEvent.CLICK,end_btn_clickHandler);
```

图 11-26　第 25 帧代码

## 11.1.4　拓展模式——飘落的雪花

### 📍 任务效果图（图 11-27）

### 📍 关键步骤

算法基本思想：

首先，定义一个变量来表示下雪的稠密程度，即每次生成雪花的最大数量。

图 11-27　飘落的雪花效果图

第二，生成最大数量的雪花，随机设定每个雪花在场景中的位置，随机设定每个雪花的大小。

第三，将每个雪花添加到场景中。

第四，将已降落到场景最低位置的雪花清除出场景。

第五，重复第二至第四步骤实现雪花飘落动画。

本任务最终图层效果如图 11-28 所示。"AS"图层第 1、第 2、第 30 帧上的动作代码如图 11-29 至图 11-31 所示。

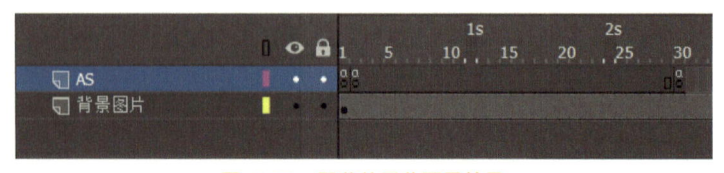

图 11-28　飘落的雪花图层效果

```
// 每次生成最多雪花数
var maxyz:uint = 30;
```

图 11-29　第 1 帧代码

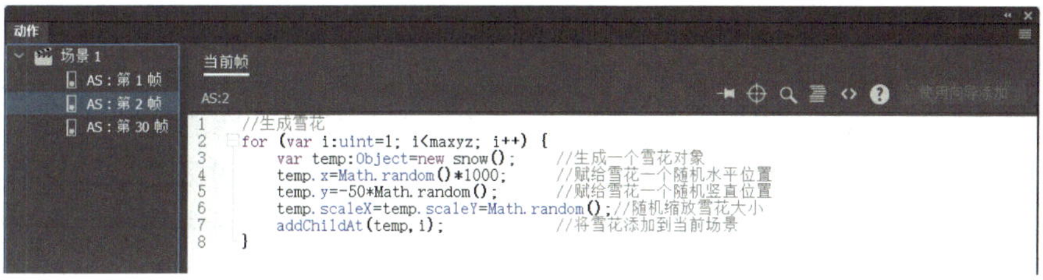

图 11-30　第 2 帧代码

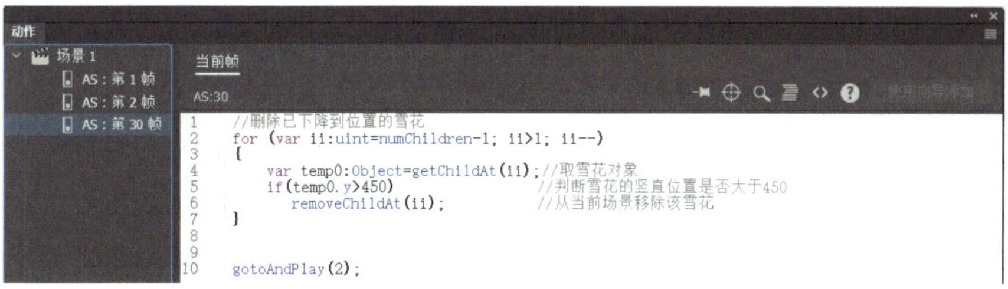

图 11-31　第 30 帧代码

## 11.1.5　相关知识

### 1. 交互动画三要素

An 中交互的实现离不开三种要素：触发动作的事件、事件所触发的动作、目标或对象。用 An 创建交互，需要使用 ActionScript 语言。该语言包含一组简单的指令，用以定义事件、动作和目标。

（1）事件。按照触发方式的不同，事件可以分为两种类型：一种是基于时间的，如当动画播放到某一时刻时，事件就会被触发，即通常所说的"帧事件"；另一种是基于动作的，如单击鼠标、单击按钮或影片剪辑实例等，即通常所说的"用户触发事件"。"用户触发事件"包括鼠标事件、键盘事件和帧事件。

①鼠标事件（MouseEvent）。当用户操作影片中的一个按钮时，鼠标事件发生。在 ActionScript 3.0 中，统一使用 MouseEvent 类来管理鼠标事件。在使用过程中，无论是按钮还是影片事件，统一使用 addEventListner 注册鼠标事件。此外，要在类中定义鼠标事件，则需要先引入 flash.events.MouseEvent 类。

MouseEvent 类定义了以下 10 种常见鼠标事件。

- CLICK：定义鼠标事件。
- DOUBLE_CLICK：定义鼠标双击事件。
- MOUSE_DOWN：定义鼠标按下事件。
- MOUSE_MOVE：定义鼠标移动事件。
- MOUSE_OUT：定义鼠标移出事件。
- MOUSE_OVER：定义鼠标移过事件。
- MOUSE_UP：定义鼠标按键弹起事件。
- MOUSE_WHEEL：定义鼠标滚轴滚动触发事件。

- ROLL_OUT：定义鼠标滑出事件。
- ROLL_OVER：定义鼠标滑入事件。

②键盘事件（KeyBoardEvent）。键盘操作也是用户交互操作的重要事件。当按下键盘上的字母、数字、标点、符号、退格键、插入键等时，键盘事件发生。键盘事件区分大小写，例如，按 A 来触发一个动作，那么按 a 则不能。键盘事件通常与按钮元件实例或影片剪辑元件实例关联。虽然键盘事件不要求按钮元件或影片剪辑元件可见或存在于舞台上，但是它必须存在于一个场景中才能使键盘事件发生作用。

在 ActionScript 3.0 中使用 KeyBoardEvent 类处理键盘操作事件。有如下两种类型的键盘事件。

- KeyboardEvent.KEY_DOWN：定义按下键盘时事件。
- KeyboardEvent.KEY_UP：定义松开键盘时事件。

③帧事件（ENTER_FRAME）。帧事件指当动画播放到某一帧时的事件，因为帧事件与帧相关连，并总是触发某个动作，所以也称帧动作。帧事件是 ActionScript 中编程的核心事件，该事件能够控制代码跟随 An 的帧频播放，每次刷新屏幕时改变显示对象。帧事件总是设置在关键帧，可用于在某个时间点触发一个特定动作。

使用帧事件时，需要把事件代码写入事件侦听函数中，然后在每次刷新屏幕时，都会调用 ENTER_FRAME 事件，从而实现动画效果。

（2）动作。动作是使用 ActionScript 编写的命令集，用于引导影片剪辑或外部应用程序执行任务。一个事件可以触发多个动作，且多个动作可以在不同的目标上同时执行。动作可以相互独立地运行，如控制影片停止播放；也可以在一个动作内使用另一个动作，如先按下鼠标，再执行拖动动作，从而将动作嵌套起来，使动作之间可以相互影响。An 提供了一个简单、直观的动作脚本编写界面——"动作"面板。通过这个面板可以访问整个 ActionScript 命令库，可以快速生成或编写代码。如果要编写动作用于高级开发，必须熟悉编程语言。

（3）目标。在 An 中，事件主要控制当前影片、其他影片和外部应用程序 3 个目标，其中当前影片为默认目标。

①当前影片。当前影片是一个相对目标，也就是说它包含触发某个动作的按钮或帧。例如，将某个事件被分配给一个影片剪辑，而该事件影响包含此影片剪辑的影片或时间线，那么目标便是当前影片。

②其他影片。如果将某个事件分配给某个按钮或影片剪辑，而事件影响的影片并不包含该按钮或影片剪辑本身，那么目标便是一个传达目标。也就是说，传达目标是由另一个影片中的事件控制的影片。

③外部应用程序。外部目标位于影片剪辑区域之外，例如，对于 navigateToURL 动作，需要一个 Web 浏览器才能打开指定的 URL。引用外部源需要外部应用程序的帮助。这些动作的目标可以是 Web 浏览器、An 程序、Web 服务器或其他应用程序。

例如，以下 ActionScript 语句的目标是打开用户的默认浏览器，并在实例 bt 的 Click 事件触发时加载指定的 URL 动作。

```
Bt.addEventListener(MouseEvent.CLICK,ClickToGoToWebPage);
```

```
//
Function ClickToGoTOWebPage(event:MouseEvent):void
{
navigateToURL(new URLRequest( "http://www.crazyraven.com")," _blank");
}
```

**2. 添加动作**

在 An 中，用户可以通过"动作"面板创建和编辑脚本，选择"窗口"→"动作"命令即可打开"动作"面板。

注意：ActionScript 3.0 只能在帧或外部文件中编写脚本。添加脚本时，应尽可能将 ActionScript 放在一个位置，以更高效地调试代码、编辑项目。如果将代码放在 FLA 文件中，添加脚本时，An 将自动添加一个名为"Actions"的图层。

## 11.2 运用动画组件

组件是一种带有参数的影片剪辑，它可以帮助用户在不编写 ActionScript 代码的情况下，方便而快捷地在 An 文档中添加所需的界面元素。Animate CC 中包含的组件共分为两类：用户界面（UI）组件和（Video）组件。

### 11.2.1 基础模式——用户注册页面制作

◎ 任务描述

通过制作网页用户注册页面，掌握在动画中添加组件、设置组件参数的方法。

◎ 任务效果图（图 11-32）

◎ 任务实现

**1. 在动画中添加组件**

Step 01 打开素材中的"素材 - 用户注册页面 .fla"文件，文件中已设置好了用户注册页面的背景。

Step 02 在"背景"图层上面新建一个图层"信息"。选中第 1 帧，在绘图工具箱中选中"文本工具"，切换到"属性"面板，设置字体为"方正黑体简体"，大小为"40"

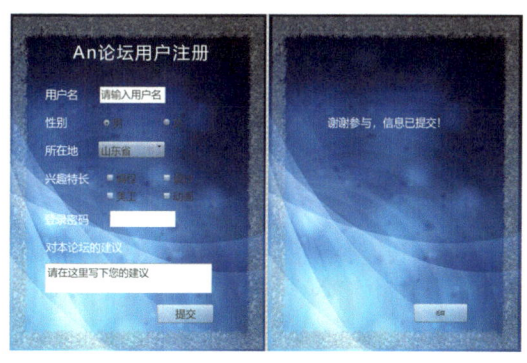

图 11-32 用户注册页面效果图

磅，颜色为白色，字母间距为"4"，如图 11-33 所示。在舞台上输入标题文本"An 论坛用户注册"。然后将大小修改为"26"磅，输入其他文本，如图 11-34 所示。

**Step 03** 选择"窗口"→"组件"命令或使用【Ctrl+F7】组合键打开"组件"面板，双击"组件"面板中的 TextInput（文本输入框）组件即可将该组件添加到舞台中，将该组件实例拖到如图 11-35 所示的"用户名"后面位置，调整其大小。

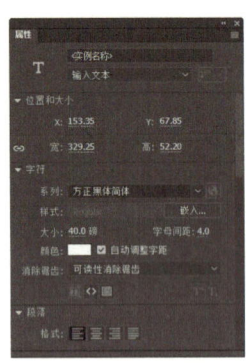

图 11-33　文本属性 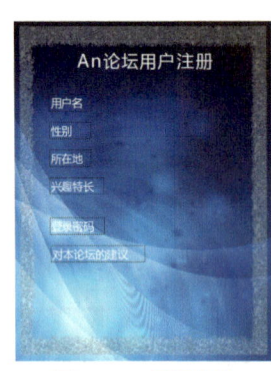　　　　图 11-34　页面信息 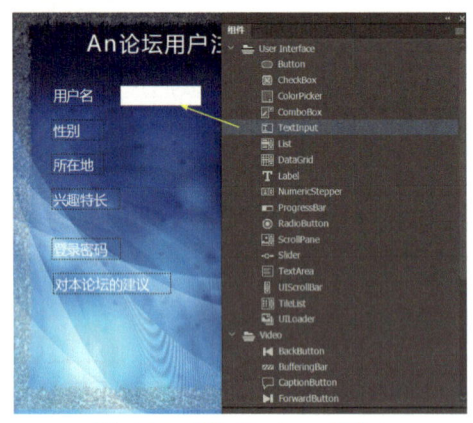　　　　图 11-35　添加 TextInput 组件 1

**Step 04** 在"组件"面板中将 RadioButton（单选按钮）组件拖到舞台中"性别"后面位置，调整其大小，设置完毕后按住【Alt】键复制第 2 个，并将 2 个实例横向对齐，如图 11-36 所示。

**Step 05** 在"组件"面板中将 ComboBox（组合框）组件拖到舞台中"所在地"后面位置，调整其大小，如图 11-37 所示。

**Step 06** 在"组件"面板中将 CheckBox（复选框）组件拖到舞台中"兴趣特长"后面位置，调整其大小，设置完毕后按住【Alt】键复制其他 3 个，并将 4 个实例上下左右对齐，如图 11-38 所示。

图 11-36　添加 RadioButton 组件 　　　图 11-37　添加 ComboBox 组件 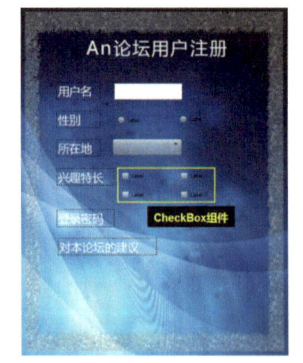　　　图 11-38　添加 CheckBox 组件

**Step 07** 在"组件"面板中将 TextInput（文本输入框）组件拖到舞台中"登录密码"后面位置，用于输入密码，调整其大小，如图 11-39 所示。

Step08 在"组件"面板中将 TextArea（文本区域）组件拖到舞台中"对本论坛的建议"下面位置，调整其大小，如图 11-40 所示。

Step09 在"组件"面板中将 Button（按钮）组件拖到舞台右下方位置，调整其大小，如图 11-41 所示。

图 11-39　添加 TextInput 组件 2 　　图 11-40　添加 TextArea 组件 　　图 11-41　添加 Button 组件

组件添加完成，下面进行组件配置。

### 2．配置组件

Step10 选中"用户名"右侧的 TextInput 实例，单击如图 11-42 所示的"属性"面板上的"显示参数"按钮，打开"组件参数"面板，设置 maxChars 为"12"，即最多能输入 12 个字符；设置 restrict（正则表达式，约束，限定）为"[0-9][a-z]"，即限定该文本框中只能输入 0～9 这 10 个数字或者 a～z 之间 26 个字母；设置 text 为"请输入用户名"，即该文本框默认的内容，如图 11-43 所示。

Step11 选中"性别"右侧第 1 个 RadioButton 实例，在"组件参数"面板上设置 groupName 为"gender"，label 为"男"，勾选"selected"复选框，设置 value 值为"boy"，如图 11-44 所示。使用同样的方法，设置第 2 个 RadioButton 实例的属性，如图 11-45 所示。设置后效果如图 11-46 所示。

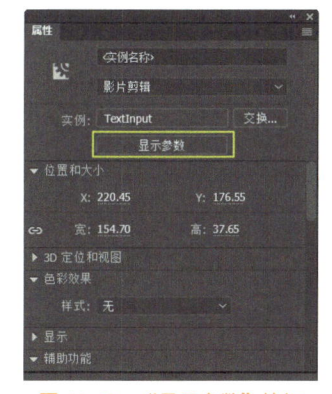

图 11-42　"显示参数"按钮 　　图 11-43　TextInput 组件实例属性 　　图 11-44　RadioButton 组件实例属性 1

图 11-45　RadioButton 组件实例属性 2　　　　　图 11-46　设置后效果 1

> ☆ 相关知识

单选按钮（RadioButton）组件属性参数的意义。
- groupName：指定当前单选按钮所属的单选按钮组，该参数相同的单选按钮为一组，且在一个单选按钮组中只能选择一个单选按钮。
- label：用于设置单选按钮的文本内容，默认值为"label"。
- labelPlacement：用于设置单选按钮旁边标签文本的方向，默认值为"right"。
- selected：用于设置单选按钮的初始状态是否被选中，默认值为"false"。
- value：表示与该单选按钮相关联的数据。

**Step 12** 选中"所在地"右侧的 ComboBox 实例，在"组件参数"面板上单击 dataProvider 属性右侧的"编辑"按钮，打开"值"对话框。单击"添加项"按钮，添加列表项标签和关联的值，如图 11-47 所示。输入完毕后单击"确定"按钮，返回到如图 11-48 所示的"组件参数"面板。该组件设置后效果如图 11-49 所示。

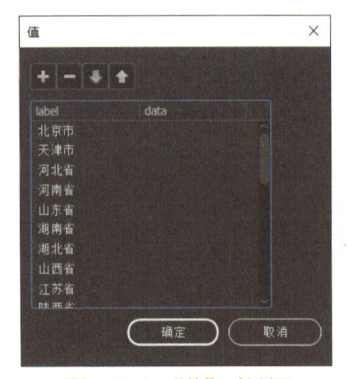

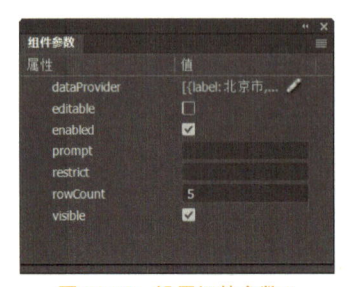

图 11-47　"值"对话框　　　　图 11-48　设置组件参数 1　　　　图 11-49　设置后效果 2

> ☆ 相关知识

组合框（ComboBox）组件属性参数的意义。
- editable：用于确定组合框组件是否允许被编辑，默认值为 flase，不可编辑。
- enabled：用于指示组合框组件是否可以接收焦点和输入。
- rowCount：用于设置下拉列表中最多可以显示的项数，默认值为 5。

- restrict：可在组合框的文本字段中输入字符。
- visible：用于指定对象是否可见。

**Step 13** 选中"兴趣特长"右侧的 CheckBox 实例，在"组件参数"面板上将 label 值设置为"编程"，如图 11-50 所示。同样的方法，依次设置其他实例的 label 值为设计、美工和动画。设置后效果如图 11-51 所示。

图 11-50　设置组件参数 2　　　　　　　　图 11-51　设置后效果 3

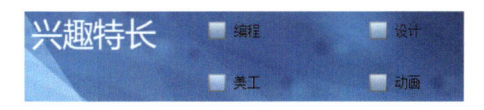

**Step 14** 选中"登录密码"右侧的 TextInput 实例，勾选"组件参数"面板中的"displayAsPassword"复选框（设置 TextInput 文本显示密码形式（*）），将 masChars 属性值设置为"6"，restrict 属性设置为"[a-z]"（密码由 a ～ z 之间 26 个字母组成），如图 11-52 所示。设置后效果如图 11-53 所示。

图 11-52　设置组件参数 3　　　　　　　　图 11-53　设置后效果 4

**Step 15** 选中"对本论坛的建议"右侧的 TextArea 实例，在"组件参数"面板上将 text 属性值设置为"请在这里写下您的建议"，如图 11-54 所示。设置后效果如图 11-55 所示。

图 11-54　设置组件参数 4　　　　　　　　图 11-55　设置后效果 5

> ☆ 相关知识
>
> 文本区域（TextArea）组件主要参数的意义。
> editable：用于设置该组件是否允许被编辑，默认为选中，可编辑。
> text：用于设置组件的内容。
> wordWrap：用于设置文本区域是否可以自动换行，默认为选中，可自动换行。
> htmlText：用于设置文本区域采用的 HTML 格式，可以使用字体标签来设置文本格式。
> visible：用于指定对象是否可见。

**Step 16** 选中舞台上的 Button 组件实例，在"属性"面板上设置实例名称为"submit"。在"组件参数"面板上设置 label 属性值为"提交"，如图 11-56 所示。此时的舞台效果如图 11-57 所示。

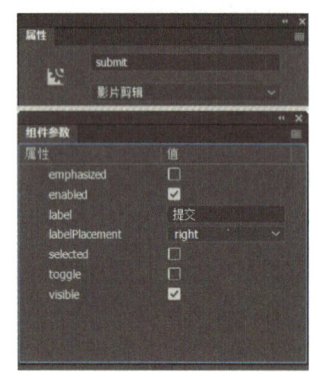

图 11-56　设置属性和组件参数

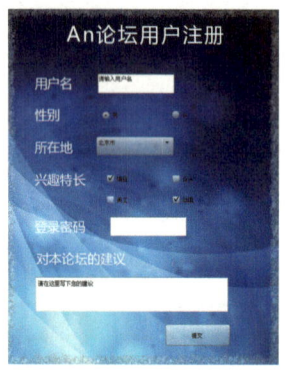

图 11-57　设置后效果 6

### 3．制作提交界面

**Step 17** 单击"背景"图层的第 2 帧，按【F5】键将帧扩展到第 2 帧。

**Step 18** 右击"信息"图层的第 2 帧，在弹出的快捷菜单中选择"转换为空白关键帧"命令。在工具箱中选择"文本工具"，设置相关文本属性（如字体、字号、颜色等），在舞台上输入文本"谢谢参与，信息已提交！"。

**Step 19** 打开"库"面板，拖放一个 Button 实例到舞台，调整该实例位置，使其与 submit 按钮位置相同。然后打开"属性"面板，设置实例名称为"rtn"。单击"显示参数"按钮，打开"组件参数"面板，设置 label 值为"返回"。此时舞台效果如图 11-58 所示。

图 11-58　提交界面效果

### 4．设置代码

**Step 20** 在"信息"图层上方新建一个图层"Actions"。选中该图层的第 1 帧，打开"动作"面板，在脚本窗口中输入如图 11-59 所示的代码。

**Step 21** 选中"Actions"图层的第 2 帧，按【F7】键转换为空白关键帧，打开"动作"面板，输入如图 11-60 所示的代码。

图 11-59　第 1 帧代码

图 11-60　第 2 帧代码

### 5．自定义组件外观

尽管 Animate CC 2019 自带的组件比早期的版本漂亮很多，但为了让组件的外观与整个页面的样式统一，通常需要改变组件的外观，比如组件标签的字体和颜色、组件的背景颜色等。下面以自定义本案例"所在地"对应"ComboBox"组件实例的外观为例介绍自定义组件外观的方法。

**Step 22** 双击舞台上的"ComboBox"组件实例，进入该元件编辑状态，在第 2 帧可以查看该组件使用的皮肤，如图 11-61 所示。

**Step 23** 双击要修改的状态（比如双击"Down Skin"左侧的　　　），可进入对应的状态元件编辑窗口，如图 11-62 所示，在这里可以分别修改该状态的边框颜色、填充颜色和高亮颜色等。

图 11-61　ComboBox 元件编辑状态　　　图 11-62　ComboBox_downSkin 元件编辑状态

### 6. 使用样式管理器定义标签格式

组件的默认文本格式一般不能满足实际需求，下面介绍使用样式管理器自定义组件文本格式的方法。

**Step24** 为舞台上的各个组件实例命名，如图 11-63 所示。

**Step25** 选择"Actions"图层的第 1 帧，打开"动作"面板，在脚本窗口中输入如图 11-64 所示代码以指定实例的属性和值。对组件进行了文本格式后的效果如图 11-32 所示。

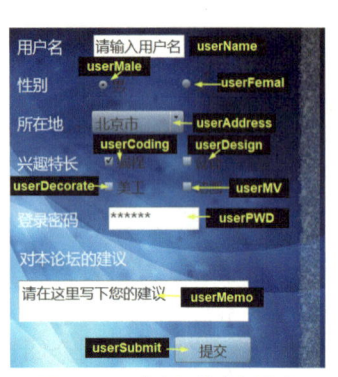

图 11-63　为各组件实例命名

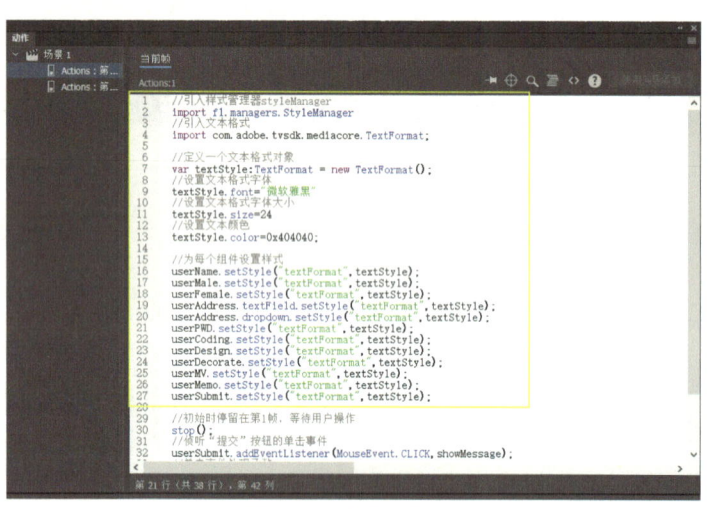

图 11-64　文本格式代码

## 11.2.2 基础模式——视频点播页面

视频：视频点播页面

### 任务描述

Animate 可将数字视频导入动画中并控制视频的播放。Animate CC 2019 的视频组件主要包括视频播放器组件"FLVPplayback"和一系列用于视频控制的按键组件。通过这些组件可以将视频播放器包含在 Animate 应用程序中，以便播放通过 HTTP 渐进式下载的 Animate 视频（FLV）文件。

### 任务效果图（图 11-65）

### 任务实现

#### 1. 创建按钮

**Step01** 打开素材中的"素材 - 视频点播页面 .fla"文件。

**Step02** 在"场景 1"中创建如图 11-66 所示的图层。

图 11-65　视频点播页面效果图

**Step03** 新建一个按钮元件"月亮代表我的心按钮"，在"弹起"关键帧中设置如图 11-67 所示的按钮，按【F6】键分别在"指针经过""按下""点击"3 个帧状态处创建关键帧，更改各个关键帧中矩形的填充色，使得在动画播放时按钮在不同状态显示不同的颜色（颜色可根据喜好自行设置）。

图 11-66　创建图层

图 11-67　创建按钮元件

**Step 04** 回到场景 1，在"库"面板中右击"月亮代表我的心按钮"元件，在弹出的快捷菜单中选择"直接复制"命令，在打开的"直接复制元件"对话框中"名称"选项中填写复制元件的名称，此处为"雪中莲按钮"，如图 11-68 所示，单击"确定"按钮即可根据已建元件创建一个按钮。

图 11-68　"直接复制元件"对话框

**Step 05** 单击"按钮"图层的第 1 帧，设置如图 11-69 所示的视频点播页面背景样式，并将"库"面板中的两个按钮元件拖到舞台中合适位置，锁定该图层。

**Step 06** 单击"视频组件"图层的第 1 帧，将"组件"面板中的"FLVPlayback"组件拖到舞台中部位置，如图 11-70 和图 11-71 所示。

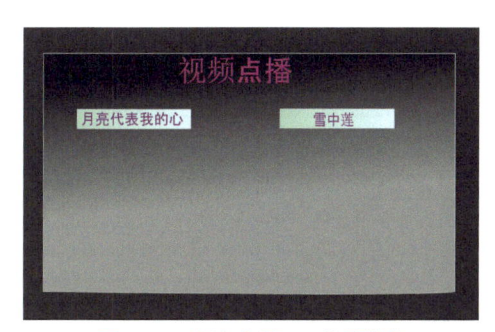

图 11-69　视频点播页面背景样式

图 11-70　"组件"面板

**Step 07** 选中舞台上的"FLVPlayback"组件实例，打开"组件参数"面板，单击"skin"选项右侧的按钮，打开"选择外观"对话框，在"外观"下拉列表框中选择所需的播放器外观，单击"颜色"按钮选择所需的控制条颜色，如图 11-72 所示，设置完成后单击"确定"按钮。

**Step 08** 返回"组件参数"面板，单击"source"选项右侧的按钮，打开"内容路径"对话框，单击其中的按钮，打开"浏览源文件"对话框，选择视频文件，如图 11-73 所示，单击"打开"按钮，返回"内容路径"对话框，勾选"匹配源尺寸"复选框，如图 11-74 所示，然后单击"确定"按钮即可将视频文件导入组件。使用"任意变形工具"调整播放器的大小和位置。

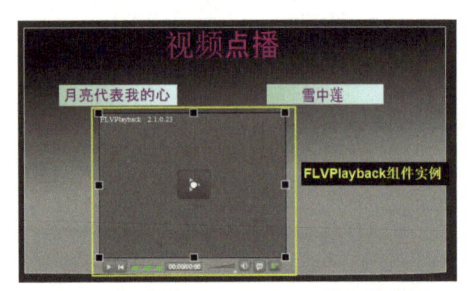

图 11-71　创建"FLVPlayback"组件实例

图 11-72　"选择外观"对话框

图 11-73　"浏览源文件"对话框

图 11-74　"内容路径"对话框

**Step 09** 在编写代码之前，为各元件实例命名，如图 11-75 所示。

**Step 10** 右击"Actions"图层的第 1 帧，在弹出的快捷菜单中选择"动作"命令，在打开的"动作"面板中输入如图 11-76 所示的代码。

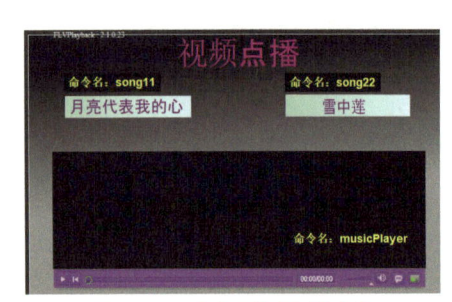

图 11-75　为各元件实例的命名

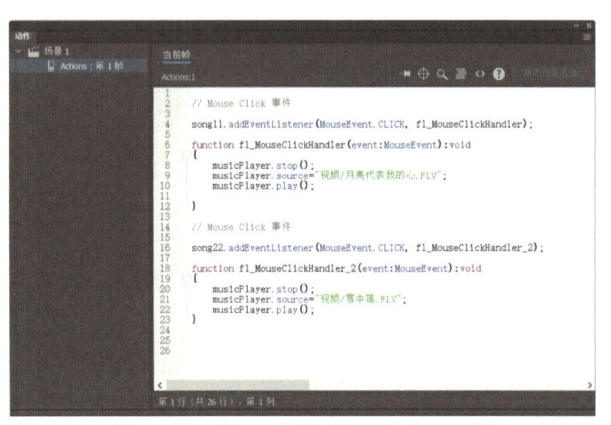

图 11-76　"Actions"图层第 1 帧的代码

· 220 ·

## 思政点滴

随着社会的发展和进步，人们对动画艺术的追求不断提高，对动画制作者综合能力的要求也越来越高。动画制作不仅仅是一项单一的技术工作，更多的是一种融技术、表现力、呈现方法、创新创意等综合能力于一体的创新过程。

成长为一名优秀的动画设计师，不仅需要扎实的绘画功底、对色彩搭配敏锐的眼光，还要有对美的感悟及无限挖掘灵感的潜质。这就要求我们平时多欣赏优秀的动画设计案例，学习美工和配色，提高自身的审美水平、表达与呈现能力。

# 参 考 文 献

[1] 宋晓明 司久贵. Animate CC 2019 动画制作实例教程（微课版）. 北京：清华大学出版社，2020.
[2] 职场无忧工作室. Animate CC 2018 中文版入门与提高. 北京：清华大学出版社，2019.